Der BLV

Tierführer

für unterwegs

Dr. Michael Lohmann

Der BLV Tierführer für unterwegs

Säugetiere, Vögel, Reptilien, Amphibien, Insekten und andere

blv

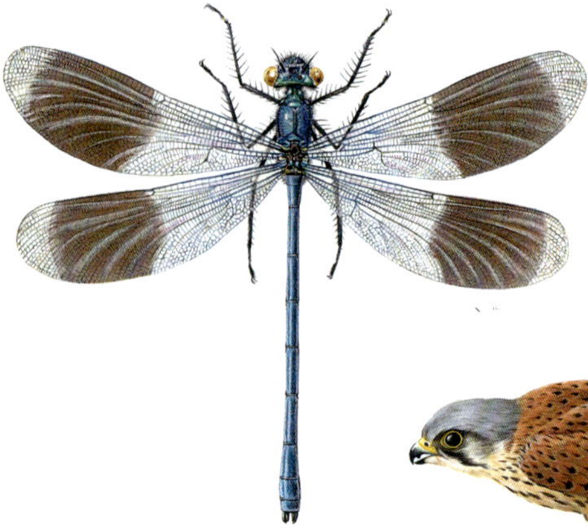

Inhalt

Beim Durchblättern des Tierführers – von hinten nach vorne oder umgekehrt – springt gleich ins Auge, dass vorne die »höheren« Tiere und hinten die »niederen« behandelt werden. Im Biologieunterricht haben wir gelernt, dass im Verlauf von vielen hundert Millionen Jahren die komplexeren (meist auch größeren) Organismen aus einfacheren (meist kleineren) hervorgegangen sind. Es wäre also konsequent, diese der natürlichen Evolution nachgezeichnete Reihenfolge auch in einem Führer einzuhalten, der sich mit Schnecken ebenso befasst wie mit Steinböcken.

Bereits kleine Kinder unterscheiden zwischen Vögeln und Schmetterlingen (hier Buchfink und Kaisermantel).

Der Grund dafür, dass im vorliegenden Band die Säugetiere am Anfang und die Weichtiere am Ende stehen, war für Autor und Verlag mehr ein ästhetisch-psychologischer als ein wissenschaftlicher: Mit etwas zu beginnen, das den meisten Menschen so zuwider, so lästig, ja ekelhaft ist wie die Schnecken, schien uns unzumutbar. (Wenn wir auch gerne unsere Leser dafür gewinnen würden, durch nähere Betrachtung der Schönheit eines Schneckenhauses und des durchaus faszinierenden Verhaltens dieser Tiere – etwa bei der Nahrungsaufnahme oder beim Liebesspiel – von der bloßen Gärtnerzweckmäßigkeit zur umfassenderen Betrachtungsweise des Naturfreundes fortzuschreiten.)
Andererseits konnten wir uns nicht überwinden, die Gepflogenheiten der (stets evolutionär denkenden) Biologen auch innerhalb der Gruppen umzukrempeln – zumindest nicht in jenen Gruppen, in denen eine Entwicklung vom Einfacheren zum Komplexeren mehr oder weniger offensichtlich ist. So beginnen die Säugetiere mit den ursprünglicheren Insektenfressern (Spitzmäusen usw.) und enden mit den hoch entwickelten Huftieren.
Ähnlich verfuhren wir bei den anderen Gruppen – bei den Vögeln, Amphibien/Reptilien, Insekten und Spinnen –, bei denen der Laie unterschiedliche Entwicklungsstufen vielleicht nicht ohne Weiteres erkennen wird.
Da solcherlei Feinsystematik nicht nur für den Laien unerheblich, sondern auch für Fachleute ein umstrittenes Terrain ist (so wird zur Zeit die gewohnte Reihenfolge der Vogelarten mal wieder umgestellt), haben wir in manchen Fällen größeren Wert auf offensichtliche Ähnlichkeiten als auf wissenschaftliche Systematik gelegt. Wir hoffen, dass dies im Sinne des Benutzers ist.

Überblick und Ordnung

Immerhin sind die Versuche, Ordnung in die wimmelnde Vielfalt der Lebewesen zu bringen, keineswegs nur Spitzfindigkeiten von Spezialisten. Auch der Laie versucht – und das seit den frühesten Menschheitstagen –, sich einen besseren Überblick zu verschaffen, indem er Ähnliches in Gruppen zusammenfasst. Schon Kinder unterscheiden zwischen Personenwagen und Lastwagen, zwischen Nadelbäumen und Laubbäumen, zwischen Schmetterlingen und Vögeln.
Wer staunend vor der scheinbar unendlichen Vielfalt all der Tier- und Pflanzenarten steht, mag sich fragen, ob man sich denn je einen Überblick auch nur über die »wichtigsten« (auffälligsten) Gruppen verschaffen kann. Da könnte man angesichts der etwa 1, 4 Millionen beschriebenen rezenten (heute noch lebenden) Tierarten allerdings verzagen. Von all den ausgestorbenen Tierarten, von denen man nur einen Bruchteil aus Versteinerungen kennt, ganz zu schweigen.
Manche Biologen schätzen, dass die wirkliche Zahl der Tierarten bei etwa 10 Millionen liegt – bei »nur« rund 1 Million Pflanzenarten. (Man vermutet, dass noch viele Einzeller, Tiefseetiere und Insekten gänzlich unbekannt oder jedenfalls noch nicht wissenschaftlich beschrieben sind.) Da mag man sich fragen, warum es überhaupt so viele Tierarten gibt. Das hängt offensichtlich damit zusammen, dass die Vielfalt ökologischer Nischen für die beweglichen Tiere wesentlich größer ist als bei den sesshaften und lichtabhängigen Pflanzen.

Mit der Fähigkeit, sich mehr oder weniger frei im Raum zu bewegen, erschließen sich viele Tiere gewissermaßen kombinierte und damit neue Lebensräume. Zum Beispiel indem sie Tag und Nacht, Wald und Steppe, Wasser und Land, den Luftraum, den unterirdischen Boden und die lichtlose Tiefsee nutzen.
Wandernde Tierarten (Kleinkrebse der Meere, Fluginsekten, Fische, Vögel, Säugetiere) können kalten Jahreszeiten oder Dürrezeiten ausweichen und im Winter wärmere Regionen oder bei Dürre regenreichere Gebiete aufsuchen. Warmblüter können sogar ständig in Kälte und Eis

Feldmaus und Rothirsch sind reine Pflanzenfresser.

Wolf und Sperber dagegen gehören zu den räuberischen Arten.

leben, sofern sie sich den Strom der wandernden Tierarten als Nahrungsquelle nutzbar zu machen verstehen.
Hinzu kommt, dass eine Tierart wiederum Lebensgrundlage für weitere bietet. Es bilden sich Nahrungsketten, an deren Basis Pflanzenfresser stehen: im Wasser Einzeller und Kleinkrebse, die von schwebenden Kleinalgen leben, am Land Insekten, Feldmäuse und Kaninchen (und andere Kleinsäuger) bis hin zu den großen Huftieren, die sich von Gräsern, Kräutern oder Früchten ernähren.
Von ihnen wiederum leben die so genannten Konsumenten zweiter Ordnung: im Wasser Raubinsekten, Molche, Frösche oder Kröten, am Land Insektenfresser wie Vögel oder Fledermäuse bzw. Jäger wie Greifvögel, Marder, oder Füchse. Und selbst so genannte Endglieder der Nahrungskette wie Wolf, Luchs oder Adler, die kaum Fressfeinde haben, bieten zumindest zahlreichen Innen- und Außenparasiten sowie (nach ihrem Tod) Aasfressern wie Krähen, Milanen oder Mistkäfern eine Lebensgrundlage.

Die Fauna Mitteleuropas

Etwas übersichtlicher präsentiert sich die Tierwelt Mitteleuropas. Schauen wir uns im Folgenden die in diesem Band behandelten Gruppen an, so wird mancher vielleicht erstaunt sein über die Artenzahlen – aber auch darüber, wie viele davon als gefährdet oder bereits verschwunden in den Roten Listen stehen.
Die Zahl der in Mitteleuropa lebenden Säugetiere ist mit rund 100 Arten noch recht überschaubar; hinzu kommen etwa 20 Arten, dic sich hier nur sporadisch blicken lassen (hierzu zählen vor allem Wale in den Küstengewässern). 45 der 100 Arten sind gefährdet oder bereits ausgestorben.

Bei den Vögeln muss man unterscheiden zwischen den in Mitteleuropa brütenden und den hier nur auf dem Durchzug rastenden oder überwinternden Arten aus nördlicheren Gebieten. Von den insgesamt seit 1950 etwa 450 festgestellten Vogelarten gehören rund 250 zu den heimischen Brutvögeln, der Rest zu den Gästen. Beim Grad der Gefährdung ist es sinnvoll, zwischen Singvögeln und Nichtsingvögeln zu differenzieren. Bei den Singvögeln sind »nur« 35 % bedroht, während bei den Nichtsingvögeln (Schwimmvögel, Watvögel, Möwen, Greifvögel usw.) rund 75 % in den Roten Listen stehen.
Interessant ist auch, dass von den heimischen Brutvögeln nur etwa ein Drittel das ganze Jahr bei uns verbringt, während der große Rest im Winter wärmere Gefilde aufsucht. Viele Zugvögel sind nicht nur durch Lebensraumveränderungen in ihren Brutgebieten bedroht, sondern auch durch Jagd und negative Veränderungen in ihren Rast- und Überwinterungsgebieten.
Die Zahl der Amphibien- und Reptilienarten ist in Mitteleuropa mit insgesamt 35 sehr gering. Von den 15 Reptilienarten (Schlangen, Eidechsen usw.) sind alle gefährdet, von den 20 Amphibienarten (Kröten, Frösche, Molche) immerhin die Hälfte.
Aus dem riesigen Stamm der Insekten wurden bislang nur bestimmte Gruppen genauer in Bezug auf ihre Gefährdung untersucht. In Mitteleuropa heimisch sind nahezu 12 000 Arten von Hautflüglern (Bienen, Wespen usw.), 3000 Schmetterlingsarten (davon 1300 Großschmetterlinge), 6000 Arten von Zweiflüglern (Fliegen, Mücken usw.) und 6000 Käferarten. Bedroht sind besonders die spezialisierteren Arten bei den Hautflüglern und Schmetterlingen.
Die Gruppe der Spinnen ist in Mitteleuropa mit rund 1000 Arten, die Gruppe der Weichtiere mit etwa 10 Muschel- und 350 Schneckenarten vertreten.

Während der Flussuferläufer (rechts) zu unseren Brutvögeln zählt, ist der Knutt (links) lediglich Gast in Mitteleuropa und brütet an arktischen Küsten.

Die in diesem Band behandelten Gruppen

Bei solchen Zahlen ist verständlich, dass in einem so großzügig bebilderten Tierführer wie dem vorliegenden nur ein kleiner Ausschnitt behandelt werden kann. Die Auswahl ist zudem ausgesprochen »ungerecht«, da auffällige und beliebte Artengruppen (Säugetiere, Vögel, Schmetterlinge) deutlich bevorzugt repräsentiert sind. Wir hoffen, diese Auswahl ist im Sinne der meisten Benutzer. Wer sich ausgiebiger mit Schnecken, Muscheln, Spinnen, Krebsen oder bestimmten Insektengruppen befassen möchte, kommt um Spezialliteratur nicht herum.
Dass die Fische (als fünfte Wirbeltiergruppe) in diesem Tierführer überhaupt nicht vertreten sind, ist nicht Ausdruck unserer Geringschätzung. Obwohl die Zahl der heimischen Fischarten (rund 70 im Süßwasser, rund 90 regelmäßig oder als Gäste an den Küsten) überschaubar ist, muss man sich doch ausgiebiger mit ihnen beschäftigen, um einen Überblick zu gewinnen. In der Regel tun dies aber nur die Fischer und Angler, für die es entsprechende Spezialliteratur gibt.
Auch das Fehlen von Tiergruppen mit unscheinbaren Arten oder solchen, die einem nur selten begegnen – wie Nesseltiere, Quallen, Würmer, Stummelfüßer oder Bärtierchen –, wird wohl kaum jemand bedauern. Auch hier gibt es für besonders Interessierte eigene Sach- und Fachbücher.

Kleines Fachwort-Kompendium

Bei der zunehmenden Spezialisierung auf allen Gebieten hat sich auch für die verschiedenen Tiergruppen eine gewisse Fachsprache eingebürgert, die sich selbst in einem auf Allgemeinverständlichkeit angelegten Text nicht ganz vermeiden lässt. Wenigstens für Vögel und Insekten möchten wir deshalb im Folgenden einige Spezialbegriffe erläutern.
Vögel wechseln in regelmäßigen Abständen (meist nach der Brutzeit) ihr abgetragenes Gefieder gegen ein neues. Dieser als Mauser bezeichnete Vorgang verläuft in der Regel ziemlich unauffällig, da die alten Federn ebenso nacheinander ausfallen wie die neuen nachwachsen. Bei etlichen Arten ist mit dem Gefiederwechsel

Die Lachmöwe trägt ihr schwarzes Kopfgefieder nur im Sommer; ihr Winterkleid (links) ist wesentlich schlichter.

ein Kleiderwechsel verbunden. Besonders auffällig ist dies bei den Männchen vieler Entenarten. Ihr oft buntes Kleid (Prachtkleid genannt) weicht im späten Frühjahr oder Frühsommer für wenige Monate einem dem Weibchenkleid ähnlichen so genannten Schlichtkleid. Im Herbst findet dann eine neuerliche Mauser statt, nach der sie wieder ihr für Balz und Rivalenkämpfe geschaffenes Prachtkleid tragen. Viele Vögel verlassen im Herbst ihre nördlichen Brutgebiete und wandern in wärmere Regionen ab. Diese Wanderungen sind von unterschiedlicher Länge. Grasmücken und Störche (und viele andere) ziehen im Lauf von Wochen bis ins tropische Afrika; man nennt sie Langstreckenzieher. Enten, Kiebitze, Stare, Feldlerchen und andere ziehen nur nach Frankreich, Spanien oder Italien; sie nennt man Kurzstreckenzieher. Bei den Teilziehern verlassen entweder nicht alle Individuen einer Population das Brutgebiet, oder sie wandern nur dann ab, wenn die Nahrung knapp wird. Strichvögel verteilen sich nach der Brutzeit – oft in Trupps oder Schwärmen – ohne bevorzugte Richtung übers Land.
Das ganze Jahr über bleiben nur wenige Vogelarten und Individuen wirklich in ihrem Brutgebiet. Oft ist auch schwer zu erkennen, ob winterliche Rotkehlchen, Zaunkönige oder Spechte dieselben sind, die hier gebrütet haben, oder ob es sich um nördlicheren »Nachschub« handelt. Wenn die Zahlen im Herbst deutlich ansteigen, wie die vieler Wasservögel, dann kann man sicher sein, dass es sich dabei um Zuzug von Wintergästen oder um Durchzügler handelt. Außerhalb der Brutzeit ist die Vogelwelt der gemäßigten Zonen ohnehin in großer Bewegung. Wirkliche »Standvögel« gibt es kaum.
Auch Insekten wechseln ihr Kleid. Sie tragen ja ihr Skelett nicht innen wie die Wirbeltiere, sondern außen: Ihre steife, oft panzerartige Haut gibt ihnen Halt und Form. Wenn sie wachsen, müssen sie die zu eng werdende Haut wechseln; man nennt das Häutung. Das ist bei Krebsen und Spinnen ein ebenso mühsames Geschäft wie bei den Insekten mit unvollkommener Verwandlung (Heuschrecken, Libellen, Wanzen usw.) während des Larvenstadiums. Man kann sich ja vorstellen, wie schwierig es ist, aus Fühlern, dünnen Beinchen und Flügelanlagen zu schlüpfen. Leichter tun sich da die »fortschrittlicheren« Insekten mit vollständiger Verwandlung (Käfer, Schmetterlinge, Fliegen usw.). Da ihre Larven vielfach unförmige Gestalten mit Stummelbeinen sind (man nennt sie Raupen, Engerlinge oder Maden), ge-

Gebänderte Prachtlibelle und Gewöhnlicher Grashüpfer gehören zu den Insekten mit unvollständiger Verwandlung.

staltet sich bei ihnen die Häutung weniger aufwändig. Dafür müssen sie die Verwandlung zum Fluginsekt in eine eigene Phase verlegen, die man als Puppe bezeichnet. Immerhin haben diese oft in besonders kräftige Haut oder ein Gespinst (Kokon) gehüllten Stadien den Vorteil, dass man in ihnen die kalte Jahreszeit gut geschützt überdauern kann. Diese wundersame Verwandlung nennt man Metamorphose. Das fortpflanzungsfähige Geschlechtstier bei den Insekten heißt Imago.

Für die Kennzeichnung von Männchen und Weibchen haben sich in der Zoologie die Symbole ♂ und ♀ etabliert, die wir auch in diesem Buch verwenden.

Die Larven von Käfern (oben der Engerling des unten abgebildeten Maikäfers) oder Schmetterlingen (die Raupen) erinnern nicht an die geflügelten Geschlechtstiere. Man spricht von vollständiger Verwandlung.

Wie alt werden Tiere?

Schließlich sei noch das Thema Lebenserwartung angeschnitten. Immer wieder wird man gefragt, wie alt denn ein Schmetterling, ein Rotkehlchen oder ein Igel wird.

Eine Antwort auf solche Fragen ist aus zweifachem Grund schwierig: Zum einen ist es gar nicht leicht, wild lebende Tiere individuell zu unterscheiden – was ja Voraussetzung jeder Altersbestimmung ist. Das geht in der Regel nur durch Markierungen.

Bei Vögeln ist dieses Verfahren seit vielen Jahrzehnten erprobt. Die normale Methode der Beringung mit kleinen Aluminiumringen an den Beinen hat allerdings den Nachteil, dass man die individuelle Identität durch Ablesen der Ringnummer nur feststellen kann, wenn man den Vogel lebend fängt oder tötet. Sehr viele Altersangaben bei Vögeln beziehen sich auf erlegte Ringvögel – was freilich eine recht drastische Art der Altersfeststellung ist. (Das Hauptanliegen ist ja auch die Erforschung der Wanderbewegungen.) Selbstverständlich sind Altersbestimmungen durch Erlegen immer nur Mindestangaben.

Große Vögel (z. B. Störche) können mit so großen Ringen ausgestattet werden, dass man die Nummer mit einem guten Fernglas am sich frei bewegenden Tier ablesen kann. Individuelle Markierungen durch

Wie alt Tiere werden, hängt von vielen Faktoren ab.

Farbringe, Flügelmarken u. Ä. sind immer nur bei kleinen Populationen möglich.
Bei Säugetieren gibt es ebenfalls verschiedene Markierungsmethoden, die aber alle ähnliche Probleme aufweisen.
Zu ganz anderen Altersangaben kommt man bei Tieren in Gefangenschaft. In freier Wildbahn sterben nur wenige Tiere eines natürlichen Todes. In Menschenobhut sind sie solchen Gefahren nicht ausgesetzt, sodass es nicht verwundert, dass solche Tiere oft doppelt so alt werden wie unter natürlichen Bedingungen.
Was also soll man jemand antworten, der einen nach der Lebenserwartung fragt? Hinzu kommt ja der Zweite Grund, warum Altersangaben so problematisch sind: Dass man zur Berechnung einer mittleren Lebenserwartung gewöhnlich auch die Jugendsterblichkeit einbezieht. Und da die bei fast allen Tieren extrem hoch ist, liegt dadurch die statistische Lebenserwartung etwa eines soeben flüggen gewordenen Jungvogels oft nur bei einem Zehntel des biologisch möglichen Lebensalters.
Singvögel werden im Allgemeinen nur wenige Jahre (etwa 3–5) alt, weswegen diese Angabe nicht bei jeder Art gemacht wurde. Insekten erreichen selten mehr als 1 oder 2 Jahre, oft nur wenige Monate oder gar nur Wochen (Eintagsfliegen als Extrem leben teilweise nicht mal einen Tag; allerdings dauert in solchen Fällen die Larvenentwicklung deutlich länger). Und bei vielen Arten weiß man schlicht noch nichts Konkretes über ihre durchschnittliche Lebenserwartung.
Die in diesem Buch genannten Altersangaben beziehen sich auf das festgestellte Höchstalter von Freilandtieren. Bei Daten aus Gefangenschaftshaltung wird dies ausdrücklich erwähnt.

Zwergspitzmaus *Sorex minutus*
Kennzeichen: Körper 4–6 cm, Schwanz 3–5 cm; kleinstes Säugetier Mitteleuropas, wiegt höchstens 7 g. Oberseits braun, am Bauch hellgrau, Nase dünn und rüsselförmig, Ohren fast ganz verborgen. Vorkommen: Etwas feuchte Wälder und Gebüsche; im Winter auch in Gebäuden. Lebensweise: Kann gut klettern und schwimmen. Nach einer Tragzeit von 20 Tagen 2-mal 4–8 Junge, die mit 3 Wochen das Nest verlassen. Lebenserwartung: 1–1,5 Jahre. Nahrung: Insekten, Spinnen, Asseln, Würmer, Schnecken.

Wasserspitzmaus *Neomys fodiens*
Kennzeichen: Körper 7–9 cm, Schwanz 6–7 cm. Oberseits dunkelgrau oder schwarz, unterseits weiß, grau oder ebenfalls schwarz. Hinterfüße und Schwanzunterseite mit Schwimm-Borstensaum. Vorkommen: Stets an Gewässern, im Gebirge bis 2500 m. Lebensweise: Ganz auf das Leben im Wasser spezialisierte Art, die schwimmend, tauchend und unter Wasser laufend auch den größten Teil ihrer Nahrung findet. Ab April 2–3-mal im Jahr 5–9 Junge. Lebenserwartung: Etwa 2,5 Jahre. Nahrung: Wasserinsekten, Kaulquappen, kleine Fische und Frösche.

Maulwurf *Talpa europaea*
Kennzeichen: Körper 13–15 cm, Schwanz 2–3 cm. Schnauze rüsselartig zugespitzt, Vorderbeine zu kräftigen Grabschaufeln umgebildet, Augen nur stecknadelkopfgroß, Ohrmuscheln verschwinden im dichten, fast schwarzen Fell. Stimme: Piepen und leises Zwitschern, in Erregung lautes, abgehacktes Zetern. Vorkommen: Überall, meidet aber reinen Sand; im Gebirge bis 2000 m. Lebensweise: Lebt in querovalen Erdgängen, aus denen er Erdhaufen aufwirft, die feinkrümeliger sind als die der Schermaus (siehe S. 18). Kommt auch an die Oberfläche, klettert und schwimmt gut und freiwillig. Nach einer Tragzeit von 4–6 Wochen baut das ♀ ein unterirdisches Nest und wirft 3–6 Junge. Winternest in 40 cm Tiefe unter einem großen Erdhaufen. Lebenserwartung: 3–4 Jahre. Nahrung: Regenwürmer, Insektenlarven und Schnecken.

Igel *Erinaceus europaeus*
Kennzeichen: Körper 22–28 cm, Schwanz 2–4 cm. Nur unterseits borstige Haare, Oberseite ganz mit etwa 2,5 cm langen Stacheln bedeckt, die bei Gefahr gesträubt werden. Östlich einer Linie Südostbayern–Rostock lebt der Ostigel, der sich durch weiße Kehle und Brust vom Westigel unterscheidet. Stimme: Manchmal ein zirpendpfeifendes »kri« oder »ki«, bei Gefahr auch laute, klagende Schreie. Schnüffelnde und schnarchende Laute bei der Nahrungssuche. Vorkommen: Trockenes Gelände mit Gebüsch, Waldränder und lichte, unterwuchsreiche Wälder, auch in Gärten und Parks; im Gebirge bis 2000 m. Lebensweise: Einzelgänger. Winterschlaf von Nov. bis April in einem Haufennest aus Gras und Laub, oft unter Reisig, Holzstößen oder Steinhaufen. Paarungszeit April bis August. Nach einer Tragzeit von 5–6 Wochen wirft das ♀ 1–2-mal im Jahr 3–7 blinde und nackte Junge. Lebenserwartung: 8–10 Jahre. Nahrung: Jagt in der Dämmerung und nachts Käfer, Regenwürmer, Raupen, Engerlinge, Schnecken, Mäuse- und Vogeljunge. Ebenfalls auf dem Speisezettel stehen Eier und Obst.

Zwergspitzmaus

Wasserspitzmaus

Maulwurf

Westigel

Ostigel

Mausohr *Myotis myotis*
Kennzeichen: Körper 7–8 cm, Schwanz 5–6 cm, Spannweite 40 cm; eine unserer größten Fledermäuse. Langsam rudernder Flug. Oberseits graubraun, unterseits weißgrau. Vorkommen: Lichte Wälder, offene, buschreiche Landschaften. Im Sommer Dachstühle, Gewölbe, Grotten, Fels- und Baumhöhlen; Winterquartier in Höhlen und Kellern. Lebensweise: Spät ausfliegende Art. Im Mai/Juni trennen sich die ♀ von den ♂ und bringen nach einer Tragzeit von 60–70 Tagen in trocken-warmen Wochenstuben gemeinsam ihre Jungen zur Welt. Ab Juli/August leben ♀ und Junge wieder mit den ♂ in einer gemeinsamen Kolonie; im Alter von 2 Monaten sind die Jungen selbstständig. Die Wanderungen zwischen Sommer- und Winterquartier können sich über 250 km erstrecken. Nahrung: Nächtliche Fluginsekten.

Wasserfledermaus
Myotis daubentoni
Kennzeichen: Körper 4–5 cm, Schwanz 3–4 cm, Spannweite 23 cm. Das Fell ist oben graubraun bis rötlich, unten hellgrau. Vorkommen: Wälder, Obstgärten und Parks in der Nähe stehender oder träg fließender Gewässer. Gemeinsames Sommerquartier in Dachstühlen, Baum- und Mauerhöhlen, im Winter einzeln oder zu mehreren in Felshöhlen, Stollen und Kellern. Lebensweise: Fliegt um Sonnenuntergang aus, manchmal auch tagsüber. Der Flug ist niedrig, schnell und schwirrend und führt in Bögen über die Wasserfläche, wobei man oft zirpende Laute hört. Kann auch gut schwimmen. Im Juni bringen die ♀ in Wochenstuben ihr einziges Junges zur Welt. Nahrung: Wasserinsekten (z. B. Eintagsfliegen), Nachtschmetterlinge usw., gelegentlich auch kleine Fische.

Zwergfledermaus
Pipistrellus pipistrellus
Kennzeichen: Körper 3–5 cm, Schwanz 2,5–3 cm, Spannweite 19 cm; unsere kleinste Fledermaus. Kurze breite Ohren, ziemlich eintönig dunkel gefärbt. Vorkommen: Oft in der Nähe menschlicher Siedlungen, aber auch in lockeren Baumlandschaften, im Gebirge bis 2000 m; relativ häufig. Lebensweise: Fliegt meist kurz nach Sonnenuntergang aus, im zeitigen Frühjahr auch tagsüber, nie jedoch bei Regen. Zwitschert häufig im Flug. Sommerquartier in Gebäuden, hinter Fensterläden und Verschalungen, in Baumhöhlen und hinter Rinde; ähnlich sind die Winterquartiere beschaffen, die in Schwärmen bezogen werden; auch in Felsspalten. Lebenserwartung: 8–10 Jahre. Nahrung: Fluginsekten.

Abendsegler *Nyctalus noctula*
Kennzeichen: Körper 7–8 cm, Schwanz 4–6 cm, Spannweite 36 cm; eine unserer größten Fledermäuse. Fell rotbraun; breite Schnauze, kurze, runde, unbehaarte Ohren, Flügel lang und schlank, unter dem Oberarm stark behaart. Stimme: Im Quartier schrill und hoch zeternd, besonders an heißen Tagen; im Flug ebenfalls stimmfreudig, dort schrille »gig gig«-Rufe. Vorkommen: Aufgelockerte Baumlandschaften bis 1200 m, relativ häufig. Lebensweise: Fliegt hoch, gerade und schnell, oft auch am Tag und vor Sonnenuntergang. Sommerquartier in Baumhöhlen, Nistkästen und Gebäuden; hier auch im Winter (nicht in Felshöhlen). Lebenserwartung: 8–10 Jahre. Nahrung: Fluginsekten.

Mausohr

Abendsegler

Wasserfledermaus

Zwergfledermaus

Feldmaus *Microtus arvalis*
Kennzeichen: Körper 9–12 cm, Schwanz 3–4,5 cm. Heller und rötlicher braun als ähnliche Erdmaus. Vorkommen: Die typische Wühlmaus der bewirtschafteten Wiesen und Felder, die im Gegensatz zur Schermaus aber keine Erdhaufen aufwirft. Lebensweise: Überwiegend dämmerungs- und nachtaktiv, aber auch tagsüber. Gänge dicht unter der Erdoberfläche, durch oberirdische Wechsel verbunden; unterm Schnee in die Vegetation genagte Gänge. Nach einer Tragzeit von 20 Tagen werfen die ♀ 2–3-mal im Jahr 2–10 Junge; schon im Alter von 3 Wochen geschlechtsreif. Unter günstigsten Bedingungen bis 500 Nachkommen in 15–18 Monaten; hohe Verluste durch Fressfeinde, Witterung und Nahrungsmangel. Lebenserwartung: 1,5–3 Jahre. Nahrung: Gräser, Samen, Wurzeln.

Erdmaus *Microtus agrestis*
Kennzeichen: Körper 8–13 cm, Schwanz 2,5–4,5 cm. Sehr ähnlich Feldmaus, aber dunkler, graubrauner, zottiger. Vorkommen: Im Gegensatz zur Feldmaus deckungsreiches Gelände, Hochstaudenwiesen, Waldlichtungen und -ränder, Sümpfe, Flussufer, im Gebirge bis über die Baumgrenze. Lebensweise: Tag- und nachtaktiv, gesellig, läuft und schwimmt gut; Gänge im hohen Gras knapp unter der Erdoberfläche; kugelförmiges Nest meist oberirdisch in dichter Vegetation. Zwischen März und Oktober 3–5 Würfe mit je 3–7 Jungen. Fortpflanzung wie Feldmaus. Massenvermehrung alle 2–3 Jahre. Lebenserwartung: 1,5–2 Jahre. Nahrung: Wie Feldmaus, im Winter Rinde.

Rötelmaus, Waldwühlmaus
Clethrionomys glareolus
Kennzeichen: Körper 9–11 cm, Schwanz 4,5–6,5 cm. Oberseits hübsch fuchsrot und glänzend, am Bauch grau. Schnauze spitzer als Erdmaus. Vorkommen: Laubwälder, Gebüsche, Parks mit genügend Bodenbedeckung; im Gebirge bis 2000 m. Im gleichen Biotop leben Waldmaus und Gelbhalsmaus (siehe S. 20). Lebensweise: Bei genügend Deckung ist die Rötelmaus Tag und Nacht in ihrem ausgedehnten Netz unter- und oberirdischer Gänge aktiv. Zwischen März und Oktober 4–5 Würfe mit je 3–7 Jungen in unterirdischer Nestkammer. Lebenserwartung: 1,5–3 Jahre. Nahrung: Blätter, Wurzeln, Rinde, Früchte, Samen, Pilze und Insekten.

Schermaus *Arvicola terrestris*
Kennzeichen: Körper 14–20 cm, Schwanz 8–14 cm. Schwanz im Gegensatz zu anderen Wühlmäusen recht lang, wodurch man sie mit Ratten verwechseln kann. Wegen ihrer Vorliebe für Wasser auch Wasserratte genannt. Pelz braun bis schwarz. Stimme: Ein kurzes Quieken und amselartiges Zetern. Vorkommen: Zwei Lebensräume: Gewässerufer sowie Wiesen und Obstgärten. Erdhaufen meist grobscholliger als beim Maulwurf, Erdgänge hochoval. Lebensweise: Während Wiesen-Schermäuse ähnlich wie Maulwürfe leben (allerdings vegetarisch), führen Wasser-Schermäuse ein Leben wie Bisam und Biber; ihre Gänge münden teilweise unter Wasser. Nest meist unter der Erde, manchmal aber auch in dichter Vegetation. Nach einer Tragzeit von 22 Tagen 3–5-mal im Jahr 4–6 Junge. Lebenserwartung: 2–4 Jahre. Nahrung: Wurzeln, Rüben, Kartoffeln, Röhrichttriebe, Wasserpflanzen.

Feldmaus

Erdmaus

Rötelmaus, Waldwühlmaus

Schermaus

Hausmaus *Mus musculus*
Kennzeichen: Körper 7–10 cm, Schwanz 7–10 cm. Große Ohren und Augen. Die in Gebäuden lebende Rasse ist einfarbig bleigrau, die im Freiland lebende, etwas kleinere »Ährenmaus« mehr bräunlich mit weißem Bauch. Vorkommen: In Gebäuden und im Freiland, vielfach jahreszeitlich wechselnd. Lebensweise: Sehr anpassungsfähige Maus. Die in Gebäuden lebenden Mäuse vermehren sich das ganze Jahr über und werfen nach einer Tragzeit von 20 Tagen 5–10-mal 3–12 Junge, sodass es 1 ♀ auf bis zu 50 Junge im Jahr bringen kann. Lebenserwartung: Bis zu 3 Jahre. Nahrung: Vor allem Körner und Fette.

Zwergmaus *Micromys minutus*
Kennzeichen: Körper 5–8 cm, Schwanz 5–8 cm; sehr kleine Langschwanzmaus. Ohren rund und klein, im Sommer orangebraun, unterseits weiß; Greifschwanz. Vorkommen: Hochstaudenfluren, Ufer von Seen und Flüssen, Gräben, auch Getreidefelder; im Winter in Scheunen und Ställen. Lebensweise: Tag- und nachtaktiv, klettert an Stängeln und in Gezweig; baut zwischen Stängeln bis in 130 cm Höhe kugelförmige Nester, Schlafnester mit 2 Eingängen, im Winter Bodennester. Zwischen April und September 2–6 Würfe mit je 4–7 Jungen, die 14–16 Tage gesäugt werden; mit 4–5 Wochen geschlechtsreif. Lebenserwartung: 1–3 Jahre. Nahrung: Samen, Beeren, Insekten.

Waldmaus *Apodemus sylvaticus*
Kennzeichen: Körper 8–11 cm, Schwanz 7–11 cm. Oberseits gelblich bis rötlich braun, unterseits ohne scharfe Grenze grauweiß; ein gelblicher Kehlfleck kann kurz oder als Bauchstreifen ausgebildet sein; sehr ähnlich Gelbhalsmaus. Vorkommen: Trockene, offene Grasflächen in Feldern, Kiefern- und Heidewäldern, an Waldrändern, in Dünen und Gärten; im Winter auch in Gebäuden. Lebensweise: Die lebhaften, nachtaktiven Tiere klettern, springen und schwimmen gleichermaßen gut und graben unterirdische Gänge mit Nest- und Vorratskammer. Zwischen März und September bringen die ♀ nach einer Tragzeit von 23 Tagen 3–5-mal je 4–7 Junge zur Welt, meist in einer unterirdischen Nestkammer, zuweilen aber auch in dichter Vegetation oder in einem alten Vogelnest. Lebenserwartung: 2–4 Jahre. Nahrung: Samen, Früchte, Triebe, Knospen, Insekten.

Gelbhalsmaus *Apodemus flavicollis*
Kennzeichen: Körper 8–13 cm, Schwanz 9–13 cm. Sehr ähnlich Waldmaus, oberseits gelbbraun, Bauch rein weiß, scharf von der Oberseite abgesetzt, quer liegender gelber Kehlfleck. Stimme: Hohes Piepsen. Vorkommen: Alte Laubwälder mit geringer Krautschicht, Parks und Buschland, im Herbst häufig in Gebäuden. Im Gebirge bis zur Baumgrenze. Lebensweise: Ähnlich Waldmaus; springt weit und klettert hoch in Bäumen. Nest zwischen Baumwurzeln, auch in Nistkästen. 2–3 Würfe mit je 3–8 Jungen zwischen März und Oktober; Junge mit 21 Tagen selbstständig und nach 7–8 Wochen geschlechtsreif. Lebenserwartung: 2–4 Jahre. Nahrung: Samen von Bäumen, Beeren, Nüsse, Insekten, Schnecken, Würmer, Vogeleier und -junge; sammelt Vorräte und lagert sie im Bau.

Hausmaus
Zwergmaus
Gelbhalsmaus
Waldmaus

Bisam, Bisamratte
Ondatra zibethicus

Kennzeichen: Körper 25–40 cm, Schwanz 20–26 cm. Große plumpe Wühlmaus mit dichtem weichen, braunen Fell; nackter Schwanz seitlich zusammengedrückt. Vorkommen: 1905 aus Nordamerika eingeführt, heute in ganz Europa in und an Gewässern, deren Vegetation ausreichend Nahrung bietet. Lebensweise: Überwiegend nacht- und dämmerungsaktiv, doch auch tagsüber. Schwimmt mit den Hinterfüßen, steuert mit dem Schwanz und taucht ausdauernd. Baut in Steilufern Nest- und Vorratshöhlen mit Unterwassereingang; an Gewässern mit flachen Ufern werden im Winter Burgen aus Röhricht gebaut. Nach einer Tragzeit von 30 Tagen 2–3 Würfe mit je 4–6 Jungen. Lebenserwartung: Bis zu 5 Jahre. Nahrung: Wasserpflanzen und Gräser, gelegentlich auch Muscheln und Schnecken.

Wanderratte *Rattus norvegicus*

Kennzeichen: Körper 21–27 cm, Schwanz 17–23 cm. Eine große, bräunliche Maus mit nacktem Schwanz. Im Wasser Verwechslung mit Bisamratte möglich. Stimme: Vielseitiges Stimmrepertoire, quiekend, piepend, fauchend und knurrend. Vorkommen: Lebt meist in menschlicher Nähe, doch im Sommer auch an Gewässern im Freiland; im Gebirge bis 1600 m. Lebensweise: Dämmerungs- und Nachttier. Springt und schwimmt gut. Gräbt Nest- und Vorratskammern sowie Gänge; gesellig. 2–5 Würfe im Jahr mit je 7–15 Jungen; mit 3 Wochen verlassen die Jungen den Bau. Lebenserwartung: 4–6 Jahre. Nahrung: Allesfresser, der aber ausgesprochen misstrauisch an neue Nahrungsquellen herangeht.

Hausratte *Rattus rattus*

Kennzeichen: Körper 16–23 cm, Schwanz 19–25 cm. Deutlich schwärzer als Wanderratte. Stimme: Ähnlich Wanderratte. Vorkommen: Die Wärme und Trockenheit liebende Art ist in den meisten Gebieten Mitteleuropas selten geworden oder bereits verschwunden. Lebensweise: Im Mittelalter war die »Pestratte« als Überträger von Pest-Flöhen gefürchtet und gehasst. Nach einer Tragzeit von 22 Tagen 3–5 Würfe im Jahr mit je 6–8 Jungen. Klettert und springt vorzüglich; lebt wie die Wanderratte gesellig in Familien oder Rudeln. Lebenserwartung: 4–6 Jahre. Nahrung: Getreide und andere Lebensmittel des Menschen.

Feldhamster *Cricetus cricetus*

Kennzeichen: Körper 20–27 cm, Schwanz 5–7 cm. Deutlich größer als der als Haustier allseits wohl bekannte Goldhamster, Schwanz länger, Bauch schwarz, Oberseite rotbraun mit großen weißen Flecken an der Seite. Vorkommen: Ein Bewohner osteuropäischer Steppen, der bis in warme mitteleuropäische Ackerbaugebiete auf Lehm- oder Lösslehmböden eingewandert, hier aber meist nur inselartig verbreitet und selten ist. Lebensweise: Dämmerungs- und nachtaktiv; rennt und springt gewandt. Die selbst gegrabenen Röhren messen 6–8 cm im Durchmesser und enden in Nest-, Kot- und Vorratshöhlen. Winterschlaf in bis zu 2 m tiefen, gut gepolsterten Bauen. Nach einer Tragzeit von 20 Tagen 2–3 Würfe im Jahr mit je 3–12 Jungen. Lebenserwartung: Bis zu 10 Jahre. Nahrung: Getreide, Sämereien, grüne Pflanzenteile, Insekten und Jungvögel.

Bisam

Wanderratte

Feldhamster

Hausratte

Haselmaus *Muscardinus avellanarius*
Kennzeichen: Körper 6–8 cm, Schwanz 6–8 cm, Gewicht 15–35 g. Mausgroßer rostroter bis gelblichgrauer Schläfer mit dicht behaartem Schwanz; Junge grauer. Stimme: Im Schreck kurzes hohes scharfes Zwitschern; Junge zirpen leise. Vorkommen: Unterholzreiche Laub- und Mischwälder, im Gebirge bis 1600 m; selten in Gebäuden. Lebensweise: Dämmerungs- und nachtaktiv; springt und klettert ausgezeichnet, läuft schnell im Geäst. Baut kugeliges Nest im Geäst oder in Baumhöhlen (Nistkästen), ähnlich Zwergmaus. 1–2 Würfe im Jahr mit je 2–7 Jungen; diese werden 4 Wochen gesäugt und mit 6 Wochen selbstständig. Winterschlaf von Ende Oktober bis Anfang April. Lebenserwartung: 3–4 Jahre. Nahrung: Sämereien, Knospen, Beeren, Nüsse, auch Insekten.

Gartenschläfer *Eliomys quercinus*
Kennzeichen: Körper 10–16 cm, Schwanz 9–14 cm. Kleiner und brauner als Siebenschläfer; typisch sind die schwarze Augenmaske mit Fleck unterm Ohr und der lange, nur am Ende buschige Schwanz. Der kleinere und seltenere Baumschläfer (Gattung *Dryomis)* hat eine kürzere Augenmaske und einen ganz buschigen Schwanz. Vorkommen: Lebt in lockeren Misch- und Laubwäldern, an buschreichen Waldrändern, in Obstgärten, Weinbergen und Parks. Kommt auch in Gebäude. Lebensweise: Nur in der Dämmerung und nachts aktiv. Klettert gut, kommt aber auch auf den Boden. Als Wohnstätten werden Eichhornkobel und Nistkästen bezogen, Vogelnester umgebaut oder eigene Kobel im Geäst sowie in Baum- und Felshöhlen errichtet. 22 Tage nach der Paarung bringen die ♀ 1–2-mal im Jahr 2–9 Junge zur Welt. Mit 5 Wochen machen diese ihre ersten Ausflüge, wobei sie oft eine Karawane mit Körperkontakt bilden. Winterschlaf in Erd-, Fels- und Baumhöhlen; er dauert etwa 7 Monate. Lebenserwartung: 4–5 Jahre. Nahrung: Insekten, Gehäuseschnecken, junge Vögel und Mäuse, Früchte.

Siebenschläfer *Glis glis*
Kennzeichen: Körper 12–18 cm, Schwanz 11–15 cm. Ein oberseits graues, unterseits fast weißes Klettertier mit langem buschigen Schwanz und großen, schwarz geränderten Knopfaugen. Vorkommen: Laubwälder, Parks, Obstgärten sind seine bevorzugten Lebensräume. Lebensweise: Dämmerungs- und nachtaktiv, jedoch nicht so ausschließlich wie Garten- und Baumschläfer. Klettert (auch an Wänden) und springt gut und schnell. Lebt gesellig in Familientrupps und bevölkert oft Dachböden und Vorratsspeicher. Durch ihr Herumspringen und Meckern, Knurren, Schnarchen und Quieken können Siebenschläfer nachts einen ziemlichen Radau machen. In Baum- und Mauerhöhlen, Nistkästen und alten Vogelnestern wirft das ♀ 30–32 Tage nach der Paarung 4–6 Junge. Der Winterschlaf dauert bei uns gewöhnlich von Oktober bis April (7 Monate) und wird bei stark reduzierter Körpertemperatur und Herzfrequenz in selbst gebauten Nestern aus Moos in Gebäuden oder Erdhöhlen verbracht. Lebenserwartung: 6–7 Jahre. Nahrung: Samen, Nüsse, Früchte, Rinde, Insekten, Vogeleier und Jungvögel.

Haselmaus

Gartenschläfer

Siebenschläfer

Eichhörnchen *Sciurus vulgaris*
Kennzeichen: Körper 20–25 cm, Schwanz 15–25 cm. Die Gestalt des kleinen Nagers mit dem buschigen Schwanz und den Haarbüschelohren dürfte allgemein bekannt sein. Verschieden sind die Farben: Das Sommerfell ist meistens lebhaft rotbraun mit hellem Bauch, das Winterfell dunkler; manche Tiere sind dunkelbraun bis schwarz. Außerdem treten nicht selten weiße Hörnchen mit roten Augen (Albinos) auf. In Großbritannien verblasst der Schwanz im Lauf des Winters und ist zum Sommer hin fast weiß. Dort gibt es außerdem das etwas größere, aus Amerika stammende Grauhörnchen. Stimme: Bei Erregung »tjuk-tjuk-tjuk«, auch Knurren und bei Angst klagender Schrei. Vorkommen: Nadel- und Laubwälder mit Unterholz, Parks und Gärten. Lebensweise: Die lebhaften Tiere sind tagaktiv und leben meist als Einzelgänger. Sie klettern und springen ausgezeichnet, laufen Stämme sogar kopfüber hinunter. Ihr kugelförmiges Nest (Kobel) wird hoch im Geäst aus Zweigen gebaut und innen mit Moos, Gras und Haaren gepolstert. Nach einer Tragzeit von 38 Tagen wirft das ♀ (gelegentlich 2-mal im Jahr) 3–5 blinde und nackte Junge. Im Alter von 2 Monaten verlassen diese das Nest und werden bald danach selbstständig. Ein Winterschlaf wird nicht gehalten, die Tiere verbringen in der kalten Jahreszeit aber viel Zeit in ihrem Kobel und gehen oft nur alle paar Tage auf Nahrungssuche. Lebenserwartung: 10–12 Jahre. Nahrung: Nüsse und andere Baumsamen, Beeren, Pilze, Insekten und Jungvögel. Im Herbst werden kleine Vorräte im Boden verscharrt oder in Baumritzen versteckt.

Ziesel *Citellus citellus*
Kennzeichen: Körper 17–23 cm, Schwanz 4–7 cm. Ein rattengroßes Tier mit schlankem, gestrecktem Leib und kurzem, behaartem Schwanz; Fell graubraun bis olivbraun, zart gelblichweiß gefleckt. Stimme: Schrilles Pfeifen bei Alarm, ähnlich Murmeltier. Vorkommen: Im deutschsprachigen Gebiet nur im Osten Österreichs (Burgenland). Steppentier, das trockenes Grasland, aber auch Wiesen und Ackerland (besonders wo Luzerne angebaut wird) bewohnt. Im südlichen Balkan auch im Gebirge bis über 2000 m. Lebensweise: Tagaktiv und gesellig, macht oft Männchen; gräbt bis 150 cm tiefe Baue. In Kolonien dicht nebeneinander liegende, kurze, röhrenförmige Baue für Rast und Zuflucht und größere Dauerbaue für Jungenaufzucht und Winterschlaf (September bis März/April). Nach einer Tragzeit von 25 Tagen 1 Wurf mit 6–8 Jungen, die 6 Wochen gesäugt werden. Im Sommer machen sich die Jungen selbstständig und sind im nächsten Frühjahr geschlechtsreif. Lebenserwartung: Bis zu 8 Jahre. Nahrung: Samen, Körner, Süßgräser, Wurzeln, Zwiebeln, auch Mais, Melonen und Insekten.

Eichhörnchen

Ziesel

Murmeltier *Marmota marmota*
Kennzeichen: Körper 50–55 cm, Schwanz 15 cm. Ein gedrungenes Tier mit breitem Kopf, kurzen Beinen und Ohren und kurzem, dicht behaarten Schwanz. Das graubraune bis rötlichgelbe Fell ist dicht und etwas zottelig. Stimme: Bei Alarm wird ein pfeifender Schrei ausstoßen; auch beim Kampf zwischen Rivalen wird laut geschrien. Vorkommen: Bewohner der Alpen, eingeführt in Pyrenäen, Karpaten und Schwarzwald. Sonnige Bergwiesen oberhalb der Baumgrenze. Lebensweise: Tagaktive, gesellige, wachsame Tiere, die oft Männchen machen. Paarungszeit im April/Mai. Nach einer Tragzeit von 33–34 Tagen wirft das ♀ 2–4 Junge in einer mit Heu gepolsterten Nestkammer. Als Halbwüchsige sind diese sehr verspielt. Im Alter von 4 Monaten verlassen die Jungen den Bau. Während die Sommerbaue relativ einfach sind, werden die Winterbaue bis zu 3 m tief vorgetrieben und enthalten einen mit Heu gepolsterten Wohnkessel, ein verzweigtes Gangsystem und mehrere Ausgänge, die bei Wintereinbruch von innen verschlossen werden. Der Winterschlaf dauert 6–7 Monate. Lebenserwartung: Bis zu 20 Jahre. Nahrung: Gräser, Kräuter, Triebe von Gehölzen.

Biber *Castor fiber*
Kennzeichen: Körper 75–95 cm, Schwanz 30–38 cm. Das größte europäische Nagetier hat einen dichten, weichen, glänzenden, braunen Pelz, einen schuppenbedeckten kellenartigen Schwanz und Schwimmhäute an den Füßen. Augen und Ohren sind klein, die Schnauze ist stumpf. Vorkommen: In Mitteleuropa Anfang des 20. Jahrhunderts praktisch ausgerottet. Durch Wiederansiedlungen ist der Biber heute in der Schweiz, in Bayern und Österreich wieder auf dem Vormarsch. In Polen, Skandinavien und an der unteren Rhone gibt es noch ursprüngliche Biberkolonien. Lebensraum sind mindestens 1,5 m tiefe fließende oder stehende Gewässer in Auwäldern. Lebensweise: Überwiegend nachtaktiv und recht scheu. An Land schwerfällig, im Wasser dafür umso eleganter (Tauchzeiten bis 15 Minuten). Gräbt Höhlen mit Luftschächten und Unterwasserzugang ins Ufer und baut Burgen und Dämme aus Ästen und Schlamm. Lebt in Familienkolonien und Dauerehe. Nach einer Tragzeit von 105 Tagen kommen im Mai/Juni 2–4 Junge zur Welt. Lebenserwartung: Bis zu 20 Jahre, in Menschenobhut bis zu 35 Jahre. Nahrung: Rinden, Zweige, Wurzeln, Wasserpflanzen.

Nutria *Myocastor coypus*
Kennzeichen: Körper 38–63 cm, Schwanz 23–45 cm. Sieht wie eine Mischung aus Biber und Ratte aus und wird deshalb auch Biberratte genannt; Schwanz drehrund und fast nackt, Hinterfüße mit Schwimmhäuten; oberseits braun in verschiedenen Tönungen, unterseits heller, Schnauzenspitze weiß. Stimme: Fauchen und Brummen. Vorkommen: Aus Südamerika als Pelztier eingeführt und in vielen Ländern verwildert. An und in klaren, pflanzenreichen, meist fließenden Gewässern. Lebensweise: Dämmerungsaktiv, sehr guter Schwimmer und Taucher, an Land langsam. Lebt paarweise oder gesellig in selbst gegrabenen Uferhöhlen. Lebenserwartung: Bis zu 10 Jahre. Nahrung: Ufer- und Wasserpflanzen, Muscheln.

Murmeltier

Biber

Nutria

Wildkaninchen *Oryctolagus cuniculus*
Kennzeichen: Körper 35–45 cm, Schwanz 4–8 cm. Deutlich kleiner als Feldhase, Ohren kürzer und ohne schwarze Spitze. Fell kurzwollig und mehr graubraun. Schwarze oder fleckige Tiere zeugen meist von Hauskaninchen-Einkreuzungen. Vorkommen: Sandige bis leicht lehmige Böden in lockeren Wäldern und offenen Landschaften (Dünen). Fehlt im höheren Bergland. Lebensweise: In der Dämmerung, aber auch tagsüber aktiv. Rennt mit vielen Haken, aber nicht so schnell und ausdauernd wie der Feldhase. Die geselligen Tiere leben in Kolonien mit unterirdischen Gängen und Kammern, können in dichtem Gebüsch aber auch ganz oberirdisch leben. Nach einer Tragzeit von 30 Tagen werfen die ♀ 5–7-mal im Jahr in selbst gegrabenen unterirdischen Bauen 4–5 nackte und blinde Junge. Mit 3 Wochen verlassen die Jungen zum ersten Mal den Bau, mit 4 Wochen sind sie selbstständig. Lebenserwartung: Bis zu 10 Jahre. Nahrung: Gräser, Kräuter, Rinde.

Feldhase *Lepus europaeus*
Kennzeichen: Körper 50–70 cm, Schwanz 7–11 cm. Ein Steppentier mit langen Ohren, langen Beinen und großen vorstehenden Augen. Ohrspitzen und Schwanzoberseite schwarz, Rücken graubraun, Seiten orangebraun, Bauch weißlich. Stimme: In großer Not schreien Hasen wie Kinder. Vorkommen: Flache bis hügelige, offene (Agrar-)Landschaften, auch lichte Laubwälder und Dünen sind die Lebensräume des Feldhasen. Fehlt in höheren Berglagen, wo er durch den im Winter weißen Schneehasen ersetzt wird. Lebensweise: Hasen neigen zu Einzelgängertum und nächtlicher Lebensweise, nur zur Paarungszeit sieht man sie zu mehreren und auch tagsüber. Sie sind bekannt schnelle Läufer (bis 55 km/h), die bei Verfolgung Haken schlagen. In ihren selbst gescharrten flachen Mulden (»Sassen«) sind sie selbst in offenem Gelände schwer zu entdecken. Nach einer Tragzeit von 42 Tagen wirft die Häsin 3-mal im Jahr 2–3 voll behaarte und sehende Junge. Lebenserwartung: Bis zu 12 Jahre. Nahrung: Gräser, Kräuter, Ackerfrüchte, Wurzeln, Rinde.

Schneehase *Lepus timidus*
Kennzeichen: Körper 46–65 cm, Schwanz 4–8 cm. Ohren kürzer als beim Feldhasen, Schwanz stets weiß; Fell im Sommer braun, im Winter weiß. Stimme: Schreien bei Verwundung oder Bedrohung, Zischen und Fauchen bei Störung. Vorkommen: In Mitteleuropa nur in den höheren Lagen der Alpen. Lebensweise: Hauptsächlich nacht- und dämmerungsaktiv. Lager zwischen Felsen oder in einfacher Höhle mit 2 Ausgängen. Nach einer Tragzeit von 7 Wochen werden bis zu 3-mal im Jahr 2–5 Junge geboren, die wie junge Feldhasen Nestflüchter sind. Lebenserwartung: Bis zu 12 Jahre. Nahrung: Abwechslungsreiche vegetarische Kost, darunter Heidekraut, Flechten und Rinde.

Wildkaninchen

Wildkaninchen,
dunkle Farbvariante

Feldhase

Schneehase

Winterkleid

Wolf *Canis lupus*
Kennzeichen: Körper 110–140 cm, Schwanz 30–40 cm. Ähnelt einem hochbeinigen Schäferhund. Das Fell ist an der Oberseite gelblichgrau, unterseits weißlichgrau. Der Schwanz ist buschig. Stimme: Im Spätherbst gelegentlich ein tiefes Heulen. Vorkommen: War früher in ganz Europa verbreitet, in Mitteleuropa aber schon im 18. Jahrhundert praktisch ausgerottet. Seit dem Krieg wandern immer wieder Wölfe aus Osteuropa ein, können sich jedoch meist nicht lange halten. Lebensraum sind verschiedene baum- und buschreiche Landschaften. Lebensweise: Meist in der Dämmerung und nachts aktiv. Ein ausgesprochenes Rudeltier, lebt im Sommer aber auch einzeln. Nach einer Tragzeit von 64 Tagen wirft das ♀ im zeitigen Frühjahr 3–6 Junge. Als Versteck dienen Erd- oder Felshöhlen, Windwürfe oder auch erweiterte Dachsbauten. Lebenserwartung: Bis zu 16 Jahre. Nahrung: Hauptsächlich Warmblüter, von der Maus bis zum Reh.

Rotfuchs *Vulpes vulpes*
Kennzeichen: Körper 60–80 cm, Schwanz 30–50 cm. Die hübschen Tiere sind oberseits rotbraun bis gelbbraun, unterseits und an der Schwanzspitze weiß, an den Füßen schwarz. Stimme: Keckern bei Streit und Erregung, Winseln bei Begrüßung und Betteln der Jungfüchse, bellende Laute zur Paarungszeit. Vorkommen: In ganz Europa vom Hochgebirge bis zum Wattenmeer und in Stadtzentren heimisch. Lebensweise: Dämmerungs- und nachtaktiv. Wenn das ♀ (»Fähe«) Junge erwartet, gräbt oder erweitert sie einen unterirdischen Bau (oft alte Dachsbauten). Die 4–6 Jungen kommen nach einer Tragzeit von 7–8 Wochen im März/April zur Welt. Zuerst tragen sie dunkelgraues bis dunkelbraunes Fell, mit 4–5 Wochen bekommen sie den rötlichen Pelz. Ende des Jahres verlassen sie das mütterliche Revier. Lebenserwartung: Bis zu 12 Jahre. Nahrung: Hauptsächlich Mäuse, Vögel, Insekten, aber auch Obst, Samen und Hausmüll.

Marderhund *Nyctereutes procyonoides*
Kennzeichen: Körper 50–67 cm, Schwanz 15–20 cm. Fuchsgroßes, kompakt gebautes Tier mit kurzen Beinen und buschigem Schwanz; Fell graubraun bis schmutziggelb, Beine, Bauch und Schwanzspitze dunkler, Schwanz nicht wie beim Waschbär (siehe S. 40) geringelt. Stimme: Sehr still, gelegentlich leise miauend. Vorkommen: Heimat Ostasien, von dort als Pelztier in Russland eingeführt, von wo aus er sich bis Skandinavien und Mitteleuropa ausgebreitet hat. Lebensraum sind deckungsreiche Laub- und Mischwälder in tieferen Lagen, besonders in Gewässernähe und in Sumpflandschaften. Lebensweise: Ähnlich Rotfuchs. Paarung zwischen Februar und April, 8 Wochen später 6–12 Junge, die 4 Wochen gesäugt werden und mit 4 Monaten selbstständig sind; Lebenserwartung: Bis zu 12 Jahre. Nahrung: Fische, Eier, Vögel, Kleinsäuger bis Hasengröße, Schnecken, Würmer, Insekten, im Herbst auch Beeren, Obst, Nüsse und Eicheln.

Wolf

Rotfuchs

Marderhund

Wildkatze *Felis silvestris*
Kennzeichen: Körper 50–70 cm, Schwanz 25–35 cm. Von einer grau getigerten Hauskatze ist die Wildkatze nur durch robusteren Körperbau und einen viel buschigeren Schwanz mit schwarzer Endbinde zu unterscheiden; auch der gelbliche Unterton des Fells fehlt Hauskatzen. Wegen häufiger Kreuzungen mit Hauskatzen treten reine Wildkatzen kaum noch auf. Unsere Hauskatzen stammen nicht von der europäischen Wildkatze ab, sondern von der afrikanischen Falbkatze, die auch auf Sizilien und Sardinien lebt. Gleichwohl sind Mischlinge von Wild- und Hauskatzen reproduktionsfähig, kommen allerdings in freier Natur nicht gut zurecht. Stimme: Wie Hauskatze. Vorkommen: In Südeuropa noch ziemlich verbreitet, in Frankreich, Mittel- und Osteuropa sowie Schottland nur noch inselartig. In Deutschland hat die seit 1934 geschützte Art nur in großen Waldgebieten der Mittelgebirge in kleinen Populationen überlebt. In der Eifel, im Hunsrück und im Pfälzerwald lebt heute mehr als die Hälfte des deutschen Bestandes, der auf etwa 1500 Tiere geschätzt wird. Ausgedehnte Wälder, Busch- und Felslandschaften sind ihr Lebensraum. Lebensweise: Vor allem dämmerungsaktiv. Läuft, springt und klettert gut, schwimmt aber nur unfreiwillig. Als Verstecke dienen alle möglichen Baum-, Fels- und Erdhöhlungen. 63–68 Tage nach der Paarung im Februar/März wirft das ♀ 3–8 Junge, die mit 4–5 Wochen zum ersten Mal ihr Versteck verlassen. Wenn sie 2 Monate alt sind, gehen sie mit der Mutter auf die Jagd, werden aber erst mit 4 Monaten entwöhnt. Lebenserwartung: Bis zu 16 Jahre. Nahrung: Mäuse, Junghasen, Kaninchen, Vögel, Frösche, Insekten.

Luchs *Lynx lynx*
Kennzeichen: Körper 80–130 cm, Schwanz 15–25 cm. Typische Merkmale sind die Pinselohren (besonders im Winter), das dunkel gefleckte rötlichbraune Fell, der kurze Schwanz und die großen Pfoten an den hohen Beinen. Stimme: Die Tiere fauchen und knurren, zur Paarungszeit lassen die ♂ ein hoch ansetzendes und in tiefem Murren endendes Geheul hören. Vorkommen: Die früher in Mitteleuropa weit verbreitete Art wurde im 19. Jahrhundert hier vollständig ausgerottet und konnte sich nur noch in Nordosteuropa (Nordluchs) und Südeuropa (Pardelluchs) halten. Wiederansiedlungen in der Schweiz, im Elsass, in Österreich und in Bayern waren weitgehend erfolgreich, scheitern aber oft noch an mangelnder Duldung. Lebensraum sind große einsame Wälder mit reichlich Unterholz. Lebensweise: Wie die Wildkatze hauptsächlich dämmerungsaktiv, sonnt sich aber ebenfalls gern. Schleicht, läuft und springt gut, klettert selten. 65–75 Tage nach der Paarung im Februar/März wirft das ♀ 2–4 Junge. Diese werden 5 Monate gesäugt und bleiben 1–2 Jahre mit der Mutter zusammen. Die ♂ sind Einzelgänger. Lebenserwartung: Bis zu 18 Jahre. Nahrung: Hasen, Mäuse, Vögel, Rehe.

Wildkatze

Luchs

Steinmarder *Martes foina*
Kennzeichen: Körper 42–48 cm, Schwanz 20–25 cm (♂ größer und schwerer als ♀). Vom ähnlichen Baummarder unterscheidet sich der Steinmarder durch einen weißen, unten gespaltenen Kehl-Brust-Latz und unauffällige Ohren. Stimme: Tockert, knurrt und schreit, besonders zur Paarungszeit im Frühjahr. Vorkommen: Gelände mit vielen Schlupfwinkeln wie Steinbrüche, Waldränder und menschliche Siedlungen, wo sie sich von Haustauben, Ratten, Mäusen und Abfällen ernähren. Lebensweise: Nachtaktiv. Hoppelt in Bogensprüngen, klettert auch gut. Nach 6 Wochen werfen die ♀ 3–8 Junge, die mit 7–8 Wochen erstmals die Nesthöhle verlassen. Berüchtigt sind Steinmarder für ihr Benagen von Bremsschläuchen und Kabeln. Lebenserwartung: Bis zu 17 Jahre. Nahrung: Tauben, Mäuse, Frösche, Regenwürmer.

Baummarder *Martes martes*
Kennzeichen: Körper 40–52 cm, Schwanz 22–28 cm. Etwas kleiner als Hauskatze, etwas schlanker und hochbeiniger als Steinmarder; langer buschiger Schwanz; Färbung braun bis schwarzbraun; Kehle und Vorderbrust gelblich bis orange. Stimme: Selten zu hören, hohes Keckern, Knurren, Fauchen, zur Paarung schrilles Kreischen. Vorkommen: Wälder aller Art, Parkanlagen, im Gebirge bis zur Baumgrenze. Durch intensive Bejagung in manchen Gebieten selten geworden. Lebensweise: Hauptsächlich nacht-, aber auch dämmerungs- und tagaktiv. Territorialer Einzelgänger. Viel auf dem Boden, klettert und springt aber vorzüglich, auch kopfabwärts. Lager in Baumhöhlen, Felsspalten, alten Krähennestern oder Eichhörnchenkobeln. Paarung im Sommer; durch verzögerte Tragzeit werden die 2–7 Jungen erst im April geworfen; Jungtiere zunächst hell, dann kurze Zeit grau längs gestreift, werden 6–8 Wochen gesäugt; nach 3 Monaten selbstständig. Lebenserwartung: Bis zu 17 Jahre. Nahrung: Vögel bis Hühnergröße, Kleinsäuger bis Kaninchengröße, Eier, Kriechtiere, Insekten, Beeren, Obst, Nüsse.

Fischotter *Lutra lutra*
Kennzeichen: Körper 60–80, Schwanz 35–55 cm. Beine mit Schwimmhäuten; der lange Schwanz ist an der Wurzel sehr dick; das dichte, kurze Fell ist braun mit einem weißen Kehl-Brust-Fleck. Stimme: Ein weiches, helles Pfeifen sowie trillernde, schnaufende, knurrende und kreischende Laute. Vorkommen: Stehende und fließende fischreiche Gewässer. Lebensweise: Dämmerungs- und nachtaktiv. Die guten Schwimmer können 5 Minuten tauchen und dabei mehrere 100 m weit schwimmen. Paarung im Februar oder Juli; die 4–5 Jungen werden in selbst gegrabenem Uferbau mit Unterwassereingang oder in Höhlen unter Steinen oder Wurzeln geboren. Lebenserwartung: Bis über 20 Jahre. Nahrung: Fische, Frösche, Mäuse, Spitzmäuse, Krebse, Wasservögel.

Steinmarder

Baummarder

Fischotter

Iltis *Mustela putorius*
Kennzeichen: Körper 30–45 cm, Schwanz 12–18 cm (♂ deutlich schwerer als ♀). Goldgelbes Unterfell und fast schwarzes Oberfell; Gesicht und Ohrenspitzen weiß, dunkelbraune Maske. Stimme: Vielfältig, keckernd, fauchend, knurrend oder schreiend. Vorkommen: Landschaften mit genügend Deckung, gern in Wassernähe. Im Winter auch in Gebäuden. Lebensweise: Einzelgängerisches Dämmerungs- und Nachttier. Iltisse schwimmen gut und graben sich Höhlen selber, nutzen aber auch Verstecke in Naturhöhlen und Bauwerken. Bei Gefahr wird das Sekret einer Stinkdrüse verspritzt. Paarung im Frühjahr; nach 6 Wochen kommen im Mai/Juni 3–8 Junge zur Welt. Lebenserwartung: Bis zu 15 Jahre. Nahrung: Mäuse, Spitzmäuse, Frösche, Vögel, Eier, Insekten, Regenwürmer.

Mauswiesel *Mustela nivalis*
Kennzeichen: Körper 15–25 cm, Schwanz 4–7 cm (die ♂ sind wesentlich kräftiger und größer als ♀). Grenzlinie zwischen brauner Ober- und heller Unterseite gezackt, Schwanz ohne schwarze Spitze; nur im Hochgebirge weißes Winterfell; Übergangskleid gefleckt. Stimme: Selten Zischen, Zirpen, Trillern, bei Alarm Kreischen. Vorkommen: In allen trockeneren Landschaften mit genügend Deckung durch Gebüsch, Bäume oder Gebäude. Lebensweise: Die kleinen schlanken Tiere huschen wie Mäuse und suchen Mauselöcher nach Beute ab. Paarung zwischen März und August. Nach einer Tragzeit von 35 Tagen wirft das ♀ 2-mal im Jahr 4–7 Junge. Als Nestversteck dienen Erdlöcher, Mauerhöhlungen, Felsspalten. Lebenserwartung: Bis zu 8 Jahre. Nahrung: Mäuse, Spitzmäuse, Vögel, Eier, größere Tiere wie Ratten oder Kaninchen werden durch Nackenbiss getötet.

Hermelin *Mustela erminea*
Kennzeichen: Körper 20–30 cm, Schwanz 8–12 cm. Deutlich größer als Mauswiesel und stets an der schwarzen Schwanzspitze erkennbar. Das ♂ ist größer als das ♀. Im Sommer oberseits hellbraun, unterseits rahmweiß. Wo es im Winter richtig kalt wird, bis auf die Schwanzspitze ganz weiß. Stimme: Selten keckernd und schreiend. Vorkommen: Baum- und buschreiche Landschaften, im Gebirge bis 3000 m. Seltener in der Nähe menschlicher Siedlungen. Lebensweise: Dämmerungs- und nachtaktiv, aber auch tagsüber anzutreffen. Die sehr wendigen Tiere laufen schnell, klettern und schwimmen gut und sind effektive Jäger. Paarung zwischen Juli und September. Nach einer Tragzeit mit Keimruhe von 9–10 Monaten bringt das ♀ im April/Mai 3–9 Junge zur Welt. Das Nest wird in einem Erdloch oder einer Steinhöhlung gebaut. Lebenserwartung: Bis zu 12 Jahre. Nahrung: Mäuse, Spitzmäuse, Vögel und sogar Kaninchen.

Iltis

Mauswiesel im Sommerkleid

im Übergangskleid

Hermelin
im Sommerkleid

im Winterkleid

Dachs *Meles meles*
Kennzeichen: Körper 60–80 cm, Schwanz 15–20 cm. Die markante schwarz-weiße Kopfzeichnung macht den Dachs selbst in der Dämmerung unverwechselbar. Beine und Schwanz sind kurz, die Schnauze ist lang. Seine Oberseite ist grau, die Unterseite schwarz. Stimme: Quiekender Warnruf; Brummen, Winseln, Fauchen, Schnaufen. Vorkommen: Laub- und Mischwälder, gehölzreiche Parklandschaften, im Gebirge bis 2000 m. Lebensweise: Ein Dämmerungs- und Nachttier, das einzelgängerisch in lockeren Wohngemeinschaften lebt. Seine Baue oder Burgen bestehen aus einem Labyrinth unterirdischer Röhren, oft in mehreren Stockwerken und bis zu 5 m tief. Nach einer Tragzeit von 7–8 Monaten (Keimruhe) kommen im Februar/März 2–4 Junge zur Welt. Sie bleiben 8 Wochen in einer gepolsterten Kammer, beginnen dann vor dem Bau zu spielen und werden mit 12 Wochen entwöhnt. Lebenserwartung: Bis zu 20 Jahre. Nahrung: Allesfresser.

Waschbär *Procyon lotor*
Kennzeichen: Körper 50–60 cm, Schwanz 20–30 cm. Dieser etwa fuchsgroße Kleinbär hat einen grauen Körper, einen grauweiß geringelten, buschigen Schwanz und eine schwarze Maske im weißen Gesicht. Stimme: Jungeführende Mütter trillern; ♂ zischen und kreischen im Rivalenkampf. Vorkommen: Die Art wurde als Pelztier aus Nordamerika eingeführt und 1934 in Hessen ausgesetzt. Inzwischen gibt es im westlichen Deutschland schätzungsweise mehrere zehntausend Waschbären. Laub- und Mischwälder, besonders in der Nähe von Gewässern, werden bevorzugt besiedelt. Lebensweise: Die recht heimlichen Dämmerungs- und Nachttiere klettern, springen und schwimmen gut. Ihr Lager haben sie in Baum-, Erd- und Felshöhlen. Dort bringt das ♀ nach einer Tragzeit von 64 Tagen im März/April 2–7 Junge zur Welt. Seinen deutschen Namen hat der Waschbär von der Gewohnheit, Nahrung mit den geschickten Pfoten im Wasser zu »waschen«. Lebenserwartung: Bis zu 20 Jahre. Nahrung: Insekten, Schnecken, Würmer, Eier, Mäuse, Frösche, Obst, Nüsse und Hausmüll.

Braunbär *Ursus arctos*
Kennzeichen: Körper 170–230 cm, Schulterhöhe um 100 cm. Der dichte Pelz ist einfarbig braun mit rötlichem oder gelblichem Schimmer, es treten auch sehr helle und fast schwarze Individuen auf. Stimme: Brummen und Schreien bei Ärger; Bärin lockt Junge mit blökenden Rufen. Vorkommen: 1837 wurde in den bayerischen Alpen der letzte Bär geschossen. Heute gibt es größere Populationen nur noch im ehemaligen Jugoslawien sowie in Bärenschutzgebieten der Slowakei und Italiens. Strukturreiche Bergmischwälder gehören zu den Rückzugsgebieten des Bären. Lebensweise: Durch menschliche Störungen werden Bären zu Dämmerungs- und Nachttieren. Sie sind Einzelgänger und gewöhnlich standorttreu. Die Paarungszeit liegt zwischen Mai und August. Nach einer Tragzeit von etwa 7 Monaten bringt die Bärin meist 2 sehr kleine Junge zur Welt. Sie bleiben bis zum Ende des 2. Lebensjahres bei der Mutter. Lebenserwartung: Bis zu 35 Jahre. Nahrung: Allesfresser.

Dachs

Waschbär

Braunbär

Seehund *Phoca vitulina*
Kennzeichen: Gesamtlänge 170–200 cm. Auf grauweißem Grund ist das sehr kurze Fell dunkel gefleckt, der Kopf ist ausgesprochen rund. Stimme: Anders als Kegelrobben sind Seehunde wenig stimmfreudig, nur verlassene Junge heulen laut. Vorkommen: An den Küsten der Nord- und Ostsee sowie des Nordatlantik bis zum Nordkap. Bevorzugt werden Flachküsten und Flussmündungen mit Sandbänken, Watten oder flachen Felsen. Nach Einstellung der Bejagung in den 1970er-Jahren begann der Bestand sich aus einem bedrohlichen Tief zu erholen. Das durch Umweltverschmutzung und eine Virusepidemie bedingte Seehundsterben 1988 raffte allerdings 2/3 der Population wieder dahin. Im Jahr 2000 wurde der Bestand in Schleswig-Holstein wieder auf etwa 7000 Seehunde geschätzt. Die Ostseepopulation ist bedroht. Lebensweise: Als Fischfresser geht der Seehund bei Flut in den Wattströmen auf die Jagd. Seine Tastborsten an Maul und Augenbrauen helfen ihm, im trüben Wasser die Beute zu finden. Bei Ebbe lässt er sich auf Sandbänken trocken fallen. Sonnenbestrahlung ist für seinen Stoffwechsel wichtig (Vitamin D). Die recht ortstreuen Tiere unternehmen nur im Winter gelegentlich größere Wanderungen bis nach Portugal. Obwohl sie oft zu Hunderten auf Sandbänken ruhen, leben sie nicht in festen Verbänden wie die Kegelrobben. Die Geschlechter paaren sich im Juli/August, und die ♀ bringen nach 8–9 Monaten, im Mai/Juni, 1 Junges auf einer Sandbank zur Welt. Die Kleinen können sofort schwimmen und werden alle 3 Stunden gesäugt. Die Stillzeit dauert einen guten Monat, danach sind sie selbstständig. Lebenserwartung: Bis zu 30 Jahre. Nahrung: Küstenfische, Krebse, Weichtiere.

Kegelrobbe *Halichoerus grypus*
Kennzeichen: Körper 180–380 cm, Gewicht 130–320 kg. Erheblich größer als Seehund. Die Bezeichnung Kegelrobbe bezieht sich auf den kegelförmigen Kopf, der besonders bei den ♂ sehr auffällig ist. Erwachsene ♂ sind dunkel mit hellen Flecken, erwachsene ♀ sind hell mit dunkler Fleckung. Neugeborene mit grauweißem, wolligen Pelz. Stimme: Lautes gedehntes Jaulen; Schnaufen, Grunzen und Brummen. Vorkommen: Kegelrobben leben an der skandinavisch-baltischen Ostseeküste und um die britischen Inseln, außerdem an der Ostküste Kanadas. Im Wattenmeer gibt es drei kleine Kolonien der Kegelrobbe: bei Terschelling, auf Helgoland und zwischen Sylt und Amrum. In britischen, isländischen und neufundländischen Gewässern ist die Art häufig, während die Ostseepopulation durch die Belastung mit Chlorkohlenwasserstoffen vom Aussterben bedroht ist. Weltweit gilt die Art als eine der seltensten Hundsrobben, deren Bestände und Verbreitung weiter zurückgehen. Steinige Küsten werden bevorzugt, die Tiere gehen aber selten an Land. Lebensweise: Tagaktiv und sehr scheu; meist in kleinen Gruppen. Zur Paarungszeit sind die ♂ territorial und verteidigen ihre bis zu 7 ♀. Die Tiere können bis zu 130 m tief und 20 Minuten lang tauchen. Lebenserwartung: Bis zu 35 Jahre. Nahrung: Fische, Krebse, Weichtiere.

Seehund mit Jungtier
(»Heuler«)

Weibchen

Kegelrobbe

Männchen

Wildschwein *Sus scrofa*
Kennzeichen: Körper 120–170 cm, Schwanz 15–20 cm, Schulterhöhe 80–95 cm, Gewicht bis 200 kg. Das graue bis braunschwarze Fell ist zottig-borstig, die Eckzähne von Ober- und Unterkiefer sind v.a. beim ♂ (»Keiler«) verlängert und gebogen. Stimme: Grunzen, Blaffen, Blasen, Schnauben, Quieken, Schreien, Reiben und Schlagen der Eckzähne. Vorkommen: Landschaften mit genügend Deckung: Laub- und Mischwälder mit Teichen, Sümpfe und Bruchwälder, Felder und Wiesen, Fichtenschonungen. Lebensweise: Durch menschliche Störung Nacht- und Dämmerungstier, sonst auch tagsüber aktiv. Alte ♂ sind Einzelgänger, ♀ und Junge bilden Rotten. Mit ihrem ebenso robusten wie geruchssensiblen Rüssel wühlen Wildschweine ihre Nahrung aus dem Boden. Auch mit ihren Hufen scharren sie gern im Boden und schaffen sich so ihr Lager, in dem an geschützter Stelle das ♀ (»Bache«) seine Jungen zur Welt bringt. Schlammbäder (»Suhlen«), dienen auch der Parasitenbekämpfung. Paarungszeit ist im Dezember/Januar; die Tragzeit dauert 120–140 Tage; im April/Mai kommen 3–12 gut entwickelte, längs gestreifte Junge zur Welt (»Frischlinge«, siehe Abb.), die 2 Monate gesäugt werden, aber bereits nach 3 Wochen selbst wühlen. Mit 6 Monaten verlieren sie das Jugendkleid, bleiben aber noch bis zum nächsten Wurf mit der Mutter zusammen. Lebenserwartung: Bis zu 20 Jahre. Nahrung: Allesfresser; besonders Wurzeln, Knollen, Früchte, Insektenlarven, Regenwürmer, Schnecken.

Reh *Capreolus capreolus*
Kennzeichen: Körper 100–130 cm, Schwanz 2–3 cm, Schulterhöhe 65–75 cm, Gewicht bis 25 kg. Das Sommerkleid ist leuchtend rotbraun, das Winterkleid graubraun; das Hinterteil (der »Spiegel«) ist weiß; die Jungen sind weiß gefleckt. Das Geweih des Bockes weist maximal 3–4 Enden auf; die ♀ sind geweihlos. Das Geweih wird alljährlich im Spätherbst/Winter abgeworfen und beginnt einige Wochen später unter einer behaarten Haut (dem »Bast«) neu zu wachsen. Im Frühling »fegen« die Böcke den Bast an jungen Bäumen ab. Stimme: Beide Geschlechter lassen als Schreckruf ein kurzes Blöken hören, das beim ♂ tiefer klingt als beim ♀. Beide Geschlechter und die Jungen fiepen auch. Vorkommen: Weniger ein Waldtier als der Hirsch, daher auch in waldlosen Landschaften, sofern entsprechende Vegetation Schutz und Unterstand bietet, z. B. Gebüsch, Schilf oder Mais. Lebensweise: Durch Störungen zum Dämmerungs- und Nachttier geworden, vielerorts aber noch heute tagaktiv. Rehe schlüpfen gewandt durch dichte Vegetation, laufen, springen und schwimmen gut. Sie leben meist in kleinen Rudeln, nur alte ♂ sind meist Einzelgänger. Zur Paarungszeit im Juli/August treibt der Bock die Geiß in Kreisen. Nach einer Tragzeit (mit Keimruhe) von 9,5 Monaten werfen die Geißen im Mai/Juni 1–3 weiß getupfte Junge (»Kitz«, siehe Abb.) . Lebenserwartung: Bis zu 15 Jahre. Nahrung: Je nach Jahreszeit Kräuter, Gräser, Triebe von jungen Bäumen, Blätter von Brombeeren, Pilze u. Ä.

Wildschwein, Keiler

Frischling

Rehbock (Sommerkleid)

Rehgeiß mit Kitz (Sommerkleid)

Rothirsch *Cervus elaphus*
Kennzeichen: Körper 180–250 cm, Schwanz 12–15 cm, Schulterhöhe 120–140 cm, Gewicht bis 220 kg (die ♂ sind deutlich größer und 25–30 % schwerer als die ♀). Im Sommer ist das Fell rotbraun, im Winter braungrau und länger; das Jugendkleid ist gefleckt (Verwechslung mit Damwild möglich). Das männliche Geweih wird mit zunehmendem Alter kräftiger und verzweigter, die ♀ sind geweihlos. Zum jährlichen Wechsel des Geweihs siehe Reh (S. 44). Stimme: Zur Brunftzeit (September/Oktober) lassen die ♂ ein lautes Röhren und leiseres Knören und Trenzen hören; der Schrecklaut beider Geschlechter ist ein Bellen und Brummen; die Jungen blöken. Vorkommen: In Europa kommt der Hirsch meist nur inselartig vor, nämlich dort, wo äsungsreiche Laub- und Mischwälder mit Lichtungen auch im Winter ausreichend Nahrung bieten, bzw. Wanderungsmöglichkeiten zu Auwäldern bestehen. Mit Fütterung können Rothirsche auch in Nadelwäldern gehalten werden. Nur im schottischen Hochland leben sie auch in waldlosen Heiden. Im Gebirge bis zur Waldgrenze. Lebensweise: Eigentlich tagaktiv, aber durch Störungen zum Dämmerungs- und Nachttier geworden. Hirsche sind gute Läufer, springen gut und weit, schwimmen freiwillig und suhlen sich gern. Sie leben meist nach Geschlechtern getrennt in Rudeln, alte ♂ sind Einzelgänger. Nach einer Tragzeit von 8,5 Monaten wirft das ♀ im Juni 1 Junges. Die Hirschbrunft ist ein sehenswertes Spektakel: Die kapitaleren Hirsche (ab etwa einem Alter von 5 Jahren), erkennbar an kräftigem Körperbau und einer größeren Zahl von Enden des Geweihs, treiben einen »Harem« zusammen und verteidigen ihn gegen (jüngere) Rivalen. Oft kommt es zwischen den röhrenden, scharrenden, imponierenden Platzhirschen und Rivalen zum Kampf, der aber meist unblutig verläuft. Die ♀ sind mit 2–3 Jahren fortpflanzungsfähig. Lebenserwartung: Bis zu 20 Jahre. Nahrung: Gräser, Kräuter, Laub und Rinde.

Damhirsch *Cervus dama*
Kennzeichen: Körper 130–150 cm, Schwanz 15–20 cm, Schulterhöhe 80–100 cm, Gewicht bis 100 kg (♂ sind größer und schwerer als ♀). Die normale Wildfärbung ist im Sommer rotbraun mit hellen Flecken (teilweise in Längsreihen) und weißlicher Unterseite; im Winter ist das Fell grauer und die Flecken sind undeutlicher. Daneben gibt es aber alle Farbschattierungen von fast weiß bis fast schwarz. Das Geweih der ♂ ist schaufelförmig, ♀ sind geweihlos. Kann mit jungem Rotwild oder Sikawild verwechselt werden. Stimme: Zur Brunftzeit lassen die ♂ ein rasselndes Knören, höher und einförmiger als das Röhren des Rothirschs, die ♀ ein bellendes »haii« hören; der Schreckruf klingt dumpf. Vorkommen: Ähnlich wie das Mufflon *(Ovis musimon)* zog sich das Damwild während der letzten Eiszeit aus Mitteleuropa nach Süden zurück und wurde erst im Mittelalter zu Jagdzwecken wieder eingeführt. Auch heute noch lebt nur ein Teil in freier Wildbahn, die übrigen in Gehegen. Mit Wiesen durchsetzte Laub- und Mischwälder sind der bevorzugte Lebensraum. Lebensweise: Ungestört auch tagsüber aktiv, sonst Dämmerungs- und Nachttier. Die Art lebt in Rudeln, nur alte ♂ sind Einzelgänger. Die Paarungszeit liegt im Oktober/November. Nach einer Tragzeit von 7 Monaten setzen die ♀ im Juni 1 Junges. Lebenserwartung: Bis zu 20 Jahre. Nahrung: Gräser, Kräuter, Rinde, Wurzeln, Eicheln.

Rothirsch, Männchen
(mitteleuropäischer Typus)

Weibchen

Damhirsch, Männchen
(»Schaufler«) im Sommerkleid

Gämse *Rupicapra rupicapra*
Kennzeichen: Körper 110–130 cm, Schwanz 3–4 cm, Schulterhöhe 70–80 cm, Gewicht bis 50 kg. Stabil gebaute Tiere mit charakteristisch schwarzweiß gezeichnetem Gesicht und hakenförmigen Hörnern in beiden Geschlechtern. Sommerfell rötlichbraun mit schwarzem Rückenstrich, Winterfell braunschwarz. Stimme: Ein Meckern in verschiedener Tonhöhe und als Warnruf ein pfeifendes Luftausstoßen durch die Nasenlöcher. Vorkommen: Mittel- und südeuropäische Gebirge, eingeführt im Schwarzwald und Elbsandsteingebirge. Lebensraum sind steile, felsige Bergwälder, im Sommer auch über der Waldgrenze; in den Alpen zwischen 1500 und 2500 m. Lebensweise: Hauptsächlich tagsüber aktiv mit Ruhezeit über Mittag. Springt und klettert ausgezeichnet. Weibchen und Jungtiere leben in Herden zu 15–30 Tieren. Im Sommer sind die sozialen Bande sehr eng. Ein Tier der Herde ist zu dieser Zeit stets als Wächter abgestellt und warnt die anderen bei Gefahr durch einen Pfiff. Zum Winter hin wird der Zusammenhalt lockerer, und manche Herden vermischen sich oder lösen sich auf. Böcke leben einzelgängerisch und suchen erst im Spätsommer eine Herde auf. Sie vertreiben die männlichen Jungtiere, wie sie alt genug sind, und behaupten sich in Kämpfen gegen Geschlechtsgenossen. Nach der Paarung im November/Dezember und einer Tragzeit von 170 Tagen bringt das ♀ im Mai/Juni 1–2 Junge zur Welt. Sie werden 3 Monate gesäugt und sind im 3. Jahr ausgewachsen. Lebenserwartung: Die Böcke erreichen ein Alter von 15 Jahren, die ♀ werden bis zu 20 Jahre alt. Nahrung: Gräser, Kräuter, Gehölztriebe, im Winter auch Moose und Flechten.

Steinbock *Capra ibex*
Kennzeichen: Körper 120–150 cm, Schwanz 12–15 cm, Schulterhöhe 70–90 cm, Gewicht ♀ bis 60 kg, ♂ bis 110 kg. Kräftige, fahlbraune bis graubraune Wildziege mit quergerippten Hörnern in beiden Geschlechtern (bei ♀ nur schwach entwickelt), ♂ mit kurzem Kinnbart. Ähnlich und nah verwandt sind der in Spanien lebende Iberiensteinbock und die auf griechischen Inseln und Monte Christo lebende Bezoarziege. Stimme: Die meist schweigsamen Tiere meckern nur gelegentlich, ihr Warnlaut ist ein kurzes scharfes Pfeifen durch die Nase. Vorkommen: Alpen und Tatra. Hochgebirge oberhalb der Waldgrenze. Lebensweise: Eine tagaktive Art, die v. a. morgens und nachmittags äst. Klettert und springt hervorragend, auf der Flucht auch zwischen senkrechten Wänden nach unten hin- und herspringend. 10–20 ♀ leben mit Kitzen in kleinen Rudeln, alte ♂ sind Einzelgänger. Zwischen konkurrierenden Böcken kommt es zu Kämpfen. Ein Bock muss wenigstens 6 Jahre alt sein, um eine Chance zu haben, diese Kämpfe zu überstehen und einen Harem zu gewinnen. Über den Winter bleibt der Bock bei der Herde und verlässt sie im Frühling. Nach der Paarung im Dezember/Januar und einer Tragzeit von 5–6 Monaten werfen die ♀ im Mai/Juni 1–2 Junge, die 1 Jahr lang gesäugt werden. Lebenserwartung: 15–20 Jahre, Böcke auch älter. Nahrung: Gräser, Kräuter, Zwergsträucher, Flechten.

Gämse, Männchen
im Winterkleid

Alpensteinbock,
Männchen im Winterkleid

Zwergtaucher *Tachybaptus ruficollis*
Kennzeichen: Körper 23–29 cm. Fällt zur Brutzeit durch den kurzen, kastanienbraunen Hals und die gelben Flecken an der Schnabelwurzel auf. Im Schlichtkleid wie ein hellbraun-graues Federbüschel, vor allem von hinten. Stimme: Im Brutgebiet recht ruffreudig, lange Triller. Vorkommen: Brutvogel auf kleinen, dicht bewachsenen Teichen, Tümpeln, Altwassern und in Seebuchten. Im Winter auch auf langsam fließenden Flüssen, selbst in der Stadt. Lebensweise: Nest schwimmend oder dicht am Wasser, meist gut versteckt. Eiablage April bis Juni, 5–6 weißliche Eier. 1–2 Bruten. Beide Partner brüten abwechselnd 20–22 Tage. Die Jungen werden mindestens 40 Tage geführt. Lebenserwartung: 10–17 Jahre. Nahrung: Wasserinsekten, Larven, Weichtiere, Kaulquappen, kleine Fische.

Haubentaucher *Podiceps cristatus*
Kennzeichen: Körper 46–51 cm. Im Prachtkleid beide Geschlechter mit auffallender schwarzer Doppelhaube und orangebraunem, schwarz gesäumten Backenbart. Im Winter sind Gesicht und langer Hals weiß. Stimme: Weitreichende, bellende Rufe »grök«; raue, tiefe Laute »quorr« oder »rrro«, in der Balz auch stöhnende Laute »ähw«. Vorkommen: Verbreiteter und lokal häufiger Brutvogel in nährstoffreichen Süß- und Brackwasserseen. Lebensweise: Bei der Balz schwimmen die Partner – oft mit vorgestreckten Hälsen – aufeinander zu, richten sich dann hoch aus dem Wasser auf – oft mit Nistmaterial im Schnabel –, schütteln die Köpfe und lassen dabei die oben beschriebenen Laute hören. Das schwimmende Nest wird meist am seeseitigen Röhrichtrand, oft aber auch ganz frei auf Schwimmblättern errichtet. Legezeit Ende April bis Juni, bei Störungen auch noch später. 1–2 Bruten. 2–6 weißliche, später braun werdende Eier. Beide Partner brüten 27–29 Tage. Die schwarz-weiß längsgestreiften Jungen können sofort nach dem Schlüpfen schwimmen und tauchen, werden aber bis zu 3 Wochen immer wieder von den Alten im Rückengefieder getragen und bis zu 11 Wochen gefüttert. Lebenserwartung: 9–14 Jahre. Nahrung: Kleine Fische, Wasserinsekten, Kaulquappen, Frösche.

Schwarzhalstaucher
Podiceps nigricollis
Kennzeichen: Körper 28–34 cm. Zur Brutzeit in beiden Geschlechtern goldgelb glänzende, hängende Schmuckfedern hinter den leuchtend roten Augen. Kopf, Hals und Rücken schwarz, nur Flanken rotbraun. Im Winter schwarz-grau-weiß. Stimme: Ein zweisilbiges, etwas raues »trüi-li« zur Brutzeit. Vorkommen: Im Tiefland lückenhaft verbreiteter Brutvogel mit starken Bestandsschwankungen. Brütet in nährstoffreichen Seebuchten und auf Teichen mit dichter Ufer- und Unterwasservegetation. Lebensweise: Das schwimmende Nest wird im Röhricht versteckt. Oft bilden sich kleine Kolonien. Legezeit Mai/Juni, bei Störung auch später; 1 Brut. 3–4 zunächst weiße, dann braun gefärbte Eier. Die Jungen schlüpfen nach 20–21 Tagen, werden anfangs oft im Rückengefieder der Eltern getragen und sind nach 4–6 Wochen selbstständig. Nahrung: Wasserinsekten, Wasserschnecken, kleine Muscheln, gelegentlich auch kleine Fische.

Schlichtkleid

Zwergtaucher

Haubentaucher

Schlichtkleid

Schwarzhalstaucher

Schlichtkleid

Kormoran *Phalacrocorax carbo*
Kennzeichen: 77–94 cm hoch, Spannweite 120–150 cm. Kinn und Wangen im Prachtkleid weiß, ebenso je 1 Fleck im Schenkelbereich. Jungvögel mehr bräunlich und unterseits oft fast weiß. Kormorane sitzen gerne mit ausgebreiteten Flügeln. Stimme: Sonore, meist gereihte Laute: »orrorrorr ...« oder »gägägägä ...«; im Winter meist stumm. Vorkommen: In Mitteleuropa vor allem Brutvogel in Küstennähe, neuerdings auch einige süddeutsche Kolonien. Als Folge von Schutzmaßnahmen seit 1970 deutliche Zunahme in Mitteleuropa. Fischer fordern an den Brut- und Winterplätzen bereits neuerliche Bejagung. Lebensweise: Nistet in Bäumen, gelegentlich auch auf dem Boden. Legezeit April bis Juni; 1 Brut. Die 3–4 hellblauen Eier werden von beiden Eltern 23–30 Tage bebrütet. Die Jungen verlassen erst nach 50 Tagen das Nest und sind mit 60 Tagen voll flugfähig; sie werden dann noch bis in den Spätherbst gefüttert. Lebenserwartung: 15–20 Jahre. Nahrung: Fische.

Rohrdommel *Botaurus stellaris*
Kennzeichen: 69–81 cm hoch, Spannweite 100–130 cm. Plumper Reiher mit Dolchschnabel. Gefieder goldbraun mit kräftigen, dunkelbraunen und schwarzen Flecken und Strichen; schwarze Kappe. Flug eulenähnlich. Stimme: Reviergesang des ♂ ein kilometerweit reichender, tiefer, 3–5-mal wiederholter Nebelhornruf »u-prum«. Ruf ein raues »rraak« oder »grühg«, meist im Flug. Vorkommen: Überall, aber selten und weiter abnehmend. Bewohnt ausgedehnte Röhrichtbestände. Im Winter auch auf offenen Flächen. Lebensweise: Nest im dichten Altschilf, meist über dem Wasser. Legezeit April/Mai; 1 Brut. 5–6 olivbraune, glanzlose Eier. Das ♀ brütet 25–26 Tage. Die Jungen verlassen das Nest nach 15–20 Tagen und sind mit 50–55 Tagen flugfähig. Lebenserwartung: 8–11 Jahre. Nahrung: Frösche, Fische, Insekten, Würmer.

Graureiher *Ardea cinerea*
Kennzeichen: 84–102 cm hoch, Spannweite 155–175 cm. Hoher, langbeiniger und langhalsiger Stelzvogel mit kräftigem, dolchartigem Schnabel. Oberseite blaugrau, Kopf, Hals und Unterseite weißlich. Schwarze seitliche Kopfstreifen mit 2 verlängerten Schmuckfedern und schwarze Halsstreifen. Langsamer Flug auf breiten Flügeln. Im Flug Hals S-förmig, nicht vorgestreckt wie Storch und Kranich. Stimme: Ein raues »rrääk«, meist im Flug. Vorkommen: Brutvogel in ganz Mitteleuropa in der Nähe von Gewässern. Im und am Wasser, aber auch auf Wiesen, Wühlmäuse fangend; gelegentlich auf Baumwipfeln. Lebensweise: Im Wipfel hoher (Nadel-) Bäume werden stattliche Nester aus starken Ästen errichtet und im Lauf der Jahre vergrößert; gelegentlich auch Nester im Schilf. Koloniebrüter. Legezeit März bis Mai. 1 Brut. 4–5 hell blaugrüne Eier. Beide Partner brüten 25–27 Tage. Die Jungen klettern oft schon nach 30 Tagen aus dem Nest, sind aber erst mit 50 Tagen flugfähig. Lebenserwartung: 18–25 Jahre. Nahrung: Fische, Feldmäuse, Frösche, Libellen.

Kormoran

Rohrdommel

Graureiher

Weißstorch *Ciconia ciconia*
Kennzeichen: 95–110 cm hoch, Spannweite 180–220 cm. Körper und innerer Flügel rein weiß; äußere Flügelteile schwarz. Schnabel und Beine rot, bei Jungen bräunlich. Fliegt mit ausgestrecktem Hals. Stimme: Zischen und lautes Schnabelklappern am Nest. Vorkommen: Ehemals Brutvogel im gesamten mitteleuropäischen Tiefland, heute vielerorts verschwunden, neuerdings wieder Zunahme. Bevorzugt offene Landschaften mit feuchten, extensiv genutzten Wiesen und Teichen. Zugvogel (März/April bis Aug./Sept.); vereinzelte Überwinterungsversuche bei ausreichender Nahrung (Fütterung). Lebensweise: Das große, oft viele Jahre benutzte Nest meist auf Gebäuden, sonst auf Einzelbäumen. Im April/Mai werden die 3–5 weißen Eier gelegt und von beiden Partnern 33–34 Tage bebrütet. Die Jungen werden von Vater und Mutter gefüttert und sind mit 55–60 Tagen flügge. Lebenserwartung: Bis zu 30 Jahre. Nahrung: In Mitteleuropa überwiegend Mäuse, Frösche und Regenwürmer, in Steppen hauptsächlich Heuschrecken, Schlangen und Eidechsen.

Schwarzstorch *Ciconia nigra*
Kennzeichen: 90–105 cm hoch, Spannweite 175–200 cm. Ganz schwarz, nur Bauch und Unterschwanz weiß; Beine und Schnabel rot. Junge mehr bräunlichschwarz, Beine und Schnabel fleischfarben. Stimme: Pfeifende und zischende Laute, selten auch Schnabelklappern. Vorkommen: Bewohnt naturnahe, wenig gestörte Wälder mit ausreichend Feuchtflächen als Nahrungsquelle. Zugvogel (März/April bis Sept./Okt.). Lebensweise: Nest in Mitteleuropa meist auf Bäumen, in südlicheren Ländern oft in Felswänden; großer, jahrelang benutzter und erweiterter Bau. Legezeit Mitte April bis Mai; 1 Brut. 3–5 weiße Eier, die von beiden Eltern 32–40 Tage bebrütet werden. Die Jungen werden 60–70 Tage im Nest gefüttert, bleiben auch nach dem Ausfliegen noch bis 2 Wochen in Nestnähe. Lebenserwartung: 15–18 Jahre. Nahrung: Hauptsächlich Wassertiere.

Kranich *Grus grus*
Kennzeichen: 96–119 cm hoch, Spannweite 180–220 cm. Großer grauer Schreitvogel mit roter Kappe, schwarzem Gesicht und Vorderhals, Hinterkopf und Hinterhals weiß; die verlängerten inneren Flügelfedern täuschen im Stehen eine dunkle Schwanzquaste vor. Schnabel hell, kürzer als bei Reiher und Storch. Stimme: Stimmfreudig und laut, Kontaktruf (auch in ziehenden Trupps) ein trompetendes »krru« und »karr«, am Brutplatz Paarduett: das ♂ laut »krrruu«, das ♀ antwortet tiefer »krrroh«. Vorkommen: SW-Grenze des Brutareals in Ostdeutschland. Brütet spärlich in Waldmooren, Sümpfen und Bruchwäldern. Auf dem Durchzug im Oktober in großen Zahlen, im Frühjahr kleinere Trupps mit spektakulären Balztänzen. Zugvogel (März bis Okt.). Lebensweise: Besonders auffällig sind die Tänze mit Luftsprüngen, Verbeugungen, Hochwerfen von Stöckchen usw. Bodennest in entlegenen Sümpfen. Meist 2 oliv- bis rötlichbraune Eier mit grauen Flecken ab Ende März; Brutdauer 30 Tage; die Jungen verlassen mit 2 Tagen das Nest und sind mit 9 Wochen flugfähig. Lebenserwartung: Bis zu 42 Jahre. Nahrung: Hauptsächlich pflanzlich, im Sommer überwiegend tierisch.

Weißstorch

Schwarzstorch

Kranich

Höckerschwan *Cygnus olor*
Kennzeichen: Körper 140–160 cm, Spannweite 200–240 cm. Altvögel ganz weiß, Schnabel orangerot mit schwarzer Schnabelwurzel, ♂ mit Höcker; Jungvögel graubraun oder weiß, Schnabel grau. Stimme: Meist stumm. Vorkommen: Als Wildvogel nur in Schweden, Osteuropa bis Schwarzmeer und Mittelchina. In Mitteleuropa zahme bis verwilderte Parkvögel, deren Zahl seit 1950 stark zugenommen hat. Bewohnt stehende und langsam fließende Gewässer des Tieflandes, gastweise auch auf Brack- und Salzwasser. Stand- und Strichvogel. Lebensweise: Großes Nest auf trockenem, erhöhtem Untergrund am Ufer oder auf kleinen Inseln, Durchmesser 1,5–2 m; bei wiederholter Benutzung mächtiger Bau. Legezeit ab Mitte April; 5–8 hell graugrüne Eier mit weißem Kalküberzug, später durch Bebrütung glänzend bräunlich; 1 Jahresbrut. ♀ brütet alleine 35–40 Tage. Bereits 1 Tag nach dem Schlüpfen gehen die Jungen mit den Eltern aufs Wasser, nachts kehrt die Familie aber noch längere Zeit zum Nest zurück. Mit 120–150 Tagen sind die Jungen flügge, bleiben aber noch bis in den Herbst im Familienverband. Lebenserwartung: Bis über 20 Jahre. Nahrung: Wasser- und Uferpflanzen, auch Landpflanzen werden abgeweidet, zunehmend auch auf weit vom Wasser entfernten Wiesen.

Saatgans *Anser fabalis*
Kennzeichen: Körper 70–88 cm, Spannweite 140–175 cm. Kopf und Hals dunkelbrauner als bei Graugans; Schnabel nicht rosa, sondern orange mit verschieden ausgedehnter schwarzer Fleckung. Stimme: Nicht so ruffreudig wie Grau- und Blessgans; Flugrufe zwei- oder dreisilbig: »kajak« oder »kajaijak«. Vorkommen: Brutvogel im Norden Eurasiens. In Mitteleuropa häufiger Wintergast mit Schwerpunkt an den Küsten und im Tiefland von Ende Sept./Anfang Okt. bis Mitte/Ende März. Winterquartier flache Gewässer als Schlaf- und Ruheplätze sowie störungsfreie Wiesen, Weiden und Äcker. Lebensweise: Schlaf- und Nahrungsplätze können im Winterquartier bis 25 km auseinander liegen. An den Schlafplätzen oft große Ansammlungen, die sich tagsüber zur Nahrungssuche in kleinere Trupps auflösen. Der Winterbestand in Europa liegt bei 250 000–300 000 Individuen. Nahrung: Gräser, Getreide, Körner, Kartoffeln, Rüben.

Graugans *Anser anser*
Kennzeichen: Körper 75–85 cm, Spannweite 150–170 cm. Insgesamt hell braungrau, besonders im Flug fallen die sehr hellen Vorderflügel auf (Unterschied zu anderen grauen Gänsen). Der rosafarbene bis leicht orange Schnabel ist ganz ohne Schwarz (vgl. Saatgans). Stimme: Vor allem in Gesellschaft und im Flug sehr ruffreudig, laute kakelnde und trompetende Rufe: »ong-ong-ong« oder »ga-ga-ga«. Vorkommen: Brutvogel in Nord- und Osteuropa; durch Deutschland verläuft die Westgrenze des Brutareals (Schleswig-Holstein, Niedersachsen). Im tieferen Binnenland haben sich an mehreren Stellen (z. B. in Westfalen, Südbayern und Niederösterreich) halbzahme Bestände aus Gefangenschaftsflüchtlingen entwickelt. Lebensraum sind Binnengewässer mit guter Deckung und erreichbaren Weideflächen. Teils Zugvogel und Durchzügler, teils Strich- und Standvogel. Lebensweise: Nest ähnlich dem des Höckerschwans, meist nah am Wasser. Eiablage Ende März bis Anfang Mai; 1 Jahresbrut. 4–9 weißliche, glanzlose Eier. Das ♀ brütet 27–29 Tage. Die Jungen werden von beiden Eltern geführt und sind im Alter von etwa 60 Tagen flugfähig. Der Familienverband zieht gemeinsam ins Winterquartier. Lebenserwartung: 15–17 Jahre. Nahrung: Grüne Land- und Wasserpflanzen.

Saatgans

Graugans

Höckerschwan

Weißwangengans, Nonnengans
Branta leucopsis
Kennzeichen: Körper 60–70 cm, Spannweite 120–140 cm. Kleine schwarz-weiße Gans; Gesicht weiß, Scheitel und Hals schwarz. Nur zu verwechseln mit der größeren Kanadagans, bei der das Weiß sich auf die Wangen beschränkt. Stimme: Einsilbiger, schrill bellender Ruf: »kok« oder »guak«, auch im Chor. Vorkommen: Hochnordischer Koloniebrüter auf felsigen Inseln oder Steilhängen der Tundra; neuerdings wachsende Population rund um die Ostsee. Überwintert am Wattenmeer der Nordseeküste (Okt./Nov. bis März). Lebensweise: Das ganze Jahr über gesellig. Lebenserwartung: Bis zu 20 Jahre, in Menschenobhut bis 33 Jahre. Nahrung: Gräser und Kräuter der Salzwiesen, aber auch der Wiesen und Äcker.

Kanadagans *Branta canadensis*
Kennzeichen: Körper 90–100 cm, Spannweite 160–175 cm. Die Hals- und Kopfzeichnung kann mit der der wesentlich kleineren Weißwangengans verwechselt werden. Vorkommen: In Nordamerika beheimatet, in Europa aus Gefangenschaft verwildert. Brütet in Nord- und Nordwesteuropa, lokal auch in Mitteleuropa; in Ausbreitung. In Parks, auf Seen. Lebensweise: Nest am Boden, nahe am Wasser; 5–6 gelbliche Eier; Brutdauer 28–30 Tage. Beide Eltern führen die Jungen, die mit 40–48 Tagen flügge sind. Nahrung: Wie andere Gänse.

Brandgans *Tadorna tadorna*
Kennzeichen: Körper 55–65 cm, Spannweite 100–120 cm. Beide Geschlechter mit schwarzgrünem Kopf und kastanienbraunem Brustband; ♂ mit rotem Schnabelhöcker. Jungvögel blasser, ohne Brustband, mit weißen Wangen. Im Flug gesamter Flügel ober- und unterseits weiß bis auf dunklen Hinterrand. Stimme: Selten zu hören. ♀ oft sehr rasch »ak-ak-ak«, ♂ hoch pfeifend »tju«. Vorkommen: Im Osten Steppenbewohner, in Mitteleuropa Brutvogel der Küste, vereinzelt auch im Binnenland. Im Wattenmeer zwischen Weser und Ems versammeln sich zwischen Juli und Mitte Sept. bis zu 100 000 Brandgänse zur Mauser. Strich- und Standvogel, Wintergast. Lebensweise: Brütet meist in (Erd-) Höhlen; 8–10 Eier. ♀ brütet ca. 30 Tage. Junge oft in »Kindergärten«. Lebenserwartung: 14–16 Jahre. Nahrung: Kleine Wassertiere.

Löffelente *Anas clypeata*
Kennzeichen: Körper 44–52 cm. Beide Geschlechter sind an dem langen, vorne löffelartig verbreiterten Schnabel zu erkennen. Die Farbverteilung beim ♂ erinnert etwas an die Brandgans. Stimme: Selten zu hören; ♂ in der Balz gurgelnd »groh-groh«, ♀ zweisilbig quakend. Vorkommen: Eine osteuropäische Art, die in Mitteleuropa nur lückenhaft im Tiefland brütet. Nährstoffreiche, flache Binnengewässer sind der geeignete Lebensraum, auf dem Zug auch auf Stauseen und an der Küste. Zugvogel von März/April bis Okt./Nov., Durchzügler, vereinzelt Wintergast. Lebensweise: Bodennest in dichter Vegetation am Wasser. Legezeit Mai bis Juni; 8–12 grünlichgraue bis gelbliche Eier werden vom ♀ 22–24 Tage bebrütet. Die Jungen sind mit 40–45 Tagen flügge. Lebenserwartung: Bis zu 20 Jahre. Nahrung: Tierische und pflanzliche Kleinorganismen, die mit dem Filterschnabel aus Wasser und Schlamm gesiebt werden.

Weißwangengans

Kanadagans

Brandgans

Erpel

Löffelente

Weibchen

Stockente *Anas platyrhynchos*
Kennzeichen: Körper 50–60 cm. Die ♂ sind im Prachtkleid unverkennbar. Die ♀ sowie die ♂ im Schlichtkleid (Juli/August) und die Jungen von anderen Gründelenten am besten durch den blauen, weiß eingefassten Flügelspiegel zu unterscheiden. Stimme: ♂ ein gedämpftes »rhäb«, ♀ quakt laut, oft in abfallenden Reihen. Balzende ♂ lassen ein kurzes, hohes »fihb« hören. Vorkommen: Stehende und nicht zu rasch fließende Gewässer, oft kleinste Tümpel oder Gräben. Gern auch auf Feldern und Wiesen fernab vom Wasser (vor allem auch nachts). Stand- und Strichvogel. Lebensweise: Nest meist am Boden, nah am Wasser, auch in Astgabeln, Mauern, Kopfweiden und Nistkästen. Eiablage ab März, bei Störung oder Gelegeverlust bis Juni. 1 Jahresbrut. 7–11 hell oliv- bis bläulichgrüne, matt glänzende Eier. Das ♀ brütet 25–30 Tage und führt die Jungen 50–60 Tage. Lebenserwartung: 30–40 Jahre. Nahrung: Grüne Wasser- und Landpflanzen, auch Sämereien, Insekten, Kleinkrebse und Weichtiere, Abfälle und Brot.

Pfeifente *Anas penelope*
Kennzeichen: Körper 42–50 cm. Kleiner als Stockente mit kurzem, blaugrauem Schnabel. Im Flug großes weißes Flügelfeld mit stockentenähnlichem Spiegel; ♂ im Schlichtkleid, ♀ und Junge überwiegend braun mit scharf abgesetztem weißen Bauch (ähnlich folgender Art). ♂ kann mit Tafelente oder Kolbenente verwechselt werden. Stimme: Ein charakteristisches, lang ausgezogenes »kwiuhrr«. Vorkommen: Eine NO-europäische Art, die in Mitteleuropa nur vereinzelt und sporadisch in Küstennähe brütet. An der Küste regelmäßiger und zahlreicher Durchzügler und Wintergast (in großen Scharen auf Grünland), im Binnenland nur in geringer Zahl von Sept. bis April. Lebensweise: Eine ungewöhnlich »landgängige« Ente, die, ähnlich Gänsen, auf Wiesen und Äckern nach Nahrung sucht. Lebenserwartung: Bis über 18 Jahre. Nahrung: Wasser- und Landpflanzen.

Schnatterente *Anas strepera*
Kennzeichen: Körper 46–56 cm. Bei dieser stockentengroßen Art wirkt auch das ♂ weibchenfarbig graubraun; auffällig sind nur das schwarze Hinterteil und im Flug (bei beiden Geschlechtern) die breiten weißen Spiegel und der scharf abgesetzte weiße Bauch (siehe vorige Art). Stimme: ♂ in der Balz ein weit hörbares, sehr tiefes, hölzern rülpsendes »ärrp« (Knäkente, siehe S. 62, länger und höher), auch ansteigender und manchmal wieder abfallender Pfiff. ♀ quakt ähnlich wie Stockente. Vorkommen: Die osteuropäische Verbreitung löst sich in Mittel- und Westeuropa zu inselartigen Brutvorkommen auf. Seichte, nährstoffreiche Gewässer. Zugvogel von März bis November, Durchzügler, auch überwinternd. Lebensweise: Bodennest nahe dem Wasser in dichter Vegetation. Legezeit Ende April bis Juni. Die 8–12 rahmgelben Eier werden vom ♀ 24–26 Tage bebrütet. Mit 50 Tagen sind die Jungen flügge. Lebenserwartung: Bis über 13 Jahre. Nahrung: Fast ausschließlich Wasserpflanzen, die oft tauchenden Blesshühnern (siehe S. 80) abgenommen werden.

Stockente
Erpel
Weibchen

Pfeifente
Weibchen
Erpel

Weibchen
Schnatterente
Erpel

Spießente *Anas acuta*
Kennzeichen: Körper 51–62 cm. ♂ im Prachtkleid mit dunkelbraunem Kopf, in den sich hinten das Weiß von Hals und Brust zieht; Steiß schwarz und gelblich. Beide Geschlechter sind am langen, schlanken Hals erkennbar, das ♀ an den kräftig gemusterten Flanken. Im Flug keine auffallenden Zeichen. Stimme: ♂ zur Balzzeit wenig auffällige, krickentenähnliche Rufe. Vorkommen: Brutvogel in Nordosteuropa, inselartig auch in Ost- und Norddeutschland. Auf dem Zug nur an der Küste zahlreich. Durchzügler und Wintergast, Sept. bis April. Lebensweise: Bodennest; Legezeit April bis Juni; 7–12 grünlichgelbe bis rahmfarbene Eier; ♀ brüten 22–24 Tage. Lebenserwartung: Bis zu 26 Jahre. Nahrung: Ähnlich wie Stockente (siehe S. 60).

Krickente *Anas crecca*
Kennzeichen: Körper 34–38 cm. Kleinste Gründelente; ♀ und ♂ im Schlichtkleid mit der kaum größeren Knäkente zu verwechseln. Von dieser sind problemlos nur die ♂ im Prachtkleid zu unterscheiden: Kopf braun und grün, Steiß gelb mit Schwarz. Stimme: Besonders charakteristisch und oft zu hören: »krik«. Vorkommen: Verbreiteter, im Binnenland zerstreuter, nicht häufiger Brutvogel. Zur Brutzeit versteckt an Seen und (Moor-) Tümpeln, auch im Wald. Meist in Scharen an seichten, schlammigen Ufern. Strich- und Zugvogel, Durchzügler und Wintergast. Lebensweise: Nest versteckt am Boden, in Wassernähe. Legezeit April bis Juni, 8–11 gelblichgraue, leicht grünliche Eier. ♀ brütet 21–23 Tage. Lebenserwartung: Bis über 20 Jahre. Nahrung: Kleintiere und pflanzliche Abfälle.

Knäkente *Anas querquedula*
Kennzeichen: Körper 37–41 cm. Unsere zweite Kleinente (siehe vorige Art). ♂ im Prachtkleid an weißen Augenstreifen, grauen Flanken und Schmuckfedern am Rücken zu erkennen; ♀ im Gesicht deutlicher als Krickente hell-dunkel gezeichnet. Stimme: ♂ lässt bei Beunruhigung und während der Balz ein charakteristisches, hölzernes »kerrreb« (ein- bis zweisilbig) hören. Vorkommen: Mittleres und östliches Europa, in Mitteleuropa nur zerstreut und unregelmäßig brütend. Lebensraum sind kleinere, nährstoffreiche, seichte Gewässer. Zugvogel von März/April bis Sept., Durchzügler. Lebensweise: Nest am Boden versteckt. Legezeit Mai/Juni; 8–11 kleine, helle Eier. Lebenserwartung: Bis zu 10 Jahre. Sonst wie vorige Art.

Kolbenente *Netta rufina*
Kennzeichen: Körper 53–57 cm. Das schwarz-weiß-rote ♂ im Prachtkleid ist unverkennbar (roter Schnabel!). Auch die ♀ sind durch ihre Kopfzeichnung leicht zu erkennen. Im Flug sind bei beiden Geschlechtern die über die ganze Länge hinten weißen Flügel kennzeichnend. Diese Tauchente gründelt oft und liegt auch ziemlich hoch im Wasser. Stimme: Nicht oft zu hören; ♂ »bät« (Erregung) oder »bäix« (Balz); ♀ »wa-wa-wa« (oft im Flug). Vorkommen: Brutvogel asiatischer Steppen; in Mitteleuropa nur lückenhaft, schwankend und in geringer Zahl Brutvogel (in ganz Deutschland nur einige hundert Paare). Größere Ansammlungen zur Mauser und auf dem Herbstzug auf süddeutschen Seen; mancherorts ganzjährig. Zug- und Strichvogel, Durchzügler, teils Wintergast. Lebensweise: Das Nest wird immer in Wassernähe gebaut; Legezeit Mai/Juni. Die 8–11 graugelblichen Eier werden vom ♀ 26–28 Tage bebrütet, die Jungen bis 55 Tage geführt. Lebenserwartung: Bis zu 7 Jahre, in Menschenobhut bis zu 15 Jahre. Nahrung: Überwiegend Wasserpflanzen.

Spießente
Erpel
Weibchen

Krickente
Erpel
Weibchen

Knäkente
Weibchen
Erpel

Erpel
Kolbenente
Weibchen

Eiderente *Somateria mollissima*
Kennzeichen: Körper 60–70 cm. Das ungewöhnliche Kopfprofil dieser »Meeresente« macht sie in allen Kleidern leicht erkennbar. Taucht mit einem kurzen Schlag der halb geöffneten Flügel. Stimme: Balzende ♂ laut »u-hu«; ♀ tief »gogogog« oder schnarrend »kworr«. Vorkommen: Brutvogel an nordeuropäischen Küsten. An Nord- und Ostsee Brutvogel in geringen Zahlen sowie zahlreicher Mauser- und Wintergast. Lebensweise: Nest oft ziemlich offen auf dem Boden, die Mulde wird mit den geschätzten Eiderdaunen ausgepolstert. Die 4–7 blassoliven bis grauen Eier werden vom ♀ 25–28 Tage bebrütet, die Jungen 50–60 Tage geführt, obwohl sie erst 10–15 Tage später flügge sind. Oft werden viele Junge von mehreren ♀ gemeinsam betreut. Lebenserwartung: Bis zu 23 Jahre. Nahrung: Vor allem Muscheln und Krebse.

Eisente *Clangula hyemalis*
Kennzeichen: Körper 39–47 cm. ♂ im Prachtkleid mit viel Weiß und langen Schwanzspießen; ♀ und Jungvögel mit braunem Rücken und brauner Brust, ebenso ♂ im Schlichtkleid mit viel Schwarz an Hals und Kopf. Stimme: ♂ balzen schon im Winter laut jodelnd und oft im Chor; Ruf beider Geschlechter tief und nasal »gack«. Vorkommen: Häufiger Brutvogel an Tümpeln der arktischen Tundra. Überwintert gesellig auf dem Meer (Ostsee); im mitteleuropäischen Binnenland sehr selten. Lebensweise: Im Winterquartier (z. B. Bottnischer Meerbusen) in sehr großen Zahlen, die viel herumfliegen und ständig tauchen; spektakulärer Heimzug im März. Nahrung: Mollusken und andere Kleintiere des Meeresgrundes, am Brutplatz Insektenlarven, Fischlaich usw.

Schellente *Bucephala clangula*
Kennzeichen: Körper 40–48 cm. Kleine, »puppige« Tauchente mit großem Kopf. Auf die Entfernung Verwechslung der ♂ mit ♂ der Reiherente (siehe S. 66) möglich. Das braunköpfige ♀ lässt auch beim Schwimmen meist etwas Weiß im Flügel erkennen (Verwechslung mit ♀ vom Zwergsäger möglich). Im Flug beide Geschlechter mit breitem weißen Flügelinnenfeld. Stimme: Balzende ♂ werfen den Kopf nach hinten und rufen »kwirre«; ♀ tief »quarr-quarr«. Das klingelnde Fluggeräusch gab der Ente den Namen. Vorkommen: Nordosteuropäische Art mit einzelnen Brutvorkommen in Ost-, Nord- und Süddeutschland, offenbar vorrückend. Bevorzugt werden waldreiche Seen, zum Brüten genügen aber auch hohle Einzelbäume. Lebensweise: Brütet in Baumhöhlen und Nistkästen in Gewässernähe. Legezeit März/April bis Mai. Die 5–11 blaugrünen, später blasseren Eier werden vom ♀ 29–31 Tage bebrütet. Die Jungen springen nach dem Schlüpfen zu Boden und werden zum Wasser geführt. Sie sind mit etwa 60 Tagen flügge, werden aber oft schon vorher sich selbst überlassen. Lebenserwartung: Bis zu 17 Jahre. Nahrung: Kleine Wassertiere.

Eiderente

Eisente

Schellente

Tafelente *Aythya ferina*
Kennzeichen: Körper 42–49 cm. ♂ im Prachtkleid sind kaum zu verwechseln. ♀ können mit Reiherenten-♀ verwechselt werden. Stimme: Selten zu hören. Vorkommen: In Mitteleuropa vielerorts als Brutvogel (noch) fehlend. Brütet an nährstoffreichen Binnengewässern mit dichter Ufervegetation. Als (Winter-) Gast oft in großer Zahl auf größeren Gewässern. Lebensweise: Bodennest in wassernaher Vegetation. Legezeit Mitte April bis Juni. Die 5–12 grau-grünlichen Eier werden vom ♀ 24–28 Tage bebrütet, die Jungen bis 50 Tage geführt. Lebenserwartung: 11–20 Jahre. Nahrung: Wasserpflanzen, Schlamm- und Wassertiere.

Reiherente *Aythya fuligula*
Kennzeichen: Körper 40–47 cm. Die schwarz-weißen ♂ sind auf Entfernung mit Bergente (grauer Rücken) und evtl. Schellente zu verwechseln; der »Reiher«-Schopf ist nicht immer erkennbar. Die braunen ♀ sind von denen der Tafelente und Bergente schwer zu unterscheiden. Das Weiß am Hinterende kann zu Verwechslungen mit Moorenten führen. Stimme: Von ♀ ist häufig (auch im Flug) ein knurrendes »kurr« zu hören; ♂ bei der Balz »bück« sowie blubbernd bis kichernd abfallende Serien. Vorkommen: Hat als Brutvogel und Wintergast in Mitteleuropa sehr zugenommen. Lebensweise: Bodennest in wassernaher Vegetation. Die 6–11 grau-grünlichen Eier werden vom ♀ 23–28 Tage bebrütet, die Jungen 45–50 Tage geführt. Lebenserwartung: Bis über 14 Jahre. Nahrung: Kleine Schlamm- und Wassertiere, Dreikantmuscheln, auch Wasserpflanzen.

Mittelsäger *Mergus serrator*
Kennzeichen: Körper 52–58 cm. ♂ mit breitem braunen Brustband und schwarzgrünem Doppelschopf; der braune Doppelschopf des ♀ ist nicht immer gut zu erkennen. Stimme: Balzende ♂ lassen manchmal ein an Schluckauf erinnerndes Geräusch mit anschließendem »Niesen« hören: »tschika – pitschi«. Vorkommen: Brütet in Mitteleuropa fast nur an der Ostsee- und in geringerer Zahl auch an der Nordseeküste. Im Binnenland seltener Wintergast. Lebensweise: Bodennest in der Vegetation, zwischen Steinen oder in Erdlöchern meist nah am Wasser. 6–12 bräunliche bis olivgrüne Eier werden vom ♀ 30–32 Tage bebrütet. Die Jungen sind mit 60–65 Tagen flügge. Lebenserwartung: Bis zu 9 Jahre. Nahrung: Kleine Fische und Krebse, Würmer, Insekten(-larven).

Gänsesäger *Mergus merganser*
Kennzeichen: Körper 58–68 cm. Die ♀ können mit denen des Mittelsägers verwechselt werden. Stimme: Bei der Balz ein leises, fünfsilbiges »schakera-ga-gak«, und vom ♂ selten ein tiefes, nicht lautes, aber weit tragendes »krruh-krrah« oder »darr-dorr« und ein pfeifendes »uiga« mit nach oben gerecktem Kopf, wozu das ♀ ein hetzendes »brah-brah-brah . . .« hören lässt; ♀ mit Jungen rufen »kroh-kroh«. Vorkommen: In Mitteleuropa nur wenige hundert Brutpaare an der Ostseeküste und am Nordalpenrand. An der Küste als Wintergast z. T. zahlreich, im Binnenland kleinere Trupps. Lebensweise: Höhlenbrüter (alte Bäume, Felsen, Kirchtürme, Nistkästen). Legezeit März/April bis Juni. Die 8–12 rahmfarbenen Eier werden vom ♀ 30–35 Tage bebrütet. Die Jungen springen wenige Stunden nach dem Schlüpfen aus oft beträchtlicher Höhe in die Tiefe, werden 50–60 Tage vom ♀ geführt und sind mit 60–70 Tagen flügge. Lebenserwartung: Bis zu 10 Jahre. Nahrung: Fast ausschließlich kleine Fische.

Tafelente
Erpel
Weibchen

Reiherente
Weibchen
Erpel

Weibchen
Mittelsäger
Erpel

Gänsesäger

Schwarzmilan *Milvus migrans*
Kennzeichen: Körper 48–58 cm, Spannweite 130–155 cm. Etwas kleiner als Rotmilan, Schwanz ebenfalls lang, aber weniger stark gegabelt. Im Flug unterseits viel dunkler als Rotmilan und ohne deutliche Kontraste. Sucht meist segelnd und flatternd Ufer ab. Stimme: Wiehernd »wühihihi« und trillernd. Vorkommen: Bis auf den Norden ganz Europa. In Mitteleuropa Brutvogel im Tiefland und in Mittelgebirgen; bevorzugt Wassernähe. Zugvogel von März bis September. Lebensweise: Nest auf hohen Nadel- und Laubbäumen, noch mehr als beim Rotmilan mit Müll ausgestattet. Legezeit Mitte April bis Mitte Mai. 1 Brut. Die 2–3 weißen bis grünlichen Eier werden hauptsächlich vom ♀ 26–38 Tage bebrütet; das ♂ schafft Futter herbei. Nach etwa 45 Tagen sind die Jungen flügge. Lebenserwartung: Bis zu 20 Jahre. Nahrung: Hauptsächlich tote und kranke Fische, auch verletzte Vögel und Kleinsäuger (Verkehrsopfer).

Rotmilan *Milvus milvus*
Kennzeichen: Körper 61–72 cm, Spannweite 140–165 cm. Etwas größer als Bussard mit wesentlich längerem, deutlich gegabeltem Schwanz. Im Flug sind die Flügelunterseiten kontrastreich hell-dunkel gezeichnet. Segelt häufig mit waagrecht ausgestreckten (nicht hochgestellten) Flügeln. Stimme: Pfeifend »piä« oder »wijüh«. Im Frühjahr längere Trillerstrophen. Vorkommen: Kleines Brutareal im mittleren und südlichen Europa. In Mitteleuropa Brutvogel im Tiefland und Mittelgebirge. Kurzstrecken- und Teilzieher, örtlich überwinternd. Lebensweise: Weniger ans Wasser gebunden als Schwarzmilan, jagt auf offenen Flächen. Im Winter bilden sich oft Schlafgesellschaften in Feldgehölzen. Nest auf hohen Bäumen, oft mit Lumpen, Papier und anderen Abfällen durchsetzt. Legezeit April/Mai. 1 Brut. Die 2–3 weißen bis grünlichen Eier werden vom ♀ 33–38 Tage bebrütet; die Jungen bleiben 45–55 Tage im Nest. Lebenserwartung: Bis zu 25 Jahre, in Menschenobhut bis zu 33 Jahre. Nahrung: Kleinsäuger, Aas, Abfälle, auch Fische.

Rohrweihe *Circus aeruginosus*
Kennzeichen: Körper 43–55 cm, Spannweite 115–140 cm. Etwas kleiner als Bussard (siehe S. 72), wesentlich schlanker und schmalflügeliger. ♂ mit hellgrauem Schwanz, Flügel oberseits teilweise braun, sonst hellgrau mit schwarzen Spitzen, Kopf hell. ♀ dunkelbraun, Schultern, Kehle und Scheitel hell. Die Jungen sind noch dunkler als die ♀, es fehlen ihnen die hellen Schultern. Alle Weihen segeln mit V-förmig nach oben gewinkelten Flügeln (stärker als Bussard). Stimme: ♂ im Balzflug bussardähnlich »quiäh«, Warnruf »kekekeke ...«. Vorkommen: Fast ganz Europa. Bewohnt offene Landschaften mit schilfreichen Gewässern. Zugvogel von März bis Oktober. Lebensweise: Nest im Schilf oder auf Bülten (Grashorste oder Erhöhungen), gelegentlich auch in Wiesen oder Getreidefeldern. Legezeit Mai/Juni. 1 Brut. Die 3–7 weißen bis bläulichen Eier werden vom ♀ 31–36 Tage bebrütet. Die Nestlinge sind mit etwa 40 Tagen flügge. Lebenserwartung: 15–16 Jahre. Nahrung: Kleinere Säugetiere und Vögel bis zur Größe halbwüchsiger Blesshühner.

Schwarzmilan

Rotmilan

Weibchen

Männchen

Rohrweihe

Fischadler *Pandion haliaetus*
Kennzeichen: Körper 52–60 cm, Spannweite 150–170 cm. Relativ kleiner, lang- und schmalflügeliger Greifvogel mit weißer Körperunterseite. Stimme: Bei Flugbalz traurig pfeifend »ü-iip ü-iip . . .«, Kontaktruf »jüp-jüp-jüp . . .«. Vorkommen: Brutvogel in Nord- und Osteuropa, bis Ostdeutschland (um 270 Brutpaare). Lebensraum sind waldreiche Seen, Flussauen und Küsten. Lebensweise: Nest im Wipfel von Einzelbäumen, auch auf Masten. Ab April meist 3 weiße Eier mit braunen und grauen Flecken; Brutdauer 35–40 Tage; nur das ♂ schafft Beute herbei; nach 45–60 Tagen sind die Jungen flügge. Lebenserwartung: Etwa 25 Jahre. Nahrung: Fast nur Fische mit 150–350 g Gewicht (selten bis 2 kg).

Steinadler *Aquila chrysaetos*
Kennzeichen: Körper 80–93 cm, Spannweite 190–225 cm. Erheblich größer als Bussard (siehe S. 72), was am hoch fliegenden Vogel aber nicht leicht erkennbar ist. Man achte auf die Proportionen: Die Flügel sind relativ länger und schmaler als beim Mäusebussard, der Schwanz ist länger, der Kopf weiter vorstehend. Die Jungen sind markanter gezeichnet als die Altvögel; sie haben eine helle, fast weiße Schwanzwurzel, die sich kräftig von der schwarzen Endbinde abhebt, und weisen in den äußeren Flügelpartien sehr helle Flecken auf. Stimme: Nur zur Balzzeit gelegentlich ein schrilles Kläffen und ein bussardähnliches »hijä«. Vorkommen: Sehr lückenhaft über ganz Europa verbreitet. In Mitteleuropa nur in den Hochlagen der Alpen (Bayern 30–40 Brutpaare, insgesamt ca. 500). Im Norden auch Einflüge nordosteuropäischer Vögel, sonst Standvogel. Lebensweise: Großer, oft viele Jahre benutzter Horst in Felswänden; oft mehrere Nester. Eiablage Ende Februar bis Mitte April. Die 2 schmutzigweißen Eier mit dunkleren Flecken werden vom ♀ 40–45 Tage bebrütet, die Nestlinge 75–80 Tage versorgt. Lebenserwartung: Bis zu 26 Jahre, in Menschenobhut bis über 40 Jahre. Nahrung: Wirbeltiere von Mausgröße bis zum Hirschkalb, auch Aas, in den Alpen hauptsächlich Murmeltiere, seltener Vögel.

Seeadler *Haliaeetus albicilla*
Kennzeichen: Körper 76–92 cm, Spannweite 190–240 cm. Sehr großer, kompakter Adler, Flügel breiter, Schwanz kürzer, Körper mächtiger als Steinadler. Altvögel mit weißem Schwanz und hellem Kopf, Jungvögel dunkelbraun. Stimme: In Nestnähe lautes, schrill gackerndes »klii-klii-klii . . .«. Vorkommen: Brutvogel in Skandinavien, Ostdeutschland und Schleswig-Holstein (um 1995 etwa 240 Brutpaare) und inselartig in SO-Europa. An Küsten und Binnenseen. Lebensweise: Das Nest (1 m Durchmesser) in Mitteleuropa meist auf hohen Bäumen am Waldrand, im Norden mehr auf Felsen. Im Feb./März meist 2 kalkweiße Eier, Brutdauer 38–42 Tage, flügge nach 70–90 Tagen. Lebenserwartung: Etwa 20 Jahre, in Menschenobhut bis über 30 Jahre. Nahrung: Fische, Vögel (Enten, Blesshühner, junge Kormorane), Säuger (Maus bis Rehkitz); selbst geschlagene Beute meist 0,5–3 kg.

Fischadler

Steinadler

Seeadler

Mäusebussard *Buteo buteo*
Kennzeichen: Körper 46–58 cm, Spannweite 110–130 cm. Im Flug sind die breiten Flügel, der relativ kurze, gerundete Schwanz und der wenig vorragende Kopf typisch. Die Gefiederfärbung ist äußerst variabel. Verwechslungsmöglichkeiten bestehen mit dem Wespenbussard (längerer Schwanz mit 3 Binden), kreisenden Habichten, im Winter mit Raufußbussard (dieser mit überwiegend weißem Schwanz). Sehr kennzeichnend ist die Stimme: Im Flug ganzjährig ein charakteristisches Miauen: »hiääh«. Vorkommen: Jagt in der offenen Kulturlandschaft (Wiesen, Felder), brütet jedoch in geschlossenen Wäldern. Lebensweise: Selbstgebauter Horst auf hohen Waldbäumen. Legezeit März bis Anfang Mai. 1 Brut. Die 2–3 rundlichen, weißen Eier mit grauen oder braunen Flecken werden 32–34 Tage bebrütet, die Jungen 42–49 Tage im Nest von beiden Eltern versorgt. Lebenserwartung: Bis zu 26 Jahre. Nahrung: Hauptsächlich Feld- und andere Mäuse, bei Gelegenheit Junghasen, Jungvögel, Amphibien und Reptilien, im Winter auch größere geschwächte Beute und Aas.

Habicht *Accipiter gentilis*
Kennzeichen: ♀ etwa bussardgroß (58–64 cm), ♂ etwa krähengroß (49–56 cm), Spannweite 90–130 cm. Flugsilhouette durch langen Schwanz und kurze, rundliche Flügel gekennzeichnet. Kann in der Luft mit Sperber verwechselt werden, besonders Habicht-♂ mit Sperber-♀, bei denen der Größenunterschied geringer ist. Die bräunlichen Junghabichte tragen statt der feinen Querbänderung unterseits kräftige Tropfenflecken. Stimme: Am Nest und bei der Balz laute, schnelle »gik-gik-gik«-Reihen. ♀ ruft im Paarkontakt früh im Jahr bussardähnlich »jühiäh«. Nestlinge gedehnt »jöh« oder »klijäh«. Vorkommen: Brut in Wäldern mit alten Bäumen, Jagd in abwechslungs- und gehölzreicher Landschaft. Lebensweise: Horst auf hohen Waldbäumen. Legezeit Ende März bis Ende Mai. Die 2–5 weißlichen bis hellbraunen Eier werden 35–42 Tage bebrütet; das ♂ schafft Nahrung heran. Die Jungen sind mit etwa 40 Tagen flügge. Lebenserwartung: Bis über 20 Jahre. Nahrung: Überwiegend mittelgroße Vögel (Drosseln, Tauben, bis Krähen), auch Mäuse, Eichhörnchen und Kaninchen.

Sperber *Accipiter nisus*
Kennzeichen: Körper 29–41 cm, Spannweite 60–80 cm. Wesentlich kleiner als Habicht; ♀ größer als ♂. Flugbild ähnlich Habicht, aber Schwanz eckig abgeschnitten. Das ♀ ist oberseits braun(grau), das ♂ blaugrau. Die Querbänderung unterseits bei den Jungen breiter und pfeilspitzig. Stimme: Bei Störung am Brutplatz scharfe, rasche »gigigi . . .«-Reihen (rascher und weniger rein als Habicht; vgl. auch Turmfalke, S. 74). Im Schauflug bei der Balz weiches, nach oben gezogenes »gjüi-gjüi«. Nestlinge hell »kji-kji-kji«. Vorkommen: Abwechslungsreiche Landschaften mit reichlich Gehölzen, jagt auch in Parks und Gärten. Brütet in geschlossenen Fichten- oder Kiefernwäldern, seltener Laubwäldern. Lebensweise: Das alljährlich neu gebaute Nest steht auf jüngeren oder mittleren Nadelbäumen. Legezeit Ende April bis Mai/Juni. 1 Brut. Die 4–6 weißen, grau und braun gefleckten Eier werden 33–36 Tage bebrütet; das ♂ versorgt ♀ und Brut mit Nahrung. Mit 25–30 Tagen sind die Jungen flügge. Lebenserwartung: Etwa 15 Jahre. Nahrung: Bis drosselgroße Kleinvögel, gelegentlich auch Kleinsäuger.

Mäusebussard

Habicht

Sperber

Turmfalke *Falco tinnunculus*
Kennzeichen: Körper 31–37 cm, Spannweite 70–80 cm. Schlanker, etwa taubengroßer Falke, der oft rüttelnd in der Luft steht. Der lange Schwanz erinnert an Sperber, die Flügel sind jedoch spitzer. Der Rücken ist bei beiden Geschlechtern rotbraun. Beim ♂ sind Kopf, Hinterrücken und Schwanz grau, die Oberseite ist nur schwach gefleckt. ♀ und Junge sind oberseits ganz rotbraun mit kräftigen dunkelbraunen Flecken und Bändern, auch der Schwanz ist deutlich gebändert. Stimme: Ein oft zu hörendes »kikiki . . .«, am Brutplatz ein wimmerndes »srri-srri«. Vorkommen: In Mitteleuropa neben Mäusebussard häufigster Greifvogel. Brutvogel vom Tiefland bis ins Hochgebirge. Lebensweise: Brütet an und in hohen Gebäuden, auf Bäumen in alten (Krähen-) Nestern, in Steinbrüchen und Felswänden. Baut wie alle Falken kein eigenes Nest. Die 4–6 stark braun gefleckten Eier werden im April/Mai gelegt und 21–27 Tage bebrütet. Mit etwa 30 Tagen sind die Jungen flügge. Lebenserwartung: Etwa 16 Jahre. Nahrung: Mäuse, Spitzmäuse, Maulwürfe, vereinzelt auch Eidechsen, Blindschleichen, Kleinvögel und Insekten.

Baumfalke *Falco subbuteo*
Kennzeichen: Körper 29–35 cm, Spannweite 70–85 cm. Ein kleiner, sehr wendiger Greifvogel. Durch ganz graue Oberseite vom Turmfalken leicht zu unterscheiden; Verwechslung mit Wanderfalke und (zur Zugzeit) mit Rotfußfalke möglich. Stimme: Pfeifen »kju-kju-kju . . .« oder »gje-gje-gje . . .«, auch metallisch »kikikiki . . .«, ähnlich Turmfalke. Vorkommen: Gern in Gewässernähe, Feuchtwiesen, Moore; Nest in lichten Wäldern. Zugvogel von April bis Sept. Lebensweise: Alte Nester von Krähen u. a. in Kiefern, Fichten, auch Laubbäumen werden bezogen. 2–4 rotbraun gefleckte Eier ab Mai/Juni; Brutdauer und Nestlingszeit 28–34 Tage; Familie bleibt aber weitere 30–40 Tage beisammen. Lebenserwartung: Etwa 15 Jahre. Nahrung: Insekten und Vögel.

Wanderfalke *Falco peregrinus*
Kennzeichen: ♂ 38–45 cm, ♀ 46–51 cm; Spannweite 90–115 cm. Ein kräftiger, etwa krähengroßer Falke mit langen, spitzen Flügeln und relativ kurzem Schwanz. Oberseits dunkel, unterseits hell mit markanter Maske – ähnlich dem kleineren Baumfalken, aber ohne dessen rostrote Hosen (so nennt man die Federn an den Schenkeln). Kräftige Flügelschläge und ein rasanter Beuteflug sind kennzeichnend. Stimme: Am Brutplatz klagend »gääi« und scharf »akzick«. Vorkommen: Ursprünglich ganz Europa, in vielen Ländern aber verschwunden. In Deutschland nur 350–450 Brutpaare in süd- und westdeutschen Mittelgebirgen und in den Alpen. Lebensweise: Brütet in Felswänden (vereinzelt auch auf Bäumen und hohen Gebäuden). Ende März bis Anfang Mai 3–4 dicht braungefleckte Eier; Brutdauer 30 Tage. Die Jungen sind mit etwa 40 Tagen flügge. Lebenserwartung: Etwa 15 Jahre. Nahrung: Fast ausschließlich Vögel, die meist im Flug geschlagen werden: Haustauben, Drosseln, Stare, Rabenvögel, Möwen; im Winter mitunter auch Wasservögel.

Turmfalke
Männchen
Weibchen
Baumfalke
Wanderfalke

Alpenschneehuhn *Lagopus mutus*
Kennzeichen: Körper 31–35 cm. Im Sommer braun mit weißen (meist nur im Flug sichtbaren) Flügeln, weißer Unterseite und weiß befiederten Läufen. Im Winter beide Geschlechter ganz weiß mit schwarzem Schwanz. Beim ♂ sind die roten Hautwülste über den Augen stärker ausgebildet als beim ♀. Bei den Jungen sind auch die Flügel und der ganze Schwanz braun. Stimme: ♂ bei der Balz laut »ou-a-a« (mit Balzflug) sowie knarrende und gackernde Laute. Vorkommen: Nordeuropa, Alpen und Pyrenäen. In den Alpen oberhalb der Krummholzgrenze in felsigem Gelände. Lebensweise: Nestmulde zwischen Steinen und Zwergsträuchern versteckt. Die 6–9 rahmfarbenen bis rotbräunlichen Eier mit vielen braunen und schwarzen Flecken werden meist im Juni gelegt und nur vom ♀ 20–24 Tage bebrütet. Die Jungen verlassen schon am 1. Tag das Nest und werden bis in den Herbst von beiden Eltern geführt. Nahrung: Knospen, Blätter, Samen, Beeren.

Birkhuhn *Tetrao tetrix*
Kennzeichen: ♂ 49–58 cm (Schwanz 15 cm), ♀ 40–45 cm. ♂ schwarz mit roten Augenwülsten, Unterschwanzdecken, Unterflügel und Flügelbinde weiß, Schwanzfedern nach außen gebogen; ♀ tarnfarben braun, weiße Flügelbinde schmaler. Stimme: ♂ bei der Balz Kullern und Zischen, ♀ Gackern, oft mit gezogenem Ende »gagagagaga-keh-ah«. Vorkommen: Nord- und Osteuropa, Großbritannien und Alpen. Moore, Heiden, Waldlichtungen, im Gebirge Waldgrenze mit Zwergsträuchern und Matten. Reich gegliederte Lebensräume sind Voraussetzung. Lebensweise: Nest gut versteckt am Boden; 7–10 gelbbraune Eier mit grauen und braunen Flecken Ende April bis Anfang Juni. Brutdauer 25–27 Tage; Küken werden von ♀ geführt und bis 15 Tage gehudert, mit 4 Wochen selbstständig; Familienzusammenhalt bis September. Lebenserwartung: Etwa 9 Jahre. Nahrung: Jungvögel fressen im Sommer Insekten und Würmer, später fast nur noch Triebe von Zwergsträuchern und Bäumen, Beeren, Knospen, Nadeln.

Auerhuhn *Tetrao urogallus*
Kennzeichen: ♂ 74–90 cm, ♀ 54–63 cm. Vom wesentlich kleineren Birkhahn unterscheidet sich das ♂ durch fächerförmigen (nicht leierförmigen) Schwanz, weiße Schulterflecken, im Flug keine weiße Flügelbinde, kräftigen gelben Hakenschnabel und relativ kleinere Überaugenwülste. Das kleinere ♀ unterscheidet sich von der erheblich kleineren Birkhenne durch ungefleckt rotbraune Brust und im Flug durch gerundeten, rotbraunen Schwanz. Seltener auf Bäumen als Birkwild. Stimme: Balzgesang des ♂: Eine sich beschleunigende Reihe hölzerne Doppellaute schließt durch ein platzendes Geräusch ab; es folgen rhythmische Schleifgeräusche. ♀ gackernd »gok-gok ...«. Vorkommen: In Europa vor allem im Nordosten, sonst inselartig. In Mitteleuropa nur noch in naturnahen Wäldern der höheren Mittel- und Hochgebirge. Sehr anspruchsvoll im Hinblick auf die Vielfältigkeit des Lebensraums. Lebensweise: Bodennest in dichter Vegetation gut versteckt. Eiablage zwischen Mitte April und Mitte Mai. Die 5–12 Eier sind auf beigem Grund dunkel gefleckt. Die Henne brütet 25–27 Tage und führt auch die Jungen allein bis September. Lebenserwartung: Bis über 10 Jahre. Nahrung: Hauptsächlich vegetarisch, Kleintiere werden nur von den Jungen in größerer Menge verzehrt. Im Sommer Knospen, Laub, Samen, Beeren, Pilze, im Winter Nadeln von Kiefern und Fichten sowie deren Knospen.

Alpenschneehuhn

Birkhahn

Auerhahn

Rebhuhn *Perdix perdix*
Kennzeichen: Körper 28–32 cm. Kaum halb so groß wie ein Haushuhn. Im schnurrenden, niedrigen Flug werden die kurzen, runden Flügel und der kurze Schwanz deutlich. Der dunkelbraune, hufeisenförmige Bauchfleck ist bei der Henne oft weniger kräftig ausgebildet und kann auch fehlen. Stimme: Revierruf des ♂ ein hölzernes »kerrick«; beim Abflug oft ein hohes »gigigi«; erschreckte Vögel lassen ein lautes, schnelles »repreprep . . .« hören. Vorkommen: Als ursprünglicher Steppenvogel in Mitteleuropa zunächst Kulturfolger und Bewohner offener Kulturlandschaften. Seit 2–3 Jahrzehnten durch intensive Landwirtschaft bedroht und Rückzug auf extensiver genutzte, trockene Flächen. Hecken, Feldgehölze, Raine und Staudenfluren sind als Deckung und Nahrungsquelle nötig. Lebensweise: Gelege in flacher Bodenmulde in der Vegetation versteckt. Eiablage April/Mai; 10–20 olivbraune bis bräunlichgraue Eier. Die Henne brütet 24–26 Tage und führt (gemeinsam mit dem Hahn) die Jungen, die mit etwa 5 Wochen flügge sind. Die Familien bleiben bis in den Winter zusammen. Lebenserwartung: Etwa 7 Jahre. Nahrung: Die Jungen anfangs Kleintiere; später fast nur noch vegetarisch mit viel Grünkost.

Wachtel *Coturnix coturnix*
Kennzeichen: Körper 16–18 cm. Nur starengroßes, versteckt lebendes Hühnchen, rundlich, kurzschwänzig und erdbraun. Das ♂ ist am Kopf kräftiger dunkel gezeichnet als das ♀. Wirkt im Flug eher schnepfen- als hühnerartig. Stimme: Revierruf des Hahns ein dreisilbiges »pickber-bick«; beim Auffliegen »grek grek«. Vorkommen: Verbreiteter, aber unregelmäßiger und durch Intensivbewirtschaftung bedrohter Brutvogel des Tieflands. Zugvogel von April/Mai bis Sept./Okt. Lebensweise: Bodennest in flacher Mulde; Eiablage Mai/Juni; 7–14 gelbliche Eier mit dunklen Flecken. Das ♀ brütet 18–20 Tage, führt auch die Jungen allein, die mit etwa 20 Tagen flugfähig, mit 5–7 Wochen selbstständig sind. Lebenserwartung: Bis über 8 Jahre. Nahrung: Sämereien und Insekten, weniger Grünzeug als Rebhuhn.

Fasan *Phasianus colchicus*
Kennzeichen: ♂ 70–90 cm (Schwanz 35–45 cm), ♀ 55–70 cm (Schwanz 20–25 cm). Die bunten, oft wenig scheuen Hähne sind in der offenen Kulturlandschaft sehr auffällig. Leicht zu erkennen sind auch die Hennen an ihren langen Schwanzfedern. Die Jungen mit noch kurzem Schwanz können mit jungen Rebhühnern verwechselt werden, sind jedoch deutlich hochbeiniger. Stimme: Der weithin hörbare Revierruf des Hahns ist ein zwei- oder dreisilbiges »görrök« oder »görregök«, mit Flügelschlagen und Hochspringen verbunden. Aufgescheuchte Hähne rufen heiser »gögögög«. Vorkommen: Ursprüngliche Heimat ist Asien. Lebensraum sind offene Landschaften mit Deckung. Lebensweise: Nest in gut versteckter Bodenmulde. Zwischen April und Juni 8–12 Eier, glänzend olivbraun, braun oder blaugrau. Das ♀ brütet 23–24 Tage. Die Jungen verlassen sofort nach dem Schlüpfen das Nest und werden von der Henne betreut. Sie sind bereits mit 10–12 Tagen flugfähig und übernachten dann bevorzugt in Bäumen. Lebenserwartung: Etwa 8 Jahre. Nahrung: In den ersten Lebenswochen überwiegend Kleintiere, sonst fast ausschließlich pflanzliche Kost.

Rebhahn

Henne

Hahn

Wachtel

Fasan, Hahn

Fasan, Henne

Wasserralle *Rallus aquaticus*
Kennzeichen: Körper 23–26 cm. Dunkelbraun und dunkelgrau mit kräftigen Beinen, langen Zehen und leicht gekrümmtem, langem Schnabel. Stimme: Ein an Ferkelschreie erinnerndes, quietschend-grunzendes »krrruih gron-gron-gron«. Bei Störungen am Nest ein scharfes »pschi«. Reviergesang des ♂ eine sich beschleunigende, abfallende Stakkatoreihe »tjük-tük-tük-tük ...«. Vorkommen: Brutvogel schilfreicher Niederungen mit offenen Wasserflächen, im Winter auch an Gräben. Lebensweise: Nest ein tiefer Napf in Schilf oder Binsen, oft mit zusammengeflochtenem Dach. Eiablage von April bis Juni; 1–2 Jahresbruten. 6–11 Eier tragen auf hellem Grund rotbraune oder graue Punkte. Beide Partner brüten 19–22 Tage. Die Jungen verlassen das Nest oft erst einige Tage nach dem Schlüpfen, sind mit 7–8 Wochen flügge, oft aber schon viel früher selbstständig. Lebenserwartung: Bis über 5 Jahre. Nahrung: Kleintiere.

Teichhuhn *Gallinula chloropus*
Kennzeichen: Körper 27–31 cm. Neben der roten Schnabelwurzel sind die weißen Unterschwanzdecken und Federsäume der Körperseiten kennzeichnend. An Land fallen die langen grünlichen Zehen ohne Schwimmlappen auf. Bei Erregung Schwanzzucken. Oft futterzahm. Stimme: Häufigster Ruf ein unterdrücktes »kürk«; bei Störung »kirrek« und scharfe »kikikik ...«-Reihen. Vorkommen: Verbreiteter und im Tiefland häufiger Brutvogel. Vegetationsreiche Gewässer, auch Tümpel, Parkteiche und nicht zu rasch fließende Bäche. An eisfreien Gewässern auch im Winter. Lebensweise: Nest in der Ufervegetation. Eiablage April bis Ende Juli; 1–2 (3) Jahresbruten. 5–11 rahmfarbene Eier mit vielen dunklen Punkten und Flecken. Beide Partner brüten 19–22 Tage. Die Jungen sind mit 35 Tagen flügge, bleiben aber noch länger zusammen. Ältere Geschwister füttern manchmal jüngere. Lebenserwartung: Etwa 15 Jahre. Nahrung: Kleintiere und Pflanzenteile.

Blesshuhn *Fulica atra*
Kennzeichen: Körper 36–42 cm. Schwarzer Vogel mit weißem Stirnschild (Blesse) und langen grünlichgrauen Zehen mit Schwimmlappen. Jungvögel unterseits weißlich. Stimme: Die ♀ rufen ein schallendes, bellendes »köw«, einzeln oder wiederholt. Von den ♂ hört man ein stimmloses »tsk« oder »tsi«, auch ein Geräusch, das sich wie ein knallender Korken anhört. Vorkommen: Weit verbreitet und vielerorts der häufigste Wasservogel, auch halbzahm in Parks und an Futterstellen. Es werden größere und kleinere vor allem nährstoffreiche Gewässer mit reichlicher Ufervegetation besiedelt. Lebensweise: Die im Winter sehr geselligen Tiere verteidigen zur Brutzeit kämpferisch ihr Revier. Das Nest wird meist ziemlich offen am Gewässerrand der Ufervegetation angelegt. Legebeginn im April/Mai, bei Störungen noch bis Juli/August. 1 Brut. Die 5–10 Eier sind auf hellem Grund mit rotbraunen und schwarzen Punkten übersät. Beide Partner brüten 23–25 Tage. Die Küken bleiben einige Tage im Nest, werden von beiden Eltern geführt und gefüttert und sind mit etwa 8 Wochen flügge. Lebenserwartung: Etwa 18 Jahre. Nahrung: Hauptsächlich pflanzlich, aber auch Kleintiere. Im Frühjahr und Herbst wird an Land auch Gras geweidet.

Wasserralle

Teichhuhn

Blesshuhn

Säbelschnäbler

Recurvirostra avosetta

Kennzeichen: Körper 42–46 cm, davon Schnabel 8 cm (ohne die 10 cm langen Beine). Der schwarz-weiße Vogel mit dem nach oben gebogenen Schnabel und den langen Beinen ist unverkennbar. Stimme: Ein klangvolles »püt« oder »püit«, das bei Erregung oft wiederholt wird. Vorkommen: Lückig verbreiteter Brutvogel an verschiedenen europäischen Küsten, in Ostösterreich und Ungarn. Im übrigen Binnenland auch als Durchzügler sehr selten. Lebensweise: Sucht seine Nahrung mit mähenden Bewegungen des Kopfes im flachen Wasser. Nest offen in einer Bodenmulde. Die 4 hellbraunen, dunkel gefleckten Eier werden im Mai/Juni gelegt. Beide Partner brüten 23–25 Tage. Die Jungen sind mit etwa 40 Tagen flügge. Lebenserwartung: Bis über 24 Jahre. Nahrung: Kleine Tiere im Bodenschlamm und Seichtwasser.

Kiebitz *Vanellus vanellus*

Kennzeichen: Körper 28–31 cm. Schwarzweißer Vogel mit auffälligem Flug. Das ♂ besitzt eine lange, das ♀ eine kürzere Holle (Federhaube), ansonsten gleichen sich die Geschlechter weitgehend. Diesjährige Jungvögel wirken bräunlich. Stimme: Ein klagendes »chiä-wie«. Im Balzflug »chä-chuit« im Aufsteigen, »wit-wit-wit-wit« im Höhenflug und »chiu-witt« im Sturzflug, wobei wuchtelnde Fluggeräusche zu hören sind. Vorkommen: Im Tiefland noch weit verbreitet, aber überall stark zurückgehend. Äcker, Wiesen, Heiden, Feuchtflächen, Flugplätze, Sand- und Kiesflächen. Zugvogel (Febr. bis Nov.). Lebensweise: Nest eine flach in den Boden gescharrte Mulde. Die 4 olivbraunen Eier mit schwarzen Flecken werden zwischen März und Ende Mai abgelegt. 1 Brut. Beide Partner brüten 26–29 Tage. Die Küken verlassen sofort nach dem Schlüpfen das Nest und verstecken sich in der Umgebung. Mit 35–40 Tagen sind die Jungen flügge. Lebenserwartung: Bis über 25 Jahre. Nahrung: Kleine Bodentiere, dazu auch etwas pflanzliche Kost.

Waldwasserläufer *Tringa ochropus*

Kennzeichen: Körper 20–24 cm. Oberseits dunkel, Bauch weiß; wippt gerne. Verwechslung mit dem meist häufigeren Bruchwasserläufer *(T. glareola)* möglich. Stimme: Beim Auffliegen pfeifend »plüi-witt-witt« (Bruchwasserläufer scharf »gipp gipp gipp«). Vorkommen: Brutvogel in N- und NO-Europa bis Ostdeutschland. Brütet in feuchten Wäldern und Mooren; überwintert teilweise in Mitteleuropa (Aug./Sept. bis März/April). Lebensweise: Im Gegensatz zum geselligen Bruchwasserläufer auch auf dem Zug und im Winterquartier selten in größeren Gruppen. Brütet nicht wie fast alle Watvögel am Boden, sondern in alten Drosselnestern. Lebenserwartung: Bis über 11 Jahre. Nahrung: Kleine Wasser- und Bodentiere.

Säbelschnäbler

Kiebitz

Waldwasserläufer

Goldregenpfeifer *Pluvialis apricaria*
Kennzeichen: Körper 25–28 cm. Kleiner Kopf mit kurzem Schnabel; oberseits bräunlich geschuppt, im Brutkleid unterseits schwarz; kann mit Kiebitzregenpfeifer *(P. squatarola)* verwechselt werden. Stimme: Im Flug melancholisch flötend »tlüh«, im Balzflug rhythmisch »pü-pieh-u«. Vorkommen: Brütet in nordeuropäischen Mooren, in Deutschland nur noch eine kleine Restpopulation. Auf dem Zug auch im Binnenland in größeren Trupps (oft mit Kiebitzen) auf Wiesen. Lebensweise: Ganzjährig gesellig. Bodennest oft ziemlich offen auf Bülten (Grashorste oder Erhöhungen in Mooren). Die 4 hellbraunen Eier sind dunkel gefleckt und werden 27–30 Tage bebrütet. Die Jungen verlassen nach 1–2 Tagen das Nest, werden von beiden Eltern geführt und sind mit 30–33 Tagen flügge. Lebenserwartung: Etwa 12 Jahre. Nahrung: Kleintiere und Beeren.

Flussregenpfeifer *Charadrius dubius*
Kennzeichen: Körper 15–18 cm; finkengroßer Watvogel. Vom ähnlichen Sandregenpfeifer unterscheidet er sich durch schwarzen (nicht orangegelben) Schnabel, gräuliche bis fleischfarbene (nicht orange) Beine und zitronengelben Augenring. Im Flug weisen die Flügel keine weiße Binde auf wie beim Sandregenpfeifer. Ein weiteres Unterscheidungsmerkmal ist die Stimme. Bei Jungvögeln und Schlichtkleidern fehlt die schwarze Kopfzeichnung. Rennt wie alle Regenpfeifer mit schnellen Trippelschritten und stoppt plötzlich. Stimme: Häufiger Erregungsruf ein melancholisch abfallendes »piu«, außerdem pfeifende Reihen wie »ti-ti-ti-tliu«. Im taumelnd-flatternden Balzflug »prii-prii-prii« und »trriu«. Vorkommen: Als Brutvogel verbreitet, aber nirgends häufig im Binnenland. Lebensraum sind vegetationsarme Flächen, möglichst mit Kies, in Gewässernähe. Brütet heute in Kiesgruben, auf Abbauflächen und Halden, wodurch sich die Bestände wieder erholt haben und sogar eine Ausbreitung (z. B. nach Großbritannien) stattfand. Zugvogel (Ende März bis Okt.). Lebensweise: Flache Nestmulde, oft mit Kieselsteinen. Die 4 kieselfarbigen Eier werden zwischen April und Juni abgelegt. Gewöhnlich nur 1 Jahresbrut. Beide Eltern brüten 22–28 Tage. Die Jungen (Nestflüchter) sind mit 25–30 Tagen flügge. Lebenserwartung: Etwa 10 Jahre. Nahrung: Insekten und andere Kleintiere, die von der Bodenoberfläche aufgenommen werden.

Sandregenpfeifer *Charadrius hiaticula*
Kennzeichen: Körper 17–19 cm. Dem Flussregenpfeifer sehr ähnlich (siehe dort), wirkt dickköpfiger; Unterscheidung durch Lebensraum und Stimme. Stimme: Ruf im Abfliegen weich und zweisilbig »tü-ip«. Vorkommen: Nördlicher Brutvogel an flachen Küsten und Seeufern (Ostdeutschland). Im übrigen Binnenland nur Durchzügler. Zugvogel (Aug./Sept. bis April/Mai). Lebensweise: Die 4 sandfarbenen Eier werden meist Anfang Mai gelegt (1–2 Jahresbruten). Nach 21–28 Tagen schlüpfen die Jungen; sie sind nach 24 Tagen flügge. Lebenserwartung: Etwa 11 Jahre. Nahrung: Aufgepickte Kleintiere.

Goldregenpfeifer

Flussregenpfeifer

Sandregenpfeifer

Knutt *Calidris canutus*
Kennzeichen: Körper 23–26 cm. Kurzbeiniger, kompakter Watvogel; im Prachtkleid unterseits rostrot (ähnlich Sichelstrandläufer *C. ferruginea)*, im Schlichtkleid hellgrau. Stimme: Flugruf nasal »wuätt-wuätt«. Vorkommen: Brütet an arktischen Küsten. Auf dem Zug und im Winter (Aug. bis März/April) in großen Scharen an europäischen Küsten, im Wattenmeer auch ganzjähriger Gast, selten im Binnenland. Brut in trockener Tundra, sonst Gezeitenzone. Lebensweise: Im Wattenmeer Tagesrhythmus ganz den Gezeiten angepasst; große Schwärme. Lebenserwartung: Etwa 16 Jahre. Nahrung: Kleintiere im und am Boden.

Zwergstrandläufer *Calidris minuta*
Kennzeichen: Körper 14–15 cm. Im Prachtkleid (in Mitteleuropa selten zu sehen) oberseits rostrot, sonst grau bis braungrau-schuppig, im Jugendkleid mit weißer V-Zeichnung, unterseits weiß. Stimme: Flugruf hoch »titt«. Vorkommen: Brütet an hochnordischen Küsten. In Mitteleuropa regelmäßiger Durchzügler im Aug./Sept. und Mai, an den Küsten in großen, im Binnenland in geringeren Zahlen. Lebensweise: Schließt sich in kleineren Trupps oft anderen Watvögeln (v. a. Alpenstrandläufern) an. Lebenserwartung: Etwa 12 Jahre. Nahrung: Pickt Kleintiere vom Boden auf.

Alpenstrandläufer *Calidris alpina*
Kennzeichen: Körper 17–21 cm. Im Prachtkleid mit schwarzem Bauch, im Schlichtkleid oberseits grau, unterseits weiß, im Jugendkleid bräunlich. Schnabel leicht abwärts gebogen. Stimme: Typisch ein rau rollendes »krrrrü«, auch zwitschernd »plip-ip-pip«. Vorkommen: Brutvogel norwegischer Tundren, vereinzelt auch an norddeutschen Küsten. Scharenweiser Durchzug im Aug./Sept. und April/Mai, an geeigneten Orten auch im Binnenland. Lebensweise: Im Winterhalbjahr gesellig. Lebenserwartung: Etwa 24 Jahre. Nahrung: Bodentiere.

Flussuferläufer *Actitis hypoleucos*
Kennzeichen: Körper 18–20 cm. Kleiner als Amsel. Das Weiß des Bauches reicht beim sitzenden Vogel bis zum Flügelbug. Fliegt mit steif-zuckenden Flügelschlägen meist dicht übers Wasser, auf kurzen Gleitstrecken werden die Flügel gebogen abwärts gehalten. Läuft schnell und schaukelt im Stehen. Stimme: Im Abflug charakteristisch dreisilbig »hididi«. Vorkommen: Brutvogel in fast ganz Europa, in Mitteleuropa nicht an der Küste. Im Binnenland durch Flussregulierungen sehr selten geworden. Lebensraum sind schütter bewachsene, kiesig-sandige Ufer, gelegentlich auch Kiesgruben. Insgesamt jedoch weniger anpassungsfähig als der Flussregenpfeifer (siehe S. 84). Auf dem Durchzug an Ufern aller Art, auch an der Küste. Zugvogel (April bis Okt.). Lebensweise: In lockerer Vegetation gut verstecktes Bodennest in Wassernähe. 4 relativ große bräunliche Eier mit vielen dunklen Flecken. Beide Partner brüten 21–22 Tage. Die nestflüchtenden Jungen sind nach etwa 28 Tagen selbstständig. Lebenserwartung: Bis über 14 Jahre. Nahrung: Vom Boden gepickte Kleintiere.

Knutt

Zwergstrandläufer

Alpenstrandläufer

Flussuferläufer

Bekassine *Gallinago gallinago*
Kennzeichen: Körper 23–28 cm. Langer, gerader Schnabel, Oberkopf mit dunklen Längsstreifen und hellem Mittelstreifen (fehlt der kurzschnäbligeren Zwergschnepfe *Lymnocryptes minimus)*. Fliegt im Zickzackflug steil auf. Stimme: Im Abflug gedämpftes »rätsch«. Zur Brutzeit typisches »tücke-tücke«; beim Revierflug ein dumpfes Bubbern (»Himmelsziege«). Vorkommen: Früher im Tiefland verbreitet und häufig; heute vielerorts verschwunden oder selten. In Mooren und Marschwiesen. Zugvogel (Feb. bis Nov.). Lebensweise: Am Boden verstecktes Nest. 1 Brut. 4 Eier mit dunklen Flecken werden 18–20 Tage bebrütet. Beide Eltern führen die Jungen etwa 3 Wochen; im Alter von 4 Wochen sind sie flugfähig. Lebenserwartung: Bis über 15 Jahre. Nahrung: Bodenkleintiere.

Waldschnepfe *Scolopax rusticola*
Kennzeichen: Körper 33–38 cm. Langer Schnabel, kurze Beine; Tarnfarbe, Kopf quer gestreift. Stimme: ♂ im Balzflug dumpf quorrend und hoch »pfuitzend«. Vorkommen: Brutvogel des Tieflands und der mittleren Gebirgslagen; Lebensraum sind vielfältig gegliederte, feuchte Laub- und Mischwälder. Zugvogel (März bis Nov.). Lebensweise: Gut verstecktes Bodennest. Eiablage zwischen Mitte März und Juni. 1–2 Bruten. Die 4 Eier sind auf hellem Grund hellbraun gefleckt. Das ♀ brütet 21–24 Tage und führt auch die Jungen allein. Schon mit 10 Tagen können die Jungen etwas fliegen, sind aber erst mit 4 Wochen voll flugfähig und mit 5–6 Wochen selbstständig. Lebenserwartung: Bis über 12 Jahre. Nahrung: Bodentiere.

Großer Brachvogel
Numenius arquata
Kennzeichen: Körper 48–57 cm (davon Schnabel 9–15 cm). Großer, langbeiniger, brauner Watvogel mit auffällig gebogenem Schnabel. Stimme: Ein wohltönender Flötenruf »tlüih«; bei Erregung wiederholt »tüi-tüi-tüi«. Im Revierflug tiefere Flötentöne, die sich langsam beschleunigen, höher werden und in einem melodiösen Triller enden. Vorkommen: In Mitteleuropa nur noch kleine und weiterhin schwindende Brutbestände im feuchten Tiefland. Während der Zugzeit große Scharen im Watt, teilweise auch im Winter. Lebensweise: Im April/Mai 4 dunkel gefleckte Eier. Beide Eltern brüten etwa 4 Wochen. Mit 5 Wochen sind die Jungen flügge. Lebenserwartung: Bis über 30 Jahre. Nahrung: Bodentiere, auch Beeren und frische Triebe.

Uferschnepfe *Limosa limosa*
Kennzeichen: Körper 37–42 cm (davon Schnabel 8–11 cm). Im Pracht- und Jugendkleid Vorderkörper rostrot, im Schlichtkleid grau; Schwanz und Flügel im Flug kräftig schwarz-weiß (Verwechslung mit Pfuhlschnepfe, *L. lapponica*, möglich). Stimme: Ruf ein kurzes »wäd« oder »gäk«. Gesang während des Balzfluges »gruite-gruite . . .«. Vorkommen: Brutvogel in Osteuropa, In Mitteleuropa nur in der norddeutschen Tiefebene häufig, in Süddeutschland nur kleine Bestände. Heiden, Moore und Steppen sind der ursprüngliche Lebensraum; in Mitteleuropa auf extensiv genutzten Feuchtwiesen. Zugvogel (März bis Okt.). Lebensweise: 4 olivgrüne Eier mit brauner Fleckung im April/Mai; von beiden Partnern in 22–24 Tagen erbrütet. Die Jungen sind mit 30–35 Tagen flugfähig. Lebenserwartung: Etwa 16 Jahre. Nahrung: Bodentiere und Pflanzensamen.

Bekassine

Waldschnepfe

Großer Brachvogel

Uferschnepfe

Rotschenkel *Tringa totanus*
Kennzeichen: Körper 24–27 cm. Braunfleckig mit langen roten Beinen und mehr als kopflangem Schnabel. Im Flug breiter weißer Flügelsaum und in den Rücken verlaufender weißer Bürzel (vgl. Kampfläufer). Stimme: Im Abflug weiches, gezogenes »düht« (vgl. Grünschenkel). Gesang jodelnd »dahüdl-dahüdl ...«, Warnruf ein lautes »tchip tchip ...«. Vorkommen: An der Küste und in NW-Deutschland noch häufig; die süddeutschen Bestände sind bis auf kleine Reste verschwunden. Lebensraum sind Salzwiesen, Moore, Streuwiesen, auch Weiden. Zugvogel (März bis Sept.). Lebensweise: Verstecktes Bodennest. Im April/Mai 4 hellbraune Eier mit dunkelgrauen Flecken; beide Partner brüten 3–4 Wochen. Die Jungen sind mit 30–35 Tagen flügge. Lebenserwartung: Bis über 17 Jahre. Nahrung: Kleintiere des Bodens und seichten Wassers.

Grünschenkel *Tringa nebularia*
Kennzeichen: Körper 30–34 cm. Hochbeiniger, überwiegend grauer Watvogel; im Flug weißer Bürzel und Hinterrücken. Stimme: Dreisilbig flötend »tjü-tjü-tjü«. Vorkommen: Brütet in Nord- und Nordosteuropa; in Mitteleuropa regelmäßig auch im Binnenland auf dem Durchzug (Juli bis Sept. und April), an der Küste in großen Zahlen. Lebensweise: Auf dem Zug meist in kleinen bis mittelgroßen Trupps. Bei der Nahrungssuche oft hektisch herumrennend. Lebenserwartung: Etwa 12 Jahre. Nahrung: Kleine Wasser- und Bodentiere.

Kampfläufer *Philomachus pugnax*
Kennzeichen: ♂ 29–33 cm, ♀ 22–26 cm. Im Schlichtkleid von anderen langbeinigen Watvögeln durch kleinen Kopf, relativ kurzen Schnabel und aufrechte Körperhaltung zu unterscheiden. Die oft rötlichen Beine geben Anlass zu Verwechslungen mit Rotschenkeln. Im Flug fallen 2 ovale weiße Flecke seitlich der Schwanzwurzel auf. ♂ im Prachtkleid sehr unterschiedlich gefärbt, v.a. Halskrause und Haube schwarz, grau, braun, gelb, weiß und gescheckt. Stimme: Selten zu hören. Vorkommen: In Mitteleuropa nur wenige Paare, etwas zahlreicher in Holland. Regelmäßiger Durchzügler auch im Binnenland, oft häufigster langbeiniger Watvogel. Brut in Nasswiesen und Mooren, während des Zuges Ufer und Küsten. Zugvogel (März bis Okt.). Lebensweise: Ein prächtiges Schauspiel ist die Balz: Territoriale ♂ balzen mit aufgestellter Halskrause und Federhaube (siehe Abb.) und verteidigen ihr Territorium gegen andere unabhängige ♂. So genannte Satellitenmännchen werden dagegen geduldet. Das ♀ wählt das ♂ und den Neststandort. Bodennest versteckt in der Vegetation. Im Mai/Juni 4 graue bis olivgrüne Eier mit dunkler Fleckung. Das ♀ brütet alleine 20–23 Tage und führt auch die Jungen alleine, die mit 25–27 Tagen flügge sind. Lebenserwartung: Bis über 10 Jahre. Nahrung: Kleintiere im seichten Wasser und am Boden.

Rotschenkel

Grünschenkel

Kampfläufer, Männchen
im Prachtkleid

Kampfläufer, Weibchen

Lachmöwe *Larus ridibundus*
Kennzeichen: Körper 35–39 cm, Spannweite 85–100 cm. Am braunschwarzen Kopf sind die Altvögel von Feb./März bis Aug. sofort erkennbar. Im Winter unterscheiden sie sich von den oft mit ihnen vergesellschafteten Sturmmöwen durch geringere Größe, 2 dunkle Flecken an jeder Kopfseite und rötliche statt grünliche Beine. Stimme: In Brutkolonien lautes Geschrei. Im Winter bei Streit um Futter »ke-ke-ke«-Rufe. Vorkommen: Häufiger Brutvogel in ganz Mitteleuropa, vor allem im Binnenland. Im Winter an fast allen Gewässern. Brut an vegetationsreichen Ufern. Lebensweise: Das ganze Jahr über gesellig. Brütet meist in großen Kolonien. Nester auf Seggenhorsten, Altschilf, Treibgut, Schwimmblattpflanzen und auch direkt auf dem Boden. Die 3 braunen bis olivgrünen, dunkel gefleckten Eier werden von ♀ und ♂ 20–25 Tage bebrütet. Die Jungen bleiben oft bis zum Flüggewerden im oder am Nest und kehren nach schwimmender Flucht dorthin zurück. Sie sind mit etwa 4 Wochen flügge, werden aber noch 1 weitere Woche gefüttert. Lebenserwartung: Bis über 30 Jahre. Nahrung: Wasserinsekten, kleine Fische, Abfälle, Regenwürmer auf frisch gepflügten Äckern und gedüngten Wiesen.

Silbermöwe *Larus argentatus*
Kennzeichen: Körper 54–60 cm, Spannweite 120–150 cm. Etwa bussardgroße Möwe mit ganz weißem Körper und silbergrauer Oberseite. Im Ruhekleid an Kopf und Hals dicht graubraun längsgefleckt. Beine rosa. Die Mittelmeermöwe (Weißkopfmöwe *L. cachinnas)*, die neuerdings auch in der Schweiz und in Süddeutschland brütet, hat gelbe Beine. Stimme: Ein jubelndes »kjau«; Warnlaut am Brutplatz »gaga gag«. Vorkommen: In ganz Europa Brutvogel an Küsten und im küstennahen Binnenland. Im Binnenland Wintergast. Lebensweise: Nest im Dünensand, auf Felsen oder Gebäuden. 2–3 sehr variabel gefärbte Eier werden im April/Mai gelegt und von beiden Partnern 26–32 Tage bebrütet. Die Jungen sind mit 40–50 Tagen flügge. Lebenserwartung: Bis über 30 Jahre. Nahrung: Allesfresser.

Sturmmöwe *Larus canus*
Kennzeichen: Körper 40–46 cm, Spannweite 100–110 cm. In der Färbung der Silbermöwe sehr ähnlich, aber dünnerer, grünlicher Schnabel ohne roten Punkt. Beine grünlich bis orange, im Ruhekleid hellgrau. Im Winter ist der Kopf fein dunkel gestrichelt. Stimme: Rufe dünner und höher als Silbermöwe »kiäh«, gackernd »gagaga« und bei Alarm wiederholt »kli-ju«. Vorkommen: Brutvogel der Küsten und im NO auch im Binnenland. Im Winter auch im Binnenland regelmäßiger Gast, meist zusammen mit Lachmöwen. Lebensweise: Nest auf dem Boden oder auf erhöhtem Treibgut; Koloniebrüter. Die 3 Eier werden von beiden Partnern 23–28 Tage bebrütet. Die Jungen bleiben lange im oder am Nest und sind mit etwa 30 Tagen flügge. Lebenserwartung: Etwa 26 Jahre. Nahrung: Vielseitig tierisch und vegetabil.

Lachmöwe

Silbermöwe

Sturmmöwe

Mantelmöwe *Larus marinus*
Kennzeichen: Körper 61–74 cm. Große Möwe mit fast schwarzem Rücken und Flügeloberseiten; sehr ähnlich der kleineren Heringsmöwe, aber graue statt gelbe Beine. Stimme: Tiefer und kratzender als Silbermöwe. Vorkommen: Brütet an nordeuropäischen Küsten; an deutschen Küsten nur ausnahmsweise, hier aber ganzjähriger Gast. Im Winter gelegentlich auch im Binnenland. Lebensweise: Ähnlich Silbermöwe (siehe S. 92), aber fast nie in größeren Kolonien brütend. Lebenserwartung: Bis über 23 Jahre. Nahrung: Vielseitig wie bei den meisten Möwen.

Dreizehenmöwe *Rissa tridactyla*
Kennzeichen: Körper 37–42 cm. Im Prachtkleid von der etwa gleich großen Lachmöwe durch weißen Kopf und auch im Winter durch gelben Schnabel zu unterscheiden. Jungvögel sind im Flug an einem auffallenden schwarzen Zickzackmuster auf den Flügeloberseiten zu erkennen. Stimme: In Brutkolonien häufigster Ruf »kitt-i-wääk« (auf englisch heißt sie »kittiwake«). Vorkommen: Brütet in großen Kolonien auf steilen Küstenfelsen von Nordsee und Atlantik, auch auf Helgoland. Lebensweise: Brütet erstmals mit 4–5 Jahren. Nestbau beginnt lange vor Eiablage. Meist 2 hellgraue, bräunlich gefleckte Eier werden 25–32 Tage bebrütet, die Küken (Nesthocker!) ebenso lange von je 1 Altvogel bewacht, nach 40 Tagen flügge. Lebenserwartung: Bis über 23 Jahre. Dreizehenmöwen fliegen oft in Scharen hinter Fischerbooten her und halten sich gern in der Nähe von Fischereihäfen auf. Nahrung: Wirbellose, kleine Fische, Fischereiabfälle.

Schmarotzerraubmöwe
Stercorarius parasiticus
Kennzeichen: Körper 37–44 cm. In Mitteleuropa können 4 Raubmöwen-Arten beobachtet werden, die schwer zu unterscheiden sind: Die größte ist die Skua *(S. s. Skua*; 50–58 cm), die kleinste die Falkenraubmöwe *(S. longicaudus*; 35–41 cm), die häufigste ist die Schmarotzerraubmöwe; und die 4. Art ist schließlich die Spatelraubmöwe *(S. pomarinus*; 42–50 cm). Außer der Skua tragen alle im Prachtkleid unterschiedlich lange und verschieden geformte Schwanzspieße, die bei der Falkenraubmöwe mit 12–24 cm am längsten sind. Besonders in den Jugend- und Schlichtkleidern ist die Unterscheidung schwierig, zumal helle und dunkle Individuen vorkommen. Gemeinsam ist allen eine dunkelbraune Gesamterscheinung, dunkler als junge Großmöwen. Vorkommen: Alle Raubmöwen brüten an nordeuropäischen Küsten; nur die Schmarotzerraubmöwe geht bis in die südlichere Ostsee. Alle sind Meeresvögel, die im Winter bis ins Mittelmeergebiet und weiter südlich wandern, dabei auch mehr oder weniger regelmäßig an Gewässern im Binnenland auftauchen. Lebensweise: Erst im Alter von 4–5 Jahren geschlechtsreif. Die 2 Eier werden in einer Bodenmulde 25–28 Tage bebrütet. Küken verlassen nach 2 Tagen das Nest und sind mit 25–30 Tagen flügge und 2–5 Wochen später unabhängig. Raubmöwen jagen anderen Vögeln (Möwen, Lummen, Alken) durch aggressive Verfolgung die Beute ab. Nahrung: Im Brutgebiet Kleinsäuger u. a. Landtiere, Eier und Vogeljunge; außerhalb der Brutzeit Fische, Aas und Abfälle.

Schmarotzer-Raubmöwe

Dreizehenmöwe

Mantelmöwe

Trottellumme *Uria aalge*

Kennzeichen: Körper 38–46 cm; oberseits schwarzer, unterseits weißer Meeresvogel. Die Trottellumme ist leicht zu verwechseln mit dem Tordalk *(Alca torda)* und der seltenen Dickschnabellumme *(U. lomvia)*. Stimme: In den Brutkolonien stimmfreudig mit tiefen, bauchrednerischen bis brüllenden Lauten; Jungvögel rufen nach Verlassen des Nistplatzes zweisilbig, hoch »plii-ü«. Vorkommen: Brütet auf steilen Küstenklippen Großbritanniens, Norwegens, Schwedens; Trottellummen und Tordalke brüten auch auf Helgoland. Den Winter verbringen sie gewöhnlich auf offener See zwischen Norwegen, Island und Portugal. Lebensweise: Geschlechtsreife erst im 4. oder 5. Jahr. Nistplätze in großer Dichte an steilen Küstenfelsen. Nur 1 Ei, meist im Mai. Brutdauer 30–35 Tage. Junge springen ab Ende Juni ins Meer, werden aber noch eine Weile gefüttert. Lebenserwartung: Bis über 30 Jahre. Nahrung: 9–10 cm große Schwarmfische der Oberfläche.

Zwergseeschwalbe *Sterna albifrons*

Kennzeichen: Körper 21–25 cm. Eine sehr kleine Seeschwalbe mit schmalen Flügeln und schnellen Flügelschlägen. Im Pracht- und Schlichtkleid ist die Stirn weiß und der Scheitel unterschiedlich weit ausgedehnt schwarz; der Schnabel ist im Prachtkleid gelb, im Schlichtkleid schwarz; Jungvögel haben eine geschuppte Oberseite. Stimme: Scharf kratzend »kriit« balzend und bei Alarm »kire-kit kire-kit ...«. Vorkommen: Brütet auf flachen Sand- oder Kiesstränden und -ufern (auch im Binnenland). Zugvogel (April bis Okt.). Lebensweise: Brütet in lockeren Kolonien. Lebenserwartung: Etwa 22 Jahre. Nahrung: Kleine Fische.

Lachseeschwalbe *Gelochelidon nilotica*

Kennzeichen: Körper 35–42 cm. Von der ähnlichen Brandseeschwalbe (siehe S. 98) durch kurzen, dicken, ganz schwarzen Schnabel und doppelt so lange schwarze Kappe unterschieden. Im Schlichtkleid, Jugendkleid und 1. Winter fehlt die Kappe. Stimme: In Brutkolonien tief und nasal »käwick« und bei Alarm schnell »wick-wick-wick ...«. Vorkommen: Sehr selten gewordener Brutvogel vor allem Südeuropas, der aber auch in Dänemark und an der Elbmündung noch in wenigen Paaren brütet; die süddeutsche Population ist bereits in den 1930er-Jahren verschwunden. Brütet an Flachküsten und vegetationsarmen Ufern von Binnengewässern (auf Schotterbänken), oft mit anderen Seeschwalben oder Lachmöwen. Zugvogel (April bis Sept.). Lebensweise: Brütet erstmals mit 4–5 Jahren. Auf sandigem Boden werden im Mai 1–3 Eier abgelegt und 22 Tage bebrütet. Die Küken werden nach 1–3 Tagen vom Nest weg geführt; sie sind mit 30 Tagen flügge, bleiben aber noch im Familienverband. Lebenserwartung: Etwa 16 Jahre. Bei der Nahrungssuche fliegen die Vögel möwenähnlich über Land- oder Wasserflächen und picken ihre Beute im Flug auf (kein Stoßtauchen). Nahrung: Anders als bei anderen Seeschwalben fast nur Insekten, auch kleine Amphibien, Reptilien, Kleinsäuger, Regenwürmer, also hauptsächlich Landtiere, aber auch Wasserinsekten und kleine Fische.

Trottellumme

Zwergseeschwalbe

Lachseeschwalbe

Brandseeschwalbe
Sterna sandvicensis
Kennzeichen: Körper 37–43 cm. Schwarze Kappe mit kleinem Schopf, helle Schnabelspitze und der stärker gegabelte Schwanz (im Flug) unterscheidet sie von der ähnlichen Lachseeschwalbe (siehe S. 96). Im Ruhekleid sind Stirn und Vorderkopf weiß. Stimme: An Rebhuhn erinnernde »kirreck«-Rufe. Vorkommen: Brutvogel an mittel- und südeuropäischen Küsten. Brutkolonien in Dünen, oft im Anschluß an andere Seeschwalben oder Lachmöwen. Zugvogel (Apr. bis Okt.). Lebensweise: Nestmulde im Sand, oft zwischen lockerer Vegetation. Die 2 weißlichen bis hellbraunen Eier mit dunklen Flecken werden im Mai gelegt und von beiden Partnern 22–26 Tage bebrütet. Die Jungen bleiben am Nestplatz und sind mit 35 Tagen flügge. Lebenserwartung: Bis über 23 Jahre. Nahrung: Kleine Fische.

Fluss-Seeschwalbe *Sterna hirundo*
Kennzeichen: Körper 34–37 cm; kleiner und schlanker als Lachmöwe. Schwarz nur auf der Oberseite des Kopfes. Schnabel und Beine blutrot, Schnabel mit schwarzer Spitze (Unterschied zur Küstenseeschwalbe *S. paradisea*). Im federnden Flug sind die schmalen Flügel und der gegabelte Schwanz ein klares Unterscheidungsmerkmal gegenüber Möwen. Jungvögel mit weißer Stirn und bräunlicher Oberseite. Stimme: Ein charakteristisches, gezogenes, abfallendes »kiärr«. In Erregung, etwa beim Sturzflug auf Störenfriede, »kekeke..«. Vorkommen: Ganz Europa, v.a. im Osten, sonst im Binnenland lückenhaft. In Mitteleuropa nur noch an der Küste große Brutkolonien. Früher auch auf Kiesbänken der Voralpenflüsse, heute oft nur noch durch Brutflöße im Binnenland zu halten. Zugvogel (April bis Okt.). Lebensweise: Fängt stoßtauchend kleine Fische. Die 3 Eier werden zwischen April und Anfang Juli in eine flache Bodenmulde gelegt, die später mit etwas Nistmaterial ausgestattet wird. Beide Partner brüten 20–26 Tage. Die Küken verstecken sich in der Nähe des Nestes und sind mit 23–27 Tagen flügge, werden aber noch mehrere Wochen gefüttert. Lebenserwartung: Bis zu 25 Jahre. Nahrung: Kleine Oberflächenfische und Insekten.

Trauerseeschwalbe *Chlidonias niger*
Kennzeichen: Körper 22–26 cm. Im Prachtkleid sind Kopf und Körper schwarz; die Oberseite ist im Flug ziemlich einfarbig grau, im Jugendkleid auf dem Rücken dunkel gewellt. Stimme: Im Flug »kiek« oder rauer »krreik« oder »gschlet«; Balz- und Alarmrufe mehrsilbig. Vorkommen: Die 3 so genannten Sumpfseeschwalben brüten im Binnenland: die Trauerseeschwalbe in fast ganz Europa außer dem Norden, die Weißflügel-Seeschwalbe *(C. leucopterus)* in Osteuropa und die Weißbart-Seeschwalbe *(C. hybridus)* inselartig im südlicheren Europa. Auf dem Durchzug besonders im Frühling treten Trauerseeschwalben (selten auch die beiden anderen Arten) oft in großen Scharen an insektenreichen Seen auf. Zugvogel (Ende April bis Sept.). Lebensweise: Das meist schwimmende Nest wird in geschützten Verlandungszonen gebaut. Die 3 Eier sind auf hellbraunem bis graugrünen Grund schwarzbraun gefleckt und werden 20–22 Tage bebrütet. Nach 2–3 Wochen verlassen die Küken das Nest und sind im Alter von 25–28 Tagen flügge, werden aber noch 2 Wochen gefüttert. Lebenserwartung: Bis zu 20 Jahre. Nahrung: Wasserlebende Insekten und ihre Larven sowie Kaulquappen; im Winter hauptsächlich Kleinfische.

Brandseeschwalbe

Fluss-Seeschwalbe

Trauerseeschwalbe

Hohltaube *Columba oenas*
Kennzeichen: Körper 28–32 cm. Größe und Aussehen wie Haustaube. Außer 2 kurzen schwarzen Flügelbinden (im Flug) keine markanten Kennzeichen. Stimme: Meist zweisilbig klingender, aber rasch gereihter Ruf wie »oh-ue« (Betonung auf 1. Silbe), auch »ou-uh u-up« (Betonung auf 2. Silbe). Vorkommen: Vielerorts sehr selten geworden oder fehlend. Lebensraum sind kleine lockere Altholzbestände, die an Wiesen und Felder grenzen. Zugvogel (März bis Okt.). Lebensweise: Als Höhlenbrüter auf Schwarzspechthöhlen oder große Nistkästen angewiesen. Je 2 weiße Eier werden in 2–3 Bruten zwischen April und August gelegt und 16–18 Tage bebrütet. Je nach Jahreszeit sind die Jungen mit 20–30 Tagen flügge. Lebenserwartung: Bis über 12 Jahre. Nahrung: Früchte und Sämereien, Bucheckern, Grünzeug, auch Kleintiere.

Ringeltaube *Columba palumbus*
Kennzeichen: Körper 38–43 cm. Auffallend ist ein weißer Fleck an den Halsseiten und im Flug je 1 weiße, gebogene Binde im Flügel, auch bei jungen Ringeltauben, denen der weiße Halsfleck fehlt. Stimme: Viersilbig »ruguh gugu« mit Betonung auf 1. oder 2. Silbe. Beim Abfliegen oft lautes Flügelklatschen. Im Herbst große Schwärme. Vorkommen: Waldvogel der tieferen Lagen, der zur Nahrungssuche Felder und Wiesen besucht. Zugvogel (März bis Okt.), teilweise Standvogel. Lebensweise: Nest in Bäumen oder höheren Sträuchern; in Städten auch an Gebäuden. 2–3 Bruten zwischen April und Sept. Die 2 weißen Eier werden 16–17 Tage bebrütet. Mit reichlich 4 Wochen sind die Jungen flügge; sie werden wie bei allen Tauben zunächst mit »Kropfmilch«, dann mit vorverdauten Körnern gefüttert. Lebenserwartung: Bis über 16 Jahre. Nahrung: Samen bis Eichelgröße, im Frühjahr hauptsächlich Grünzeug, auch Beeren.

Türkentaube *Streptopelia decaocto*
Kennzeichen: Körper 31–34 cm. Kleine, heute häufige bräunlichgraue Taube der Siedlungen, deren markantes Merkmal ein dünner schwarzer Nackenstrich ist. (Unterschiede zur Turteltaube siehe dort.) Stimme: Gesang ein dreisilbiges, von ferne an Kuckuck erinnerndes »du-duuu-du«. Vorkommen: Jahresvogel in fast ganz Europa. Gärten in Vorstädten und ländlichen Siedlungen. Lebensweise: Balzflüge mit Flügelklatschen und Gleitstrecken. Nest in Bäumen und Sträuchern. Meist 2 weiße Eier; Brutdauer 13–14 Tage; Nestlingszeit 16–19 Tage; Junge mit etwa 40 Tagen selbstständig; 2–4 Jahresbruten. Nahrung: Samen, Keimlinge, Beeren, Hühnerfutter.

Turteltaube *Streptopelia turtur*
Kennzeichen: Etwas kleiner als Türkentaube. Im Gegensatz zu dieser mit kräftig geschuppter brauner Flügeloberseite, Kopf grau, Kehle und Brust rosa. An den Halsseiten tragen Altvögel 2–3 schwarze Bänder auf weißem Grund. Stimme: Schnurrend »turr-turr«. Vorkommen: In Mitteleuropa nur in warmen Gegenden; Lebensraum sind halboffene Kulturlandschaften. Zugvogel (Ende April bis Anfang Okt.). Lebensweise: Nest in Gebüschen, Feldgehölzen, an Waldrändern, auch in Parks und Obstgärten. Die 2 weißen Eier werden zwischen Mitte Mai und Mitte Juli gelegt und 13–16 Tage bebrütet. Die Jungen sind mit 25–30 Tagen flugfähig, verlassen aber meist schon einige Tage vorher das Nest. Lebenserwartung: Etwa 13 Jahre. Nahrung: Samen, Grünzeug, Früchte.

Türkentaube

Hohltaube

Turteltaube

Ringeltaube

Halsbandsittich *Psittacula krameri*
Kennzeichen: ♂ 39–43 cm, davon Schwanz 22–26 cm; ♀ und jüngere ♂ mit kürzerem Schwanz; Spannweite 42–48 cm. Stimme: Häufiger Ruf auch im Flug ein kreischendes »kjiek« oder »kri-äk«. Vorkommen: Aus Afrika und Asien eingebürgerter Käfigvogel, der v. a. in Städten (Köln, Wiesbaden, Stuttgart) sich in Freiheit teils stark vermehrt. Lebensweise: Gesellig, brütet aber einzeln in Nisthöhlen. 3–6 weiße Eier werden 23 Tage bebrütet; die Jungen sind nach 7–8 Wochen flügge. Nahrung: Früchte und halbreife Ähren, Abfälle.

Schleiereule *Tyto alba*
Kennzeichen: Körper 33–39 cm. Insgesamt sehr hell, mit langen Beinen, großem herzförmigem Gesicht und kleinen schwarzen Augen. Die Färbung variiert unterseits von fast weiß bis zu gelbbraun mit kleinen dunklen Flecken. Die Oberseite ist meist sandfarben mit leicht grauer Schattierung. Stimme: Nur schnarchende und leise kreischende Rufe. Vorkommen: Lückenhaft in waldarmen, wärmeren Niederungen. Schneereiche Winter bringen große Verluste. Lebensweise: Brütet in ungestörten Gebäuden mit dunklen Nischen. In guten Mäusejahren 2 Bruten ab März. Die 4–7 weißen Eier werden 30–34 Tage bebrütet. Die Jungen sind mit etwa 60 Tagen flügge, aber erst mit 10 Wochen selbstständig. Lebenserwartung: Bis über 20 Jahre. Nahrung: Ganz überwiegend Feldmäuse, auch Spitzmäuse und Kleinvögel.

Waldohreule *Asio otus*
Kennzeichen: Körper 31–37 cm. Schlanke Eule mit langen Federohren (kaum sichtbar, wenn niedergelegt) und orangefarbener Iris. Im Winter oft größere Schlafgesellschaften. Stimme: ♂ leise und im Abstand von etwa 2 Sekunden »huh«. Warnruf gellend »huäk«. Die Ästlinge fiepen hoch im Abstand von 5–10 Sekunden. Vorkommen: Im Tiefland neben dem Waldkauz (siehe S. 104) die häufigste Eule. Bevorzugt offene Landschaften mit kleinen Gehölzen und Baumgruppen; fehlt in großen geschlossenen Wäldern. Gelegentlich in Stadtparks und an Gebäuden. Lebensweise: Brütet in alten Nestern anderer Vögel und Eichhörnchenkobeln. Im März/April 4–5 weiße Eier, ♀ brütet 27–28 Tage. Mit etwa 20 Tagen verlassen die Jungen das Nest, ohne schon fliegen zu können (»Ästlinge«), flügge sind sie mit 35 Tagen. Lebenserwartung: Etwa 28 Jahre. Nahrung: Feldmäuse u. a. Kleintiere.

Uhu *Bubo bubo*
Kennzeichen: Körper 59–73 cm. Mit auffälligen Federohren, die aber auch angelegt werden können. Im Flug lange, breite, abgerundete Flügel. Stimme: ♂ tief und tönend »buho«, ♀ ganzjährig heiser »chriä«. Warnruf reiherartig »gräk«. Vorkommen: Hauptsächlich in Alpen und Mittelgebirgen. Durch Schutz und Wiedereinbürgerung nimmt diese fast ausgestorbene Eule wieder etwas zu. Lebensweise: Im März/April werden die 2–4 weißen Eier in einer Felsnische abgelegt und 30–36 Tage bebrütet. Die Jungen verlassen mit 5–7 Wochen das Nest, können mit 9 Wochen fliegen, aber erst mit etwa 20 Wochen allein Beute machen. Lebenserwartung: 20–30 Jahre, in Menschenobhut 50–60 Jahre. Nahrung: Von der Spitzmaus bis zum Rehkitz, von der Drossel bis zu anderen Eulen, auch Frösche, Fische und Katzen.

Halsbandsittich

Schleiereule

Waldohreule

Uhu

Steinkauz *Athene noctua*
Kennzeichen: Körper 23–27 cm; etwa amselgroß mit kurzem Schwanz, flachem Oberkopf und großen gelben Augen. Stimme: Häufigster Ruf ein scharfes »kii-jo«; Warnruf explosiv »kji, kji, kji-kji«. Der Gesang des ♂ besteht aus langen Reihen eines tiefen, nasalen, fragend nach oben gezogenen »guhg«, 12–20-mal pro Minute. Vorkommen: Grünlandgebiete mit genügend Höhlen und Rufwarten im waldarmen, wärmeren Tiefland. Lebensweise: Brütet in Baumhöhlen (z. B. Kopfweiden), auch in Steinhöhlen, Nischen und an Gebäuden, nimmt auch gerne spezielle Niströhren an. 3–5 weiße Eier werden vom ♀ allein 25–30 Tage bebrütet. Das ♂ schafft Nahrung herbei. Die Jungen verlassen mit etwa 35 Tagen die Bruthöhle, sind aber erst 2 Wochen später flügge. Lebenserwartung: Bis über 15 Jahre. Nahrung: Von Insekten und Würmern bis zu Kleinsäugern und Vögeln, dazu Amphibien und Reptilien.

Waldkauz *Strix aluco*
Kennzeichen: Körper 37–43 cm. Runder Kopf ohne Federohren und mit schwarzen Augen. Die Gesamtfärbung ist rindenfarbig grau oder braun. Stimme: Reviergesang des ♂ (Sept. bis Nov. und Feb./März) heulend »huh-hu-uuuuu«, ♀, seltener auch ♂ »ku-it«. Vorkommen: In Mitteleuropa häufigste und verbreitetste Eule, auch im Bergwald; fehlt nur in baumlosen Gegenden. Lebensweise: Als Höhlenbrüter ist der Waldkauz auf alte (Specht-)Bäume angewiesen; er brütet aber auch in Mauerlöchern, Felshöhlen, Nistkästen und Dachböden. Im (Feb.) März werden 2–6 weiße Eier gelegt und vom ♀ 30 Tage bebrütet. Die Jungen verlassen mit 30–35 Tagen das Nest und werden als noch nicht flugfähige »Ästlinge« weiterhin mit Futter versorgt. Man sollte sie in Ruhe lassen, auf dem Boden gelandete kann man auf einen erhöhten Ast setzen. Erst mit etwa 7 Wochen sind sie flügge und mit etwa 10 Wochen selbstständig. Lebenserwartung: Bis zu 20 Jahre, in Menschenobhut bis über 27 Jahre. Nahrung: Mäuse, Vögel, Frösche, Eichhörnchen.

Kuckuck *Cuculus canorus*
Kennzeichen: Körper 32–36 cm; kleiner als Taube, aber mit langem, abgestuftem Schwanz. Neben grauen Individuen kommen auch braune Vögel vor. Jungvögel sind graubraun und haben einen weißen Nackenfleck. Stimme: zwei- bis dreisilbig »gugu«, davor oft ein heiseres »hachachach«. Die ♀ und gelegentlich auch die ♂ lassen ein glucksend-kicherndes »bübübübü . . .« hören. Vorkommen: In den verschiedensten Landschaften von der Tiefebene bis an die Waldgrenze. Fehlt nur in ausgeräumten Agrarlandschaften und monotonen Nadelforsten. Zugvogel (Ende April bis Sept.). Lebensweise: Legt seine kleinen und individuell gefärbten Eier in die Nester von Bachstelze, Teichrohrsänger, Heckenbraunelle, Rotkehlchen, Hausrotschwanz und anderen Singvögeln. Offenbar entwickelt sich das Kuckucksei schon im Körper des ♀, sodass der junge Kuckuck vor seinen Nestgeschwistern schlüpft und bereits im Alter von 8–10 Stunden beginnt, andere Eier und Junge rückwärts aus dem Nest zu bugsieren. Die Legezeit ist im Mai und Juni. Ein ♀ kann in dieser Zeit 10–20 Eier produzieren. Das Junge schlüpft bereits nach 11–13 Tagen der Bebrütung. Mit 20–24 Tagen sind Jungkuckucke flügge, werden jedoch bis zu 2 Wochen weiter gefüttert. Lebenserwartung: Bis zu 13 Jahre. Nahrung: Insekten aller Art und deren Larven, darunter auch behaarte Raupen, die von anderen Vögeln verschmäht werden. Die ♀ fressen regelmäßig auch Eier kleiner Singvögel.

Steinkauz

Waldkauz

Kuckuck

Mauersegler *Apus apus*
Kennzeichen: Körper 17–18 cm. Langflügliger, kurzschwänziger Vogel mit kleinem, breiten Schnabel und kleinen Füßen. Im Flugbild von den Schwalben unterschieden durch längere, sichelförmige Flügel und kurzen, spitz gegabelten Schwanz. Stimme: Schrill »srrii-srrii«. Vorkommen: In Städten und Dörfern an Gebäuden brütend. Zugvogel (Ende April/Anfang Mai bis Aug./Sept.). Lebensweise: Brütet unter Dachziegeln, in Mauernischen, Nistkästen, gelegentlich auch an Klippen und Felswänden. Das Nest besteht aus im Flug erhaschten Federn und Pflanzenteilen, die mit Speichel zu einem flachen Napf verleimt werden. Die 2 weißen Eier werden zwischen Ende Mai und Mitte Juni gelegt und 18–20 Tage bebrütet. Beide Altvögel verfüttern im Kehlsack transportierte Insektenballen, meist nur morgens und abends. Junge können Hungerperioden von mehreren Tagen überstehen, wobei ihre Körpertemperatur absinkt und sie in eine Art Hungerschlaf verfallen. Dadurch kann sich die Nestlingszeit von 5 auf 8 Wochen verlängern. Mauersegler verbringen fast ihr gesamtes Leben im Flug, einschließlich Fressen, Schlafen und Kopulation. Nur für das Brutgeschäft begeben sie sich auf festen Boden. Lebenserwartung: Bis über 20 Jahre. Nahrung: Fluginsekten.

Eisvogel *Alcedo atthis*
Kennzeichen: Körper 17–20 cm. Gedrungene Gestalt mit großem Kopf und Schnabel, sehr kurzschwänzig. Durch auffallende Färbung unverwechselbar. Fliegt meist rasch und niedrig übers Wasser. Stimme: Im Flug und Abflug ein scharfes hohes »psih«. Vorkommen: Lückenhaft verbreitet und oft unregelmäßiger Brutvogel mit abnehmender Tendenz, besonders nach strengen Wintern. Lebensraum sind klare fließende oder stehende Gewässer mit ausreichendem Kleinfischangebot und Sitzwarten. Im Winter auch fernab vom Brutgewässer. Lebensweise: Nest in selbst gegrabener, 50–90 cm langer Röhre in senkrechter Uferwand oder Steilwand bis 1 km vom Wasser entfernt. Mit der Eiablage wird oft schon im März begonnen. 2–3 Bruten. 5–7 weiße Eier. Beide Altvögel brüten 18–21 Tage und füttern die Jungen, die mit 23–27 Tagen das Nest verlassen. Lebenserwartung: Etwa 15 Jahre. Nahrung: Kleine Süßwasserfische, auch Insekten, Kaulquappen und kleine Frösche.

Wiedehopf *Upupa epops*
Kennzeichen: Körper 25–30 cm. Mit der sehr auffallenden Schwarzweiß-Zeichnung auf Flügeln, Rücken und Schwanz, der prächtigen Federhaube und dem langen, dünnen Schnabel unverwechselbar. Die großen rundlichen Flügel und der schlappe Flug erinnern an Schmetterlinge. Stimme: Balzruf des ♂ ein gedämpftes, aber weit tragendes, meist dreisilbiges »upupup«. In Erregung ein raues Krächzen. Vorkommen: In Mitteleuropa sehr selten geworden und nur noch in warmen, trockenen Niederungsgebieten mit nicht zu intensiver Landnutzung und ausreichendem Bruthöhlenangebot regelmäßiger Brutvogel. Zugvogel (April bis Sept.). Lebensweise: Brütet in Baumhöhlen, Mauerlöchern, Steinhaufen, Feldscheunen, auch in großen Nistkästen. Eiablage ab Anfang Mai; manchmal 2 Bruten. 5–8 hellgraue Eier. Nur das ♀ brütet 16–18 Tage. Die Jungen werden von beiden Altvögeln 23–25 Tage im Nest und dann noch einige Zeit im Freien gefüttert. Zur Abwehr von Feinden spritzen die Jungen Kot und stinkende Bürzeldrüsenflüssigkeit gegen Störenfriede, wodurch der Wiedehopf als lotterlicher Vogel mit stinkendem Nest in Verruf geriet. Lebenserwartung: Etwa 11 Jahre. Nahrung: Große Bodeninsekten, Würmer, Spinnen, Asseln, Schnecken.

Mauersegler

Eisvogel

Wiedehopf

Grünspecht *Picus viridis*
Kennzeichen: Körper 30–35 cm. Vom ähnlichen Grauspecht *(P. canus)* durch bis in den Nacken reichende rote Kopfplatte, kräftige Schwarzzeichnung ums Auge und Stimme unterschieden; ♂ mit rotem Bartstreif. Flug in langen Wellen. Sucht seine Nahrung hauptsächlich am Boden. Stimme: Zur Brutzeit ein glucksendes, kaum abfallendes »glüglüglü . . .«. Warnruf ein gackerndes »kja-kja-kja«. Trommelt selten, schwach, aber lang. Vorkommen: Vielerorts verschwunden. Bevorzugt die Ränder von Laub- und Mischwäldern, auch offenes Gelände mit Einzelbäumen und Baumgruppen, Obstgärten und Parks. Lebensweise: Nistet in selbst gezimmerten oder vorhandenen Baumhöhlen. Die 5–8 weißen Eier werden ab Anfang April gelegt und 14–16 Tage bebrütet. Die Jungen fliegen mit 23–27 Tagen aus. Lebenserwartung: Bis über 7 Jahre. Nahrung: Hauptsächlich Ameisen, auch andere Insekten, Bodentiere und Beeren.

Schwarzspecht *Dryocopus martius*
Kennzeichen: Körper 40–45 cm. Mit hellem Schnabel und roter Kappe, die beim ♀ nur den Hinterkopf bedeckt. Flug kraftvoll und nicht wellenförmig. Stimme: Im Flug ein kräftiges »krüh-krüh-krüh«, im Sitzen ein gezogenes, wohltönendes »kliööh«. Im Frühjahr ein grünspechtartiges wildes Lachen. Trommelt oft und kraftvoll, etwas beschleunigend 2–3 Sekunden lang. Vorkommen: Bewohnt ausgedehnte Wälder mit alten glattborkigen Bäumen, auch kleinere Gehölze. Nisthöhlen besonders in Buchen und Kiefern. Lebensweise: Die 3–5 Eier werden im April gelegt, von beiden Eltern 12–14 Tage bebrütet. Die Jungen fliegen mit 27–33 Tagen aus. Lebenserwartung: Etwa 7 Jahre. Nahrung: Holzbewohnende Insekten und ihre Larven.

Buntspecht *Dendrocopos major*
Kennzeichen: Körper um 25 cm. Zu achten ist auf die x-förmige schwarze Zeichnung an den Kopfseiten, auf den rötlichen Steiß, den von oben bis unten schwarzen Rücken und den nur kleinen roten Nackenfleck beim ♂; beim ♀ fehlt Rot am Kopf. Stimme: Häufiger Ruf ein scharfes »kick«, in Erregung gereiht. ♂ trommeln im Frühjahr recht viel, wobei ein Wirbel nur etwa 1 Sek. dauert. Vorkommen: Häufigster Specht, der überall vorkommen kann, wo es Bäume gibt, auch in Siedlungen und am Futterhaus. Lebensweise: Selbst gezimmerte Höhlen, Legebeginn April/Mai. Die 5–7 weißen Eier werden 10–12 Tage hauptsächlich vom ♂ bebrütet. Nach 20–23 Tagen fliegen die Jungen aus. Lebenserwartung: Etwa 9 Jahre. Nahrung: Im Sommer v. a. holzbewohnende und freilebende Insekten, im Winter mehr Samen, die er sich geschickt aus Zapfen holt.

Kleinspecht, Zwergspecht
Dendrocopos minor
Kennzeichen: Körper um 15 cm. Im Gegensatz zum Buntspecht hat das ♂ die rote Kappe auf dem vorderen Scheitel, das ♀ eine weiße Stirnplatte; der Rücken ist wie die Flügel schwarz-weiß gebändert. Auch fehlen die auffallenden weißen Schulterflecken des Buntspechts. Stimme: Falkenähnlich »kikiki . . .«, außerdem trommeln beide Geschlechter hell. Vorkommen: Nicht häufiger Brutvogel der Tiefebenen. Bevorzugt Auwälder und parkartige Laubbestände. Lebensweise: Bruthöhle in morschem Stamm oder Ast. Legezeit Ende April/Mitte Mai. Die 4–5 weißen Eier werden 10–12 Tage v. a. vom ♂ bebrütet; nach 19–21 Tagen verlassen die Jungen die Höhle. Lebenserwartung: Etwa 6 Jahre. Nahrung: Kleintiere, die von Ästen und Blättern abgelesen werden, im Winter auch Samen.

Grünspecht

Schwarzspecht

Buntspecht

Kleinspecht, Zwergspecht

Feldlerche *Alauda arvensis*
Kennzeichen: Körper um 17 cm, etwas größer als Spatz. Im Flug sind die langen, spitzen Flügel mit weißem Hinterrand und der relativ lange Schwanz mit weißen Kanten charakteristisch. Die Haube wird nur bei Erregung aufgerichtet und ist sonst kaum zu sehen. Reiner Bodenvogel, der praktisch nie in Bäumen sitzt. Stimme: Typischer Flugruf »tschrip« oder »srrit«. Der fröhliche Gesang mit trillernden und flötenden Elementen wird im hohen Singflug vorgetragen. Vorkommen: Offene Landschaften mit Äckern und Wiesen, auch Moorwiesen und Heiden. Durch allzu intensive Bewirtschaftung vielerorts rückläufig. Teilzieher (Feb./März bis Nov.). Lebensweise: Nest in Bodenmulde. 2 Bruten April und Juli. Die 3–5 Eier sind auf hellerem Grund kräftig braun gesprenkelt. Das ♀ brütet alleine 11–14 Tage. Die Jungen verlassen noch flugunfähig das Nest mit 9–10 Tagen und sind mit 20 Tagen flügge. Lebenserwartung: Bis zu 10 Jahre. Nahrung: Kleine am Boden lebende Tiere, Sämereien und grüne Pflanzenteile.

Haubenlerche *Galerida cristata*
Kennzeichen: Körper um 18 cm, etwas kleiner und kurzschwänziger als die Feldlerche. Die Haube ist länger und deutlicher sichtbar, die Schwanzseiten sind hellbraun (nicht weiß), die Flügel ohne weißen Saum. Oft wenig scheu. Stimme: Ruf melodisch »djui«, oder schmachtend »dü-dü-drüh«. Gesang von Sitzwarte oder im kreisenden Singflug eine Reihung der Rufe, auch mit Nachahmungen. Vorkommen: In Mitteleuropa lückenhaft, bevorzugt in wärmeren Gegenden, in offenem, trockenem Gelände, auch an Straßen und Gleis- und Hafenanlagen. Lebensweise: Nest am Boden (manchmal auf Flachdächern). 2 Bruten zwischen April und Juni. Die 3–5 gräulich- oder bräunlichweißen, dunkler gezeichneten Eier werden 12–13 Tage bebrütet. Die Jungen verlassen das Nest vor dem Flüggewerden mit 9–11 Tagen und sind mit 16–18 Tagen gut flugfähig. Nahrung: Sämereien, grüne Pflanzenteile, Insekten.

Heidelerche *Lullula arborea*
Kennzeichen: Körper um 14 cm. Kleiner und gedrungener als Feldlerche mit auffallend kurzem Schwanz, ohne weiße Seiten. Weiße Überaugenstreifen, die im Nacken zusammenlaufen. Einzige heimische Lerche, die auf Bäumen sitzt. Stimme: Ruf ein sanftes »didloi«. Gesang von hoher Warte oder im wellenförmigen Singflug mit melancholisch abfallenden »düdldüdldüdl ...«-Reihen; singt auch nachts. Vorkommen: In Mitteleuropa gebietsweise fehlend und weiterhin abnehmend. Bevorzugt trockene, lichte Kiefernwälder, Waldlichtungen, sandige Heiden, Trockenrasen. Zugvogel (März bis Okt.). Lebensweise: Nest gut versteckt am Boden. 2–3 Bruten zwischen Ende März und Juni. Sonst wie vorige Art. Nahrung: Kleintiere und Pflanzenteile.

Feldlerche

Haubenlerche

Heidelerche

Rauchschwalbe *Hirundo rustica*
Kennzeichen: Körper 17–21 cm (davon Schwanzspieße 3–6 cm). Schlanke Schwalbe mit langen Schwanzspießen (die den Jungen fehlen). Charakteristisch sind rostbraune Kehle und Stirn und das metallisch glänzende, dunkelblaue Kropfband. Stimme: Häufiger Ruf »wid wid ...«, bei Alarm hoch »ziwit«. Gesang ein rasches, melodisches Zwitschern, das mit einem »zeeerrr«-Schnurrer endet. Vorkommen: In Dörfern, Weilern und Einzelhöfen, kaum im Inneren größerer Städte. Zugvogel (April bis Okt.). Lebensweise: Jagt im offenen Gelände, bei schlechtem Wetter zusammen mit anderen Schwalben und Mauerseglern über Wasserflächen. Rauchschwalben sind zur Brutzeit weniger gesellig als Mehl- und Uferschwalben, jagen aber vor allem bei schlechtem Wetter auch in gemeinsamen Trupps. Im Herbst oft riesige Schwärme, die sich zu Hunderten auf Leitungsdrähten versammeln und zu Tausenden im Schilf übernachten. Das Nest besteht aus Lehm, der mit einzelnen Halmen durchsetzt und mit Speichel vermengt wird. Im Gegensatz zum Bau der Mehlschwalbe ist das Nest der Rauschwalbe oben offen und wird meist im Innern von Gebäuden, oft auf einer Unterlage angelegt. Meist 2 Bruten zwischen Mai und September. Die 4–5 länglichen Eier werden 14–16 Tage hauptsächlich vom ♀ bebrütet. Beide Altvögel versorgen die Jungen mit Futter. Die Jungen fliegen nach 20–24 Tagen aus, kehren anfangs aber nachts noch zum Nest zurück und werden noch eine Weile gefüttert (auch in der Luft). Lebenserwartung: 12–16 Jahre. Nahrung: Fluginsekten.

Mehlschwalbe *Delichon urbica*
Kennzeichen: Körper 13–15 cm. Von der Rauchschwalbe relativ leicht am weißen Hinterrücken (Bürzel), an der weißen Kehle und am wenig gegabelten Schwanz zu unterscheiden (vgl. auch Stimme und Nest). Stimme: Flugruf zwitschernd »prrit«, weicher und nicht so kratzend wie Uferschwalbe. Alarmruf »tjierr« oder »ziürr«. Gesang kurz schwätzend, weniger vielfältig als Rauchschwalbe und ohne Schnurrer am Ende. Vorkommen: In Dörfern und Vorstädten, seltener auch in Städten. Zugvogel (April bis Okt.). Lebensweise: Jagt über Wiesen, weniger über Wasser. Das halbkugelige Nest aus Lehm mit kleinem Einschlupfloch wird stets außen an Gebäuden meist direkt unter einem Vorsprung angebracht, oft kolonieweise. 2(–3) Bruten zwischen Mai und September. Die 4–5 weißen, manchmal leicht rötlich gesprenkelten Eier werden 14–15 Tage bebrütet. Die Jungen fliegen mit 19–30 Tagen aus und werden dann noch eine Zeit lang gefüttert. Lebenserwartung: Bis zu 14 Jahre. Nahrung: Fluginsekten.

Uferschwalbe *Riparia riparia*
Kennzeichen: Körper 12–13 cm. Oberseits erdbraun; braunes Brustband auf der weißen Unterseite. Stimme: Rauer Flugruf »sirrp« oder tonlos »tschrrp«, ähnlich Mehlschwalbe. Bei Gefahr schrill »tjier«. Vorkommen: In Mitteleuropa etwas lückig im Tiefland, wo geeignete Brutplätze sind. Brütet in Klippen und Steilwänden aus weichem Material (Ostseeküste, Ton-, Sand- und Kiesgruben, Flussufer), auch entfernt von Gewässern, jagt aber bevorzugt über Wasserflächen. Zugvogel (April bis Okt.). Lebensweise: Nest in selbst gegrabenen Röhren, oft in großen Kolonien. Meist 2 Bruten zwischen Mai und August. 4–5 weiße Eier werden von beiden Eltern 12–16 Tage bebrütet. Die Jungen werden 16–22 Tage im Nest, später am Röhreneingang gefüttert. Nahrung: Fluginsekten.

Rauchschwalbe
Mehlschwalbe
Uferschwalbe

Bachstelze *Motacilla alba*
Kennzeichen: Körper 17–19 cm. ♂ im Prachtkleid mit tiefschwarzer Kehle und Hinterkopfplatte. Wie alle Stelzen wippen die Vögel ständig mit dem Schwanz und fliegen sehr wellenförmig. Stimme: Häufige Rufe »zip« oder »zilip«. Gesang zwitschernde Folge von Rufelementen, wird auch im Flug gebracht, wenn Eindringlinge verfolgt werden. Vorkommen: Offene Landschaften, Dörfer und Städte; Nähe zum Wasser nicht notwendig. Lebensweise: Nest in Mauerlöchern, auf Balken, unter Ziegeln (gern in alten Schuppen). Meist 2 Bruten zwischen April und August. Die 5–6 spindelförmigen Eier sind auf hellgrauem Grund mit grauen Punkten übersät. Sie werden 12–14 Tage bebrütet. Die Jungen verlassen mit 13–16 Tagen das Nest. Nahrung: Insekten und andere Kleintiere.

Schafstelze *Motacilla flava*
Kennzeichen: Körper 15–16 cm. Von der Gebirgsstelze durch einfarbig gelbe Unterseite (auch Kehle!), olivgrüne (nicht graue) Oberseite und wesentlich kürzeren Schwanz zu unterscheiden. Das ♀ ist insgesamt blasser als das ♂. Stimme: Flugruf ein scharfes, helles »psiit«, oft leicht zweisilbig. Gesang unauffällige Strophe mit Rufelementen. Vorkommen: Offene Landschaften des Tieflandes, Wiesen und Weiden, auch Äcker, Feuchtwiesen und Moore. Auf dem Durchzug truppweise viel am Wasser. Zugvogel (März bis Sept.). Lebensweise: 1–2 Bruten zwischen Mai und Juli. Nest in einer Bodenmulde unter dichtem Pflanzenwuchs. Die 4–6 spindelförmigen Eier sind auf hellem Grund dicht gelblich-rostbraun gefleckt. Sie werden 12–14 Tage bebrütet. Die Jungen verlassen mit 10–13 Tagen das Nest und sind mit etwa 17 Tagen flugfähig. Nahrung: Insekten und andere Kleintiere der Wiese und des Bodens, auch fliegende Insekten.

Gebirgsstelze, Bergstelze
Motacilla cinerea
Kennzeichen: Körper 17–20 cm. Von der Schafstelze unterscheidet sich das ♂ im Prachtkleid durch seine schwarze Kehle. In allen Kleidern deutlich grauer (nicht olivgrüner) Rücken sowie wesentlich längerer Schwanz. Stimme: Ein scharfes, ein- bis viersilbiges »ziss«, bei Alarm »züit«. Gesang kurze Strophen aus Rufelementen. Vorkommen: An rasch fließenden Bächen und Flüssen. Lebensweise: Nest zwischen Steinen oder unter Wurzeln am Ufer. Meist 2 Bruten zwischen März und Juli. Die 4–6 spindelförmigen Eier sind auf hellem Grund dicht rostbraun gefleckt. Sie werden 12–14 Tage bebrütet. Die Jungen verlassen das Nest mit 10–13 Tagen und sind mit etwa 17 Tagen flugfähig. Nahrung: Insekten, Würmer, kleine Wassertiere.

Bachstelze

Schlichtkleid

Schafstelze

Gebirgsstelze, Bergstelze

Baumpieper *Anthus trivialis*
Kennzeichen: Körper um 15 cm. Bräunlicher Vogel mit gestrichelter Brust und relativ langen, hellen Beinen. Schwanzseiten weiß. Von anderen Piepern oft nur an der Stimme zu unterscheiden. Stimme: Ruf ein raues »psii« oder »zieht«. Gesang typisch und auffällig: Von hoher Warte steigt der Vogel singend in die Höhe und geht dann im Segelflug nieder, wobei er die schmetternde Strophe mit einem typischen »zia-zia-zia ...« beendet. Vorkommen: Bewohnt locker baumbestandenes Gelände, Waldränder und -lichtungen, auch im Hochgebirge. Zugvogel (April bis Okt.). Lebensweise: Sitzt gerne auf einzelstehenden Bäumen. 1–2 Bruten zwischen Mai bis Juli. Bodennest. 5–6 Eier; das ♀ brütet 12–14 Tage. Die Jungen werden 12–13 Tage im Nest gefüttert. Nahrung: Kleintiere der Wiese.

Wasseramsel *Cinclus cinclus*
Kennzeichen: Körper 17–20 cm. Gefieder dunkelbraun mit leuchtend weißem Brustlatz; Jungvögel ohne deutlichen Brustlatz. Stimme: Rufe ein scharfes, hohes »zrit« oder »zerrb«. Das leise Lied beider Geschlechter besteht aus einer Reihe schwätzender, trillernder und schnurrender Laute. Vorkommen: Bevorzugt im Bergland mit schnell fließenden, klaren Gewässern. Lebensweise: Schwimmt und taucht bei der Nahrungssuche, kann sich trotz Strömung auf dem Grund bewegen. Hält sich bevorzugt und knicksend auf Steinen am Ufer auf. Fliegt schnell und knapp über der Wasserfläche. Kugeliges Moosnest zwischen Felsen, in Mauerschlitzen, an unterspülten Ufern oder unter Brücken. Von April bis - August 2–3 Bruten. Die 5–6 weißen Eier werden 15–17 Tage bebrütet. Die Jungen können schon vor der Flugfähigkeit gut schwimmen und tauchen. Nahrung: Kleintiere im und am Wasser.

Zaunkönig *Troglodytes troglodytes*
Kennzeichen: Körper 9–10 cm. Sehr kleiner, rundlicher, brauner Vogel mit oft gestelztem Schwanz. Stimme: Ganzjährig eine schmetternde Strophe mit tieferem Roller. Ruf hart »tek tek«, bei Erregung auch schnurrend »trrrt«. Vorkommen: Unterholzreiche Wälder, Gebüsch, Staudengestrüpp, gern in Wassernähe. Lebensweise: Bewegt sich wie eine Maus gern im bodennahen Dickicht und zwischen Wurzeln. Fliegt nur kurze Strecken. Dicht über dem Boden, in den Wurzeln umgefallener Bäume, in Mauernischen oder Erdlöchern errichtet das ♂ ein kugelförmiges Nest mit seitlichem Eingang. Ab Ende April meist 2 Jahresbruten. 5–6 weiße Eier mit schwarzen oder braunen Punkten. Das ♀ brütet 14–16 Tage. Die Jungen werden von beiden Eltern gefüttert und verlassen nach 15–17 Tagen das Nest. Nahrung: Insekten und Spinnen.

Heckenbraunelle *Prunella modularis*
Kennzeichen: Körper 13–14 cm. Sperlingsähnlicher Vogel, der nur vor dem Laubaustrieb häufiger zu sehen, später meist nur noch zu hören ist. Stimme: Ruf ein metallisches »zieht« oder fein »di-di-di«; Gesang eine schnelle Folge von ansteigenden und abfallenden Tönen, ähnlich Zaunkönig, aber leiser und ohne Schnurrer. Oft in der Abenddämmerung zu hören. Vorkommen: Gebiete mit Gebüsch, Hecken, auch in dichten Wäldern; im Gebirge bis über die Baumgrenze. Teilzieher (März bis Nov.). Lebensweise: Das Nest wird versteckt im Dickicht gebaut, Eiablage ab April; 2 Bruten. Die 4–5 Eier sind einfarbig hellblau bis lindgrün. Das ♀ brütet 12–14 Tage, ebenso lange werden die Jungen von beiden Eltern im Nest mit Futter versorgt. Nahrung: Insekten, Sämereien.

Baumpieper

Wasseramsel

Zaunkönig

Heckenbraunelle

Rotkehlchen *Erithacus rubecula*
Kennzeichen: Körper 12–14 cm. Von der Stirn über die Kehle bis zur Brust typisches Rotorange, Bauch weißlich, Oberseite einheitlich olivbraun. Stimme: Harte Rufe »tick tick« oder kurz »zik«, manchmal schnell wiederholt als »Schnickern«. Auch zartes, gedehntes »ziep« »zieh« oder »zisip«. Gesang ganzjährig, hauptsächlich in der Dämmerung: trillernde, perlende aber auch scharfe Töne, zum Ende des Liedes abfallend, insgesamt stockend bis stotternd. Vorkommen: Lebt in unterholz- und gebüschreichen Wäldern, Gärten oder Parks, auch gern in der Nähe von Wasser. Lebensweise: Das Nest, ein backofenförmiger Bau, wird direkt am Boden, zum Beispiel unter Wurzeln oder im Gestrüpp, in Bodenhöhlen oder Vertiefungen an Bäumen oder Mauern angelegt. Ab April 2 Bruten pro Jahr. 5–7 helle Eier mit unterschiedlichen dunklen Flecken und Schattierungen. Gebrütet wird 13–15 Tage lang, ♂ und ♀ versorgen die Jungen 12–15 Tage im Nest. Lebenserwartung: Bis zu 12 Jahre. Nahrung: Im Herbst und Winter meist nur Beeren, in den Sommermonaten Insekten, Spinnen und Würmer, die nach Drosselart oft unter Falllaub gesucht werden.

Braunkehlchen *Saxicola rubetra*
Kennzeichen: Körper 12–14 cm. Ein schlanker, hochbeiniger und feinschnäbliger Wiesenvogel. Vom ähnlichen Schwarzkehlchen durch stets helle Kehle und hellen Überaugenstreif zu unterscheiden; im Flug weiße Schwanzwurzelseiten. Sitzt gerne auf höheren Wiesenstauden, Zaunpfählen, Drähten. Stimme: Warnrufe hart »tik tik« und weich »djü«, auch »djü-tik-tik«. Das Lied besteht aus kurzen, schnell vorgetragenen Strophen pfeifender und kratzender Laute; es werden auch Stimmen anderer Vogelarten täuschend nachgeahmt. Vorkommen: Nistet in freien, extensiv bewirtschafteten Wiesenlandschaften wie Streuwiesen und Brachflächen, auch in jungen Fichtenkulturen, auf Böschungen und in Mooren. Zugvogel (April bis Sept.). Lebensweise: Versteckt sein Nest in dichter Vegetation nahe dem Boden. Ab Mitte Mai 1–2 Bruten jährlich. Die 4–7 bläulichgrünen Eier werden innerhalb 13–15 Tagen vom ♀ ausgebrütet; die Eltern betreuen die Jungen etwa 2 Wochen im Nest. Nahrung: Insekten.

Schwarzkehlchen *Saxicola torquata*
Kennzeichen: Körper 11–13 cm. Das ♂ ist besonders im Sommer kräftig gefärbt, Kopf und Oberseite schwarzbraun, weiße Halsseiten und weiße Flügelspiegel, Brust rötlichbraun, Bauch heller; das ♀ ist insgesamt matter getönt. Stimme: Alarmruf »trt«, »krr« oder »tick-tak-tak«. Das wenig einprägsame, zwitschernde Lied besteht aus kurzen Strophen kratzender und pfeifender Laute. Vorkommen: In Mitteleuropa im (wärmeren) Tiefland verbreitet, aber selten. Lebt in Mooren und Heiden, auf Ödländern und Brachflächen sowie extensiv genutzten Wiesenflächen. Teilzieher (März bis Okt.). Lebensweise: Die Vögel sitzen gerne auf erhöhten Warten, von wo aus sie Insekten jagen oder singen oder zum kurzen Singflug starten Das Nest in Bodennähe wird gut in der Vegetation versteckt. Legezeit ab April; 2 Bruten, selten 3. Die 5–6 Eier sind auf weißlichem oder grünlichem Grund zart rötlich gefleckt. Brutzeit 14–15 Tage; die Jungvögel werden im Nest 12–13 Tage lang gefüttert. Nahrung: Insekten, wirbellose Kleintiere wie Würmer, auch Sämereien.

Rotkehlchen

Braunkehlchen

Schwarzkehlchen,
Männchen

Steinschmätzer *Oenanthe oenanthe*
Kennzeichen: Körper 14–16 cm. ♂ mit schwarzer Augenmaske und hellem Überaugenstreif. Besonders im Flug fallen der weiße Bürzel und die leuchtend weißen Schwanzbasisseiten auf, Schwanzmitte und -ende schwarz. ♀ mehr bräunlich, ohne Maske. Stimme: Harte »töck«- oder »töck-jiw«-Rufe. Kurzer zwitschernder Gesang, wohlklingend, mit Pfeiftönen und gepressten Lauten durchsetzt. Vorkommen: Verbreitet, aber sehr selten im offenen Tiefland und in den Felsgebieten der Alpen. Brütet auf Brachflächen, in Kiesgruben, Mooren, unbewaldeten Felsregionen mit spärlicher Vegetation. Zugvogel (März bis Okt.). Lebensweise: Nest am Boden, in Erdhöhlen, zwischen Steinen, auch in Mauselöchern oder in Holzstapeln. Meist nur 1 Jahresbrut ab Mai. 5–6 weißlichhellblaue Eier. Das ♀ brütet 14 Tage, die Jungen werden von beiden Partnern 14 Tage im Nest versorgt. Nahrung: Insekten, Spinnen, Würmer und kleine Schnecken.

Nachtigall *Luscinia megarhynchos*
Kennzeichen: Körper 15–16 cm. Oberseits unscheinbar rotbraune Färbung, zum rostbraunen Schwanz hin etwas lebhafter, unterseits viel heller. Stimme: Bei Bedrohung knarrend »karr«, sonst gedämpft, aber kräftig »tak tak« oder »tek«. Der Gesang ist laut und wohlklingend, eingeleitet durch »dü dü dü ...«, das an Lautstärke und Tempo zunimmt, darauf folgen rhythmische, an Schluchzen erinnernde »tjuckt-juck«-Töne. Vorkommen: In Mitteleuropa bis zur Elbe (östlich lebt der sehr ähnliche Sprosser *L. luscinia)* nur gebietsweise im Tiefland verbreiteter Brutvogel; fehlt im Gebirge. Bewohnt Laubwälder mit gut entwickelter Strauchschicht, busch- und heckenreiche Regionen in Parks oder Gärten. Zugvogel (April bis Okt.). Lebensweise: Nest im Buschdickicht oder in krautiger Vegetation knapp über dem Boden. Eiablage im Mai; 1 Brut. 4–6 Eier mit zarten rötlichen Flecken auf düsterem Grund. Das ♀ brütet 13–14 Tage, die Jungen werden 11–12 Tage von beiden Partnern im Nest gefüttert. Nahrung: Insekten, Würmer und auch Beeren.

Blaukehlchen *Luscinia svecica*
Kennzeichen: Körper 13–14 cm. Seiten der Schwanzbasis in allen Kleidern kastanienrot. Die im Ruhekleid weißliche Kehle und Brust färben sich beim ♂ zur Brutzeit leuchtend blau. Bei unserem Weißsternigen Blaukehlchen sitzt ein weißer Fleck im blauen Kehlfeld; in Nord- und Osteuropa ist der Fleck rot. Stimme: Pfeifende »hüd«-Rufe oder härter »tack« und »törrk«. Gesang sehr abwechslungsreich, oft mit Immitationen durchsetzt, wird meist durch schneller werdendes »djip djip ...« eingeleitet. Vorkommen: In Mitteleuropa in den Niederungen ziemlich selten und vielfach vom Aussterben bedroht. Lebt in Schilf- und Weidendickichten von Feuchtgebieten, in Auwäldern und Mooren. Zugvogel (März bis Okt.). Lebensweise: Napfförmiges Nest in dichtem Gebüsch nahe dem Boden. Eiablage ab Mai; 1–2 Bruten pro Jahr. 5–7 Eier, graugrün bis rostfarben, schwach glänzend. Das ♀ brütet die meiste Zeit der 13–15 Tage, die Eltern füttern 13–14 Tage die Jungen im Nest, die dann noch nicht ganz flügge sind. Nahrung: Insekten, wirbellose Kleintiere, Beeren.

Männchen

Weibchen

Steinschmätzer

Nachtigall

Blaukehlchen

Hausrotschwanz

Phoenicurus ochruros

Kennzeichen: Körper 13–14 cm. Das ♂ ist schiefergrau, an Brust, Kehle und Gesicht sehr dunkel, fast schwarz; ältere ♂ mit leuchtend weißem Flügelspiegel. ♀ und Junge graubraun, unterseits dunkler als Gartenrotschwanz. Stimme: Rufe kurz »tsip«, auch »wid-tek-tek« (ähnlich Gartenrotschwanz, aber härter). Gesang gepresst, fast tonlos, wird oft mit 4–5 Lauten auf gleicher Höhe eingeleitet: »jirr tititi . . .«; auch Herbstgesang. Vorkommen: Ursprünglich Felsbewohner, dies auch heute noch in Steinbrüchen und im Gebirge bis weit über die Baumgrenze. Ansonsten Kulturfolger und Bewohner von Gebäuden, auch mitten in der Stadt. Zugvogel (März bis Nov.). Lebensweise: Sitzt und singt gerne auf Dachfirsten und Antennen; bei der Nahrungssuche auch am Boden. Nest in Felsspalten und Mauernischen auf Dachbalken und in Halbhöhlen-Niskästen. Ab Anfang April 2–3 Bruten im Jahr. 5–7 weiße Eier. Das ♀ brütet 12–14 Tage lang, dann werden die Jungen 12–17 Tage von den Eltern im Nest und auch noch einige Tage nach dem Ausfliegen gefüttert. Lebenserwartung: Bis zu 10 Jahre. Nahrung: Insekten und Spinnen, manchmal auch Beeren.

Gartenrotschwanz

Phoenicurus phoenicurus

Kennzeichen: Körper 13–14 cm. Weiße Stirn beim ♂, Brust und Flanken rostrot, am Bauch heller, graue Oberseite, an den Flügeln sehr dunkel. ♀ graubraun mit rostrotem Anflug zum Schwanz hin. Stimme: Klagende Rufe »huit« oder »huit tek tek«, klingen melodischer als die des Hausrotschwanzes. Der kurze Gesang wird meist durch einen typischen, hohen gedehnten Ton eingeleitet, dem 2–4 tiefere Laute nachfolgen »fü-jikjik . . .«. Imitiert auch andere Vogelstimmen. Vorkommen: In Mitteleuropa, vor allem im Tiefland, in den letzten Jahrzehnten stark zurückgegangen. Brütet in lockeren Laub- und Mischwäldern, bevorzugt dabei die Waldränder; auch in Parks und Gärten, selbst mitten in Städten zu finden. Zugvogel (April bis Okt.). Lebensweise: Das Nest wird vom ♀ allein in Spalten oder Höhlen von Bäumen, auch in Felsnischen oder Mauerlöchern gebaut; bei fehlenden Naturhöhlen werden auch Nistkästen angenommen. Ab Mai 1–2 Bruten im Jahr. Die 5–7 grünlichblauen Eier werden meist vom ♀ 13–14 Tage lang bebrütet. Die Jungen werden 12–15 Tage von beiden Partnern im Nest versorgt. Lebenserwartung: Bis zu 10 Jahre. Nahrung: Insekten.

Amsel *Turdus merula*

Kennzeichen: Körper 23–29 cm. Alte ♂ fast schwarz mit orangegelbem Schnabel und Augenring; ♀ und Junge erdbraun mit undeutlicher Musterung. Stimme: Warnrufe ein lautes, zeterndes »tschik-tschik-tschik«, oder weichere »djuk«- oder »tsieh«- Rufe. Wohltönender, fantasievoller Gesang. Vorkommen: Weit verbreitet und überall häufig. In Ortschaften Standvogel, sonst Strich- und Zugvogel. Lebensweise: Das Nest wird meist mit Erde ausgekleidet und mit Grashalmen gepolstert. Eiablage oft schon im März; bis in den August 3–4 Bruten. Die 5–6 Eier sind lindgrün bis bläulich mit dichter, brauner Sprenkelung. Das ♀ brütet 14 Tage. Beide Partner füttern die Jungvögel 14 Tage im Nest; auch nach Verlassen des Nestes werden die Jungen noch bis zu 3 Wochen von den Eltern betreut. Lebenserwartung: Etwa 17 Jahre. Nahrung: Wie bei anderen Drosseln, zur Brutzeit Regenwürmer u. a. Bodentiere, im Herbst und Winter Beeren, auch Samen und Vogelfutter.

Hausrotschwanz,
Männchen

Weibchen

Gartenrotschwanz,
Männchen

Amsel,
Männchen

Singdrossel *Turdus philomelos*
Kennzeichen: Körper 20–22 cm. Oberseite einheitlich braun, rahmfarbene Unterseite mit dunkelbraunen Flecken. Achseln im Flug gelblich (Misteldrossel weiß). Stimme: Typischer Flugruf ein kurzes, feines »zipp«, vor allem auf dem Zug nachts zu hören. Bei Gefahr amselähnlich »geckgeckgeck«. Der klangvolle, kräftige Gesang besteht aus relativ kurzen abwechslungsreichen Strophen, in denen ein Motiv mehrmals wiederholt wird. Vorkommen: Weit verbreitet und häufig. Einzelne Exemplare überwintern in milden Gegenden. Lebensraum sind lichte Wälder, Parkanlagen und Gärten. Zugvogel, von Februar bis November. Lebensweise: Das napfförmige Nest wird innen mit Holzmull und Lehm sauber ausgestrichen. Eiablage ab April; 2(–3) Bruten jährlich. Die 4–6 Eier sind leuchtend hellblau mit wenigen, kleinen dunklen Tupfen. Meist brütet das ♀ 13–14 Tage lang alleine; ♂ und ♀ füttern die Jungvögel dann noch 12–16 Tage im Nest. Nahrung: Besonders geschickt im Aufschlagen von Gehäuseschnecken, sonst wie andere Drosseln.

Misteldrossel *Turdus viscivorus*
Kennzeichen: Körper 26–29 cm. Unsere größte Drossel. Flügelunterseite weiß (vgl. Singdrossel). Auf dem Boden in aufrechter Haltung, fliegt gewöhnlich in großer Höhe. Stimme: Ruf kräftig »trrrt trrrt« (»Schnärrer«) oder feiner »siiht«. Das zögernd und mit Pausen vorgetragene kräftige Flötenlied erinnert an den Gesang der Amsel. Vorkommen: Hochstämmige Fichtenwälder, auch Laubwälder, Feldgehölze und Parks. Teilzieher, von Februar bis November; häufig auch überwinternd. Lebensweise: Legezeit ab März; 2 Bruten. 3–5 Eier blau mit rötlichen Tupfen. Das ♀ brütet 14 Tage, beide Eltern füttern die Jungen ebenso lange im Nest. Nahrung: Wie bei anderen Drosseln; im Winter bevorzugt Mistelbeeren.

Wacholderdrossel *Turdus pilaris*
Kennzeichen: Körper 22–27 cm. Kopf und Bürzel grau, Rücken und Flügel mittelbraun, Schwanz schwarz. Stimme: Schäckernde »schack-schack-schack«-Rufe, harter Alarmruf »terr terr« oder weicher »zri«. Kratzend-zwitschernder Gesang, meist im Flug, nicht sehr laut. Vorkommen: Verbreiteter und häufiger Brutvogel. Bewohnt Gehölze an Lichtungen und Waldrändern, auch Gärten oder Parks. Teilzieher, März bis November. Lebensweise: Nest in großen Astgabeln, Nestmulde mit Lehm, aber darüber gepolstert. Legezeit beginnt im Mai; häufig 2 Bruten. 4–6 Eier, rötliche Zeichnung auf grünlichblauem Grund. Das ♀ brütet 14 Tage; die Eltern versorgen die gleiche Zeit die Jungen im Nest. Nahrung: Schnecken, Würmer, Insekten, ab Spätsommer auch Beeren und Fallobst.

Singdrossel

Misteldrossel

Wacholderdrossel

Feldschwirl *Locustella naevia*
Kennzeichen: Körper 12–13 cm. Unscheinbar graubraun und dunkel gestreift. Stimme: Bei Erregung kurze scharfe Rufe »tschek« oder »tschick«; Gesang erinnert an Heuschrecken, kann aber sehr lang anhalten. Vorkommen: Weit verbreitet, aber nirgends häufig. Vorzugsweise im Tiefland, seltener in waldreichen Gebieten. Liebt dichte, bodenbedeckende Vegetation oder Gebüsche auf feuchten Böden. Zugvogel, von April bis Sept./Okt. Lebensweise: Das Nest wird knapp über dem Boden in die Vegetation geflochten. Ab Mai 2 Bruten; 4–6 weiße Eier, rötlich bis zartlila gefleckt; beide Eltern brüten 13–15 Tage, Nestlingsdauer 10–12 Tage. Nahrung: Insekten.

Schilfrohrsänger
Acrocephalus schoenobaenus
Kennzeichen: Körper 12–13 cm. Oberseits hellbraun und im Gegensatz zum Teichrohrsänger mit deutlichen dunklen Flecken und Streifen und einem besonders auffälligen fast weißen Überaugenstreif. Stimme: Bei Beunruhigung trocken rollend »errr«, Warnruf schnalzend »zäck«. Gesang, oft in kurzem Singflug, lang anhaltend eilig schwätzend mit trillernden und pfeifenden Tönen und Imitationen. Vorkommen: In Schilf und hohen Binsen, dichten Hochstauden mit Gebüsch, selten über Wasser. Zugvogel, von Mai bis Sept. Lebensweise: Nest niedrig, selten zwischen Halme eingeflochten. 1 Brut ab Mai; 4–6 Eier auf hellem Grund verwaschen gezeichnet. Brutdauer 12–13, Nestlingszeit 11–12 Tage, flügge nach 18 Tagen. Nahrung: Insekten und Spinnen.

Teichrohrsänger
Acrocephalus scirpaceus
Kennzeichen: Körper 12–14 cm. Ohne Kontraste hell bräunlich, kaum von Sumpfrohrsänger zu unterscheiden. Stimme: Tiefe »tschak«- oder »karr«-Rufe. Der rhythmische, aber teilweise abgehackte Gesang wird meist langsam und eher leise schwätzend, fast verschlafen vorgetragen; nur bei Anwesenheit anderer Artgenossen lebhafter und lauter. Vorkommen: Im Tiefland weit verbreitet und im Schilf meist der häufigste Rohrsänger. Zugvogel, von April bis Sept. Lebensweise: Das Nest wird wie ein Körbchen im Schilf aufgehängt. Meist 1 Brut jährlich; 3–5 Eier lindgrün, grau gefleckt. Beide Eltern brüten 11–12 Tage, Nestlingszeit 11–12 Tage. Nahrung: Insekten, auch Beeren.

Gelbspötter *Hippolais icterina*
Kennzeichen: Körper 12–13 cm. Oberseits graugrün, unterseits hellgelb. Stimme: Kennzeichnend »dideroi« oder bei Störung kurz »tek« oder »tete«. Kräftiges Lied aus lauten, kratzenden und pfeifenden Tönen; auch die Stimmen anderer Vogelarten werden eingeflochten (daher der Name »Spötter«). Vorkommen: Weit verbreitet, aber nirgends häufig; vor allem im Tiefland. Unterholzreiche Auwälder oder Kulturland mit Hecken und Buschgruppen, auch in Gärten. Zugvogel, von Mai bis Sept. Lebensweise: Nest in Astgabeln von Büschen oder Bäumen. Eiablage Mai bis Juni; gewöhnlich nur 1 Brut; 3–6 Eier, hellrosa, dunkler gefleckt. Brutzeit 13–14 Tage, ♂ und ♀ brüten. Die Jungen werden 13–14 Tage im Nest gefüttert. Nahrung: Insekten.

Feldschwirl

Schilfrohrsänger

Teichrohrsänger

Gelbspötter

Mönchsgrasmücke *Sylvia atricapilla*
Kennzeichen: Körper 13–15 cm. Grau; ♂ mit schwarzer, ♀ und Jungvögel mit rostbrauner Kappe. Stimme: Bei Gefahr hart »tschäck tschäck« oder »tak«, oftmals wiederholt (wie aneinandergeschlagene Kiesel). Das Lied beginnt mit leisem, zaghaftem Zwitschern und geht dann in eine jubelnde kurze Schlussstrophe über. Vorkommen: Laubwälder mit dichter, schützender Busch- und Krautvegetation, häufig auch in Gärten und Parks. Zugvogel, von März bis Ende Okt. Lebensweise: Das napfförmige Nest wird meist niedrig über dem Boden in Hecken, Büschen und Kletterpflanzen angelegt. Legezeit ist April bis Mai/Juni; 1(–2) Jahresbruten. Die 4–5 hellbraunen Eier sind mit dunkelbraunen Flecken gezeichnet. Beide Partner brüten 10–16 Tage, die Jungen werden etwa die gleiche Zeit im Nest versorgt. Lebenserwartung: Bis zu 8 Jahre, in Menschenobhut bis zu 12 Jahre. Nahrung: Insekten; im Spätsommer und Herbst auch Beeren.

Gartengrasmücke *Sylvia borin*
Kennzeichen: Körper 13–14 cm. Grau, ohne markante Zeichnung. Stimme: Warnrufe weicher als Mönchsgrasmücke »tschäck tschäck« oder tiefer »tscharr«. Das Lied ist ein fröhlich plätschernd andauerndes Gezwitscher mit Flötentönen, bricht ohne Höhepunkt ab. Vorkommen: Hauptsächlich in unterholzreichen Wäldern, auch in Feldgehölzen, seltener in gebüschreichen Gärten oder Parks. Zugvogel, von April/Mai bis Sept./Okt. Lebensweise: Nest versteckt im Gebüsch bis 1 m hoch. Eiablage Mai bis Juni, 1–2 Bruten im Jahr. 3–5 Eier, auf hellbraunem bis weißlichem Grund dunkler braune bis rötliche Fleckung. Beide Partner brüten 11–16 Tage, die Jungen werden 9–14 Tage im Nest versorgt. Nahrung: Wie bei anderen Grasmücken.

Klappergrasmücke *Sylvia curruca*
Kennzeichen: Körper 11–13 cm. Noch deutlicher als bei der Dorngrasmücke ist hier das Grau des Kopfes vom Weiß der Kehle abgesetzt. Stimme: Bei Erregung hart »tak« sowie schnatternde und zeternde Rufe. Der Gesang besteht meist aus einer leise schwätzenden, nur aus der Nähe zu hörenden Vorstrophe und dann einer laut und hölzern klappernden Endstrophe, »rätätätätä«. Vorkommen: Halboffene, buschreiche Landschaften, Gärten und Parks, im Gebirge bis über die Baumgrenze. Zugvogel, von April bis Okt. Lebensweise: Nest meist niedrig. Eiablage erfolgt Ende April/Anfang Mai. Die 4–6 Eier sind auf hellem Grund mehrfarbig gesprenkelt. Sie werden 11–12 Tage von beiden Partnern bebrütet; die Jungen verlassen mit 10–11 Tagen, kaum flügge, das Nest. Nahrung: Wie bei anderen Grasmücken.

Dorngrasmücke *Sylvia communis*
Kennzeichen: Körper 13–15 cm. Brust und Flanken leicht rosa, weißer Kehlfleck; typisch sind die rostfarbenen Flügel. Stimme: Gedämpftes »woid woid . . .« bei Gefahr; auch »tschäck« oder hart »tschrp«. Der Gesang ist rau, mit schnell aneinandergereihten, ziemlich kurzen Strophen, nicht so wohlklingend wie das Lied der Gartengrasmücke. Meist kurzer, steiler Singflug. Vorkommen: In freiem, aber buschreichem Gelände, bevorzugt der Tiefebene; liebt Brennnesseldickichte oder Brombeerhecken. Vielerorts zurückgegangen. Zugvogel, von April bis Sept. Lebensweise: Nistet im bodennahen Dickicht. Legezeit ab Mai, 1–2 Bruten. 4–5 hellgraue Eier mit feiner Punktezeichnung. Die Eltern brüten 11–14 Tage, die Jungen werden ebenso lange im Nest versorgt. Nahrung: Wie bei anderen Grasmücken.

Mönchsgrasmücke
Männchen
Weibchen
Gartengrasmücke
Klappergrasmücke
Dorngrasmücke

Waldlaubsänger

Phylloscopus sibilatrix

Kennzeichen: Körper 11–12 cm. Unscheinbar mit sattgelber Kehle. Stimme: Der charakteristische Ruf »düh«, wird im Lied wiederholt und mit dem typischen Schwirrmotiv »sib-sib-sirrr«, in der Geschwindigkeit ansteigend, zusammengesetzt. Oft im Singflug von Ast zu Ast. Vorkommen: Im Tiefland vor allem in Buchenwäldern, aber auch in anderen Laubwäldern. Zugvogel, von April bis Sept. Lebensweise: Nistet in einem höhlenförmigen Nest am Boden. Ab Mitte Mai werden die Eier gelegt; 1–2 Bruten. 5–7 weißliche Eier mit braunen und rötlichen Flecken. 13–14 Tage brütet das ♀, beide Eltern versorgen die Jungen 11–12 Tage im Nest. Nahrung: Insekten, Spinnentiere.

Zilpzalp *Phylloscopus collybita*

Kennzeichen: Körper 10–12 cm. Insgesamt unscheinbar grünlichgrau; ähnelt stark dem Fitis *(P. trochilus)*, aber gut am Gesang zu unterscheiden. Stimme: Einsilbige Rufe »hüid« und »wid«. Das charakteristische Lied besteht aus monotonen »zilp zalp . . .«-Strophen mit eingeschobenen »terrt terrt«-Folgen. Vorkommen: Bevorzugter Lebensraum sind Wälder mit Unterwuchs, man findet ihn auch in Gärten und Parks mit dichter Bodenvegetation. Teilzieher, von März bis Ende Okt. Lebensweise: Baut ein backofenförmiges Nest direkt am Boden oder knapp darüber. Legezeit ab Ende April; 1–2 Bruten. 4–6 weiße Eier fein gelb oder bräunlich gesprenkelt. Das ♀ brütet 13–15 Tage, die Jungvögel werden hauptsächlich vom ♀ etwa 13–15 Tage lang gefüttert. Lebenserwartung: Bis zu 8 Jahre. Nahrung: Insekten und Kleintiere, im Herbst Beeren.

Wintergoldhähnchen

Regulus regulus

Kennzeichen: Körper 8–9 cm; kleinster Vogel Europas. Auffallend ist der schwarz umrandete, gelborange Scheitelstreif. Kleiner weißer Augenring. Stimme: Sehr zart und hoch »sih-sih-sih«; der Gesang gleicht einem in der Tonhöhe an- und absteigendem leisen Wispern mit etwas tieferer, kurz abgesetzter Schlussstrophe. Vorkommen: Ziemlich häufig in reinen Nadel- und in Mischwäldern, seltener in Parklandschaften mit Nadelbäumen. Lebensweise: Hält sich meist hoch in Nadelbäumen auf. Das napfähnliche Nest wird in einer Astgabelung verankert, bevorzugt in Koniferen. Eiablage ab Mitte April; 2 Bruten. 7–11 weiße Eier mit feiner brauner Zeichnung. Das ♀ brütet 14–17 Tage, gefüttert werden die Jungen dann von beiden Eltern ungefähr 18–21 Tage lang. Nahrung: Kleine Insekten und Spinnen.

Sommergoldhähnchen

Regulus ignicapillus

Kennzeichen: Körper 9–10 cm. Im Gegensatz zum sehr ähnlichen Wintergoldhähnchen große weiße Augenumgebung mit schwarzem Strich durchs Auge. Stimme: Rufe ähnlich Wintergoldhähnchen; im Gesang steigt das Wispern unter Beschleunigung an. Vorkommen: Nadel- und Mischwälder, in SW-Europa auch in reinen Laubwäldern. Als Kurzstreckenzieher wandern viele Vögel im Herbst ab. Lebensweise: Ähnlich Wintergoldhähnchen.

Waldlaubsänger
Zilpzalp
Wintergoldhähnchen
Sommergoldhähnchen
Weibchen
Weibchen
Männchen
Männchen

Grauschnäpper *Muscicapa striata*
Kennzeichen: Körper 13–15 cm. Ziemlich einheitlich graubraun, Unterseite heller, an Brust und Kopf feine Strichzeichnung. Charakteristisch für alle Fliegenschnäpper ist der feine, aber breite Schnabel. Stimme: Grauschnäpper fallen durch ihre ständigen, leisen »ziht«- oder »sirt«-Rufe auf. Bei Erregung auch kurze »zek«- oder »tek«-Rufe, auch eilig »zi-tek-tek«. Das unauffällige Lied setzt sich aus verschiedenen, hastig vorgetragenen Tönen zusammen. Vorkommen: Lebt am Rande von Wäldern, auch in Gärten und an Häusern brütend. Zugvogel, von April bis Sept. Lebensweise: Häufig auf freien Sitzwarten, wo er nach Fluginsekten Ausschau hält, kurze Jagdflüge unternimmt und wieder zurückkehrt. Baut sein Nest gerne an Mauervorsprünge, in Felsnischen oder vorhandene Baumhöhlen, auch in dicht rankende Kletterpflanzen. Eiablage ab Mai; 1–2 Bruten. 4–6 weißlich-lindgrüne Eier mit brauner, fleckiger Sprenkelung. Das ♀ brütet etwa 12–15 Tage, die gleiche Zeit werden die Jungen von beiden Eltern im Nest versorgt. Auch nach Verlassen des Nestes kümmert sich das Elternpaar noch einige Tage um die Jungvögel. Nahrung: Hauptsächlich fliegende Insekten.

Trauerschnäpper *Ficedula hypoleuca*
Kennzeichen: Körper 12–13 cm. ♂ und ♀ gleichen sich im herbstlichen Ruhekleid, unterscheiden sich aber im Brutkleid: Beim ♂ sind Kopf und Oberseite fast schwarz mit Weiß an Stirn, Flügeln und Schwanzaußenkanten sowie weißer Unterseite; das ♀ ist oberseits graubraun, hat weiße Flügelspiegel und eine hellbraun-gelbliche Unterseite. Stimme: Kurze, kennzeichnende »bit«-Rufe, metallische Töne, manchmal wiederholt. Das Lied bewegt sich zwischen verschiedenen Tonhöhen auf und ab, etwa »ziwu ziwu tija wid wid ja diri . . .«. Vorkommen: Lebt in Laub- und Nadelwäldern, auch in Feldgehölzen und Parks. Zugvogel, von April bis Sept. Lebensweise: Der Trauerschnäpper ist ein ausgesprochener Höhlenbrüter und nimmt mangels geeigneter Nistmöglichkeiten gerne künstliche Nistkästen an. Die Eiablage beginnt im Mai; 1 Brut. Die 5–8 Eier sind von bläulichgrüner Färbung. Das ♀ brütet 12–15 Tage und wird dabei vom ♂ versorgt. Beide Partner füttern die Jungen 13–16 Tage im Nest. Nahrung: (Flug-)Insekten.

Zwergschnäpper *Ficedula parva*
Kennzeichen: Körper 11–12 cm. Klein, oberseits grau(bräunlich), unterseits weiß; Kehle bei ♀ und jungen ♂ weiß, bei grauköpfigen Alt-♂ orange; schwarzer Schwanz an den Basisseiten weiß. Stimme: Warnruf ein kurzes trockenes »serrrt«, auch zweisilbig »dli-ü« oder scharf »sri« und schnalzend »teck«. Gesang endet mit einer Reihe typisch abfallender, klarer Töne. Vorkommen: Eine nordosteuropäische Art; in Mitteleuropa seltener Brutvogel der Alpen, der östlichen Mittelgebirge und Norddeutschlands. Brütet in verschiedenen Wäldern, besonders in Altbeständen in der Nähe von Bächen. Zugvogel, von Mai bis Sept. Lebensweise: Nest in Baumnischen. Im Mai meist 5 bläulichgrüne oder gelblichweiße, rostbraun gewölkte Eier. Das ♀ brütet 13–14 Tage, die Nestlingszeit ist etwa gleich lang. Nahrung: Fluginsekten, Larven, Beeren.

Grauschnäpper

Trauerschnäpper,
Männchen im
Brutkleid

Zwergschnäpper

Schwanzmeise *Aegithalos caudatus*
Kennzeichen: Körper 13–15 cm (davon Schwanz 7–9 cm). Sehr langer Schwanz, Kopf weiß mit dunkelgrauem, breitem Band über dem Auge. Stimme: Im Flug ein kaum zu vernehmendes »pt«, sonst ständig feine, hohe »tsi«- oder »si-si-si«-Laute oder tiefer »tserr«, »tsrr«. Das Lied ist ein unauffälliges Zwitschern. Vorkommen: Im Tiefland ganzjährig verbreiteter, aber sehr dünn siedelnder Brutvogel. Brütet meist in lichten, unterholzreichen Wäldern oder an Flussauen. Stand- und Strichvogel. Lebensweise: Akrobatisch und gesellig. Kunstvoll gebautes, stabiles Kugelnest mit seitlichem Eingang. Eiablage beginnt Anfang April; 1 Brut jährlich. 7–12 Eier, in der Regel weißlich ohne Zeichnung. Das ♀ wird während der 12–14-tägigen Brutzeit vom ♂ versorgt. Die Jungvögel werden von beiden Eltern 14–18 Tage gefüttert. Nahrung: Insekten, Spinnen und Sämereien.

Blaumeise *Parus caeruleus*
Kennzeichen: Körper 10–12 cm. Ein farbiger Vogel mit gelbem Bauch und grünem Rücken; Oberkopf, Schwanz und Flügel leuchtend hellblau; weiß an den Wangen. Stimme: Bei Gefahr »zerrretetet«, zarter hoher Lockruf »tsi-tsi-tsi-tsit«. Das Lied mit hohen »zi-zi-zi«-Lauten endet mit einem tieferen Triller. Vorkommen: Im Tiefland ganzjährig ziemlich häufig. Vor allem in Laub- und Mischwäldern. Stand- und Strichvogel. Lebensweise: Klettert akrobatisch im Gezweig, manchmal kopfüber. Außerhalb der Brutzeit häufig in Trupps. Nest in verschiedenen natürlichen Höhlen und Löchern, gerne auch in Nistkästen. Legezeit ab Mitte April; in der Regel nur 1 Jahresbrut. Die 7–14 weißen Eier sind rötlich getupft. Das ♀ brütet 12–16 Tage und wird dabei vom ♂ versorgt. Beide Partner füttern die Jungen 15–20 Tage lang im Nest. Nahrung: Insekten, Kleintiere, Sämereien, im Winter auch Fett.

Kohlmeise *Parus major*
Kennzeichen: Körper 13–15 cm. Weiße Wangen am schwarzen Kopf, Nacken grünlichgelb, Unterseite gelb mit schwarzem Mittelstrich. Stimme: Alarmruf »terr terr«, sonst sehr unterschiedlich, z. B. »pink« wie der Buchfink oder »zidä«. Lied typisches »Läuten«: »zizibäh« oder »züdizizi« im Frühjahr. Vorkommen: Häufigste Meisenart. Lebt in Gärten, Parks, Laub- und Mischwäldern. Nistet in Baumhöhlen und Nistkästen. Stand- und Strichvogel. Lebensweise: Baut ein recht ordentliches Nest. Die Eiablage beginnt Anfang April; meist nur 1 Brut. 5–12 weißliche Eier mit feiner bis kräftiger hellbrauner Sprenkelung. Das ♀ brütet 10–14 Tage und wird dabei vom ♂ versorgt; die Jungen werden von den Eltern 15–22 Tage im Nest gefüttert. Lebenserwartung: Bis zu 15 Jahre. Nahrung: Insekten, Kleintiere, Sämereien, im Winter auch Fett.

mitteleuropäische Form
Schwanzmeise
skandinavische Form
Blaumeise
Kohlmeise

Sumpfmeise *Parus palustris*
Kennzeichen: Körper 11–13 cm. Kopfkappe bis in den Nacken und kleiner Kehlfleck schwarz (vgl. Weidenmeise). Stimme: Rufe »pistjä« oder »zi-dä-dä«; rascher, klappernder Gesang »zjezjezje . . .«. Vorkommen: Verbreiteter Brutvogel im Tiefland oder in Gebirgstälern. Lebt in Parks, Gärten oder Laubwäldern, geht im Winter an Futterplätze. Lebensweise: Höhlenbrüter, Legezeit April/Mai; 1 Brut. 7–9 helle Eier mit rötlichen Tupfen. ♀ brütet 13–17 Tage. Die Jungen werden 16–21 Tage von den Eltern im Nest gefüttert. Nahrung: Kleintiere, Insekten, im Winter Beeren und Sämereien.

Weidenmeise *Parus montanus*
Kennzeichen: Körper 12–13 cm. Sehr ähnlich der Sumpfmeise, aber schwarzer Latz größer, Flanken beigebraun. Stimme: Lockruf ähnlich Kohlmeise »zi zi däh däh«; Gesang schwermütig »ziüh ziüh ziüh . . .« oder (in den Alpen) »zieh zieh zieh . . .«, außerdem schwätzendes Lied mit trillerndem Schluss. Vorkommen: Bewohnt Unterwuchsreiche, feuchte Laub- und Mischwälder, in den Alpen auch Nadelwälder bis zur Waldgrenze. Lebensweise: Hackt Bruthöhle meist in morsche, dünne Laubholzstämme. Brutbiologie und Nahrung wie Sumpfmeise.

Haubenmeise *Parus cristatus*
Kennzeichen: Körper 10–12 cm. Charakteristisch ist die spitze Haube. Stimme: Typischer Ruf »gürrr« oder »zi-gürr«, im Lied werden diese Elemente aneinander gereiht. Vorkommen: Verbreiteter, aber nirgends häufiger Brutvogel, in Nadelwäldern bis zur Baumgrenze. Kommt nur selten in Gärten oder Parks vor. Lebensweise: Hält sich nur auf Nadelbäumen auf; nicht so gesellig wie andere Meisenarten. Nest in Höhlen oder Spalten von Bäumen, die sich die Vögel im morschen Holz selbst erweitern, auch in künstlichen Nistkästen. Legezeit ist Mitte März; 1–2 Bruten. Die 7–10 weißen Eier sind fein rötlich gezeichnet. Das ♀ brütet 15–18 Tage. Die Jungvögel werden 18–21 Tage von den Eltern im Nest versorgt. Nahrung: Insekten, Kleintiere, Sämereien.

Tannenmeise *Parus ater*
Kennzeichen: Körper 10–11 cm. Kleinste Meise; schwarz an Oberkopf und Kehle, weiße Wangen und quadratischer Fleck im Nacken. Stimme: Erinnert an Kohlmeise, aber feiner »tsi« oder »tsiu«. Gesang wetzend »wize-wize-wize« in wechselnder Tonhöhe. Vorkommen: Verbreitet bis zur Waldgrenze. Lebt in Nadelwäldern; in Laubbäumen nur außerhalb der Brutzeit. Auch in einzelnen großen Gartenfichten. Lebensweise: Gesellig, auch in gemischten Meisenschwärmen. Ein gewandter Kletterer. Nistet in Baumhöhlen, Boden- oder Felslöchern und Nistkästen. Legezeit ist April bis Juli; 1–2 Bruten jährlich. 7–11 weiße Eier, zart rot gesprenkelt. Das ♀ brütet 14–18 Tage; die Jungvögel werden von den Eltern 18–20 Tage im Nest versorgt. Nahrung: Insekten, Sämereien.

Sumpfmeise

Weidenmeise

Haubenmeise

Tannenmeise

Kleiber *Sitta europaea*
Kennzeichen: Körper 12–14 cm. Flache, kurzbeinige Gestalt mit kurzem Schwanz und spitzem kräftigem Schnabel. Der Kopf geht ohne Halsansatz in den Körper über. Oberseite blaugrau, Kehle weiß, Flanken rostbraun. Stimme: Ruft langsam »twit twit ...« oder »sit«, auch laut pfeifend »tuiih«. Gesang weit vernehmbar, laut trillernd »qui-qui-qui ...« oder pfeifend »tiu tiu tiu«. Vorkommen: Kleiber leben auf großen Bäumen in Laub- und Mischwäldern sowie in Gärten oder Parks; im Winter auch an Futterstellen zu beobachten. Lebensweise: Klettert an Stämmen und Ästen, auch mit nach unten gerichtetem Kopf, kann sich selbst an der Unterseite waagerechter Äste bewegen. Beim Klettern wird der Schwanz nicht als Stütze verwendet. Flug meist nur von Baum zu Baum. Nicht sehr gesellig, häufig paarweise. Er verklebt (Name!) das Schlupfloch zu seiner Höhle mit Lehm, bis es die geeignete Größe hat. Als Höhlenbrüter in Baum- oder Mauerhöhlen, auch in Spechtlöchern und Nistkästen. Als Nistmaterial werden Rindenstückchen (Spiegelrinde der Kiefer) verwendet. Eiablage ab April; 1 Jahresbrut. 6–8 weiße Eier, rötlichbraun gefleckt. Das ♀ brütet 14–18 Tage; die Eltern versorgen die Jungen 23–25 Tage im Nest. Nahrung: Insekten, Kleintiere und Sämereien.

Gartenbaumläufer
Certhia brachydactyla
Kennzeichen: Körper 12–13 cm. Brauner, zierlicher Kletterer mit dünnem, gebogenem Schnabel und länglichem Stützschwanz. Vom sehr ähnlichen Waldbaumläufer *(C. familiaris)* nur durch die Lautäußerungen zu unterscheiden. Stimme: Laut und kräftig »tit«, auch wiederholt zu hören, oder ein hohes »srieh«. Kurzes, rhythmisches Lied »tit tit titteroittit« kraftvoll vorgetragen, lauter als beim Waldbaumläufer. Vorkommen: Verbreitet, bevorzugt in tieferen Lagen. Man findet ihn meist in Gärten, Parks oder lichten Laubwäldern, seltener in Nadelwäldern. Häufig auf Bäumen mit tief gefurchter Rinde, z. B. Eiche, Esche oder Ulme. Lebensweise: Das Nest wird in Baumspalten hinter Rinde versteckt, manchmal auch in Mauerspalten. Es werden auch Spezialnistkästen mit schlitzförmigem seitlichen Eingang bezogen. Eiablage ab Mitte April; in der Regel nur 1 Jahresbrut. 6–7 weiße Eier, braun-rot gefleckt. Das ♀ brütet 15–17 Tage; die Nestlinge werden dann von den Eltern noch 15–17 Tage lang gefüttert. Nahrung: Insekten, Spinnen, im Winter auch Samen.

Mauerläufer *Tichodroma muraria*
Kennzeichen: Körper 15–17 cm. Oberseite grau, Kehle beim ♀ und im Schlichtkleid weiß, beim ♂ im Prachtkleid fast schwarz, Schwanz schwarz mit weißer Endbinde. Das Rot im Flügel ist besonders auffallend bei gespreizten Flügeln. Stimme: Ziemlich schweigsam. Ruf ein pfeifendes »tieh«; Gesang besteht aus ansteigenden und abfallenden Pfeiflauten »rruuüh ziiüu«. Vorkommen: In Mitteleuropa nur in den Alpen, in Südeuropa verbreiteter. Bevorzugt steile Felswände mit leichtem Bewuchs und Wasser in der Nähe, meist zwischen 1000 und 3000 m, im Winter auch tiefer. Lebensweise: Balz und Paarbildung nach Ankunft am Brutplatz im April/Mai. Nest in Felsspalten. 3–5 Eier auf weißem Grund fein rotbraun oder rostrot gefleckt. Brutdauer 18–20 Tage, Nestlingszeit 28–30 Tage. Nahrung: Insekten und Spinnen.

Kleiber

Gartenbaumläufer

Mauerläufer

Neuntöter *Lanius collurio*
Kennzeichen: Körper 16–18 cm. Kopfzeichnung des ♂ gleicht der des Raubwürgers; unverkennbar ist das Rotbraun auf Rücken und Oberflügeln, das beim ♀ fahler ist. Die weißliche Unterseite des ♀ ist mit dunklen Halbmonden gezeichnet, die des ♂ rosaweiß. Stimme: Ruf ein raues »gäck« oder »trret«. Gesang leise, aber abwechslungsreich, teils kratzend und gepresst, teils wohlklingend und zwitschernd. Imitiert gerne andere Gesänge. Vorkommen: Verbreitet, aber nirgends häufig. Lebensraum sind Wiesen und Felder mit Büschen und Hecken. Bevorzugt etwas verwilderte, trocken-sonnige Hänge mit Dornbüschen, auch Moor- und Heideflächen. Zugvogel, von Mai bis Sept. Lebensweise: Häufig auf höher gelegenen Sitzwarten; bei Erregung drehen die Vögel den Schwanz hin und her. Das Nest wird 1–3 m hoch in Büschen oder Bäumen errichtet. Zwischen Mai und Juni werden die 5–6 sehr variabel gefärbten Eier ablegt. Das ♀ brütet 14–16 Tage. Nach 12–16 Tagen fliegen die Jungen aus, werden aber noch 3–4 Wochen von beiden Eltern gefüttert. Nahrung: Große Insekten, manchmal Reptilien und auch junge Vögel.

Raubwürger *Lanius excubitor*
Kennzeichen: Körper 22–26 cm. Ein recht auffälliger weiß-grau-schwarzer Vogel, der meist offen und aufrecht auf Büschen, Einzelbäumen, Pfosten oder Drähten sitzt. Beide Geschlechter sind gleich gefärbt. Stimme: Bei Störung meist zwei- bis dreisilbig hart »wäd-wäd«; singt selten und leise schwätzend. Vorkommen: Bevorzugt offene Landschaften mit lockeren Baum- und Buschgruppen; auch in großen Obstgärten und lichten Wäldern. Lebensweise: Fliegt bogenförmig und rüttelt manchmal. Das solide Nest wird auf Bäumen und Sträuchern gebaut. 1 Brut. Im April/Mai werden die 5–7 meist mit Punkten und Klecksen stark gezeichneten Eier gelegt und vor allem vom ♀ 15 Tage bebrütet. Die Jungen verlassen mit 19–20 Tagen das Nest und sind nach etwa 35 Tagen selbstständig. Nahrung: Große Insekten und kleine Wirbeltiere. Manchmal wird die Beute auf Dornen aufgespießt.

Pirol *Oriolus oriolus*
Kennzeichen: Körper 22–25 cm. Das ♂ ist leuchtend gelb, Flügel schwarz mit gelbem Spiegel, Schwanz schwarz mit gelben Kanten am Ende; langer spitzer fleischfarbener Schnabel. ♀ oberseits gelblichgrün, unterseits hellgrau mit dunkler Strichelung. Stimme: Eichelhäherähnlich, etwas leiser, aber ziemlich krächzend »räh« oder spechtähnlich »jik jik«. Wohlklingender flötender Gesang, »düdlio«. Vorkommen: In Mitteleuropa überall im Tiefland, aber nie in großer Zahl. Brütet in Laubwäldern, bevorzugt in Auwäldern, ist aber ebenso in Parkgebieten mit alten Baumbeständen anzutreffen. Zugvogel, von Mai bis Anfang Sept. Lebensweise: Hält sich meist verborgen in hohen Laubbäumen auf, selten am Boden oder in Bodennähe. Einzelgänger oder höchstens in Familientrupps. Flug in langen Wellenlinien. Das napfförmige Nest wird hoch in Bäumen in eine waagrechte Astgabel eingeflochten. Die Legezeit beginnt im Mai; meistens nur 1 Jahresbrut. 3–4 weißliche bis rosarote Eier mit einigen kleinen dunklen Flecken. Meist brütet das ♀ 14–16 Tage alleine; beide Partner füttern die Jungen 14–17 Tage lang im Nest. Nahrung: Insekten, im Sommer auch Beeren und Früchte.

Neuntöter,
Männchen
Raubwürger
Pirol
Weibchen
Männchen

Star *Sturnus vulgaris*
Kennzeichen: Körper 19–22 cm. Altvögel im Frühjahr dunkel schimmernd (»Glanzstar«), Schnabel zitronengelb. Im Herbst durch helle Federspitzen überall weiße Flecken (»Perlstar«), die durch Abnutzung bis zum Frühjahr verschwinden. Jungvögel ziemlich einfarbig hellbraun. Stimme: Nasales »spreen« oder »wet wet«. Der schwätzende Gesang besteht aus quietschenden, knarrenden, schnalzenden und pfeifenden Lauten. Imitiert gerne andere Vogelstimmen oder Geräusche. Vorkommen: Im Kulturland verbreitet, fehlt in den höheren, kälteren Gebirgsregionen. Brütet an Waldrändern, in Feldgehölzen, Gärten und Parks, auch an Scheunen oder Häusern. Teilzieher, von Feb./März bis Nov. Lebensweise: Gesellige Vögel, die oft in riesigen Schwärmen zu sehen sind. Baut sein loses Nest in Baumhöhlen, Fels- oder Mauerlöcher, gern auch in Nistkästen. Zwischen April und Juli werden bei 1–2 Bruten jährlich 4–7 Eier gelegt; sie sind gleichmäßig blass grünlich bis hellblau. ♂ und ♀ brüten 13–15 Tage, die Jungen werden von beiden Eltern 18–22 Tage versorgt. Lebenserwartung: Bis über 20 Jahre. Nahrungssuche vorwiegend auf Äckern oder Wiesen mit kurzem Gras. Nahrung: Insekten, Insektenlarven, Würmer, Beeren, Früchte, Sämereien.

Elster *Pica pica*
Kennzeichen: Körper 40–50 cm (davon Schwanz 20–30 cm). Sehr auffällige schwarz-weiße Gefiederzeichnung. Aus der Nähe schöner Metallglanz im schwarzen Gefieder. Stimme: »Schackschackschack« hastig vorgetragen oder kurze nasale Laute wie »gäh« oder höher »kik«. Der Gesang ist ein leises gurgelndes Geschwätz mit Pfeiflauten. Vorkommen: Brutvogel im Tiefland, nicht in höheren Bergregionen, engen Bergtälern oder dichten Wäldern. Brütet in der offenen Kulturlandschaft, in Feldgehölzen oder an Waldrändern, seltener in Gärten. Wandert auch in menschliche Siedlungen ein. Lebensweise: Das überdachte Nest aus Zweigen ist innen mit feinen Wurzeln ausgelegt, oft mit Erde ausgestrichen, in Büschen oder Bäumen. Legezeit Anfang April; 1 Brut. 5–8 zartblaue oder grünliche Eier dicht olivbraun oder grau gesprenkelt. Das ♀ brütet 17–18 Tage, ♂ und ♀ füttern die Jungen 24–27 Tage lang im Nest. Lebenserwartung: Bis zu 15 Jahre, in Menschenobhut bis zu 28 Jahre. Nahrung: Überwiegend Insekten, Insektenlarven, Spinnen, Würmer, Nacktschnecken, plündert auch Nester von Kleinvögeln, Kleinsäuger, Aas, auch Abfälle, Beeren und Früchte.

Eichelhäher *Garrulus glandarius*
Kennzeichen: Körper 32–35 cm. Ein hübscher, rosabrauner Vogel mit ungewöhnlich blau-weißen Federn am Flügelbug. Stimme: Häufig hört man im Wald das laute und durchdringende »schräit«, mit dem die Vögel Störungen melden. Neben weiteren Rufen ein mäusebussardähnliches Miauen. Der leise, schwätzende Gesang ist sehr fantasievoll und enthält auch vielerlei Imitationen. Vorkommen: Weit verbreitet in Wäldern des Tieflands und des Gebirges. Außerhalb der Brutzeit auch im offenen Gelände, in Parks und Gärten, oft in größeren Trupps. Lebensweise: Das Nest ist ein ziemlich kleiner, flacher Bau mit einer sorgfältig geglätteten Mulde. Mit dem Legen wird meist Ende April/Anfang Mai begonnen; 1 Brut. Die 5–6 blass blaugrünen oder olivbraunen Eier sind bräunlich gemustert. Das Gelege wird von beiden Partnern 16–17 Tage bebrütet; die Jungen verlassen mit 19–20 Tagen das Nest. Lebenserwartung: Etwa 17 Jahre. Nahrung: Samen und Früchte, größere Insekten, Eier und Jungvögel.

Eichelhäher

Star

Elster

Tannenhäher *Nucifraga caryocatactes*
Kennzeichen: Körper 32–35 cm. Das braune Federkleid ist dicht weiß gefleckt, Flügel und Schwanz sind schwarz; langer spitzer Schnabel. Stimme: Eichelhäherähnlich, aber nicht so kreischend, heiser »krrää«, oft in langen Folgen. Ruhiger, schwätzender Gesang. Vorkommen: Brutvogel in bewaldeten Mittelgebirgen und in der Alpenregion. Brütet in Nadel- und Mischwäldern. Im Herbst regelmäßig in Gärten und Bergtälern. Lebensweise: Das Nest befindet sich hoch in einem Nadelbaum, meist in Nähe des Stammes. 1 Jahresbrut ab Ende März. 3–5 weißliche bis grünlichblaue Eier mit zarter grauer oder olivbrauner Zeichnung. Das ♀ brütet 17–19 Tage, die Jungvögel werden 23–25 Tage im Nest gefüttert, halten sich dann aber noch mehrere Wochen bei den Eltern auf. Lebenserwartung: Bis zu 15 Jahre. Nahrung: Im Sommer Insekten, Insektenlarven, Kleintiere; sonst Hasel- und Walnüsse, Bucheckern, Sämereien von Koniferen, auch Früchte und Beeren.

Alpendohle *Pyrrhocorax graculus*
Kennzeichen: Körper 36–39 cm. Ein schwarzer Vogel mit roten Füßen und gelbem Schnabel. Jungvögel haben dunkle Beine und graue Schnäbel. Stimme: Weithin hörbare »tschirr«- oder »dschri«-Rufe sowie abfallende »pijäh«-Pfiffe. Gesang ein leises Schwätzen. Vorkommen: In den Alpen oberhalb der Baumgrenze stellenweise recht häufig. Im Winter suchen die Vögel meist in den Ortschaften der Täler nach Futter. Lebensweise: Alpendohlen sind hervorragende Flieger und Segler. Sie haben sich sehr an den Bergtourismus und dessen Nahrungsangebot gewöhnt, sind an den meisten Gipfeln sehr zahm und brüten meist kolonieweise in Felswänden und Geröllhalden. Das Nest ist oft tief in Felsspalten versteckt. 1 Jahresbrut ab April/Mai. Die 4–5 Eier sind auf weißlichem Grund mit dunkleren Punkten und Flecken gezeichnet. Nur das ♀ brütet 17–21 Tage. Die Jungen bleiben mindestens 30 Tage im Nest und werden auch nach dem Ausfliegen noch einige Zeit gefüttert. Lebenserwartung: Bis über 16 Jahre. Nahrung: Von Insekten bis zu weichen Früchten, neuerdings vor allem Abfälle von Berghütten und Brotbrocken von Touristen.

Dohle *Corvus monedula*
Kennzeichen: Körper 30–34 cm. Kleiner als Krähe (siehe S. 146), von der sie sich durch grauen Hinterkopf und Nacken unterscheidet; hellgraue Iris. Stimme: Sehr typischer Ruf »kjok« und »kjaa«, etwas nasal schnarrend. Gesang leise schwätzend. Vorkommen: Im Tiefland weit verbreitet, fehlt im Gebirge. Nahrungssuche vor allem auf Wiesen und Äckern, auch Müllhalden. Brutplätze sind einerseits Türme, Schornsteine und Felswände, andererseits Baumhöhlen (auch Nistkästen) in Wäldern (Stadt- und Wald-Dohlen). Vor allem letztere sind stark zurückgegangen. Lebensweise: Ausgesprochen soziale Vögel, die fast nie allein anzutreffen sind. Oft auch mit Krähen in gemischten Schwärmen. Brütet gerne in Kolonien. 1 Jahresbrut ab Mitte April. Die meist 5 Eier tragen auf hellblauem Grund dunkle Kleckse und Punkte. Das Gelege wird vom ersten Ei an 17–18 Tage hauptsächlich vom ♀ bebrütet, das vom ♂ gefüttert wird. Die Jungen werden von beiden Eltern 28–32 Tage im Nest betreut und sind erst einige Tage später voll flugfähig. Lebenserwartung: Bis über 18 Jahre. Nahrung: Sehr vielseitig.

Tannenhäher

Alpendohle

Dohle

Rabenkrähe *Corvus corone*
Kennzeichen: Körper 44–51 cm. Unterschiede zur Saatkrähe siehe unten. Stimme: Bekanntes heiseres »kräh« oder »krah«. Gesang leise schwätzend und mit vielen Geräuschimitationen. Vorkommen: Häufiger Brutvogel des Tieflandes und der Mittelgebirge. Bewohnt offene Kulturlandschaften, auch in Städten. Östlich der Elbe wird die Rabenkrähe durch die am Leib graue Nebelkrähe *(Corvus cornix)* ersetzt. Früher wurden beide Arten als zwei verschiedene Rassen der Sammelart Aaskrähe angesehen. Lebensweise: Wie alle Rabenvögel sehr lernfähig, konnte sich daher trotz teilweise starker Verfolgung gut durchsetzen. Gemeinsame Schlafplätze werden oft aus weiter Umgebung angeflogen. Brüten meist erst ab dem 4. Lebensjahr und bilden vorher auch zur Brutzeit Schwärme nichtbrütender Vögel; diese schmälern den Brutpaaren nicht nur das Nahrungsangebot, sondern rauben bei Gelegenheit sogar deren Eier und Junge; dadurch reguliert sich die Art selbst. Nest meist hoch in frei stehenden Bäumen. 1 Brut ab Ende März/Anfang April. Die meist 5 Eier sind auf blaugrünem Grund unterschiedlich stark gezeichnet. Nur das ♀ brütet 18–20 Tage und wird dabei vom ♂ gefüttert. Die Jungen werden von beiden Eltern versorgt und verlassen mit 4–5 Wochen das Nest. Lebenserwartung: Etwa 19 Jahre. Nahrung: Vielseitig.

Saatkrähe *Corvus frugilegus*
Kennzeichen: Körper 41–49 cm. Von der Rabenkrähe durch mehr dolchförmigen Schnabel, helle Schnabelwurzel (= nackte Haut), glänzenderes und an den Beinen struppiges Gefieder (»Hosen«) unterschieden. Stimme: Rufe tiefer und rauer als Rabenkrähe; außerdem hellere, an Dohlen erinnernde Rufe. Gesang leise schwätzend. Vorkommen: Offene Kulturlandschaften, brütet auch in Städten, winters auch in Stadtparks und auf Müllkippen. Lebensweise: Saatkrähen leben noch stärker sozial als Rabenkrähen und bilden nicht nur Winter- und Nichtbrüter-Schwärme, sondern auch Brutkolonien. Die großen Reisignester werden oft dicht beisammen im Geäst großer Bäume mit Rundblick errichtet und oft wiederholt benutzt. Brutbiologie wie Rabenkrähe. Lebenserwartung: Etwa 20 Jahre. Nahrung: Vielseitig, vor allem Bodentiere von Äckern und Wiesen, auch Getreide.

Kolkrabe *Corvus corax*
Kennzeichen: Körper 54–76 cm, Spannweite 115–130 cm. Von den Krähen unterscheidet ihn weniger seine Größe (die ohne Vergleich schwer feststellbar ist) als der viel klobigere Schnabel und der keilförmige Schwanz, beides auch im Flug gut erkennbar. Ein wichtiges Unterscheidungsmerkmal ist zudem die Stimme. Stimme: Ruf (auch im Flug) ein tiefes, gutturales »grok«; daneben auch verschiedene höhere Laute. Der Gesang ist ein leises, gurgelndes Geschwätz. Vorkommen: In Mitteleuropa nur im Alpenbereich und an der Küste. Brütet in geschlossenen Wäldern, braucht aber zur Nahrungssuche die offene Landschaft. Lebensweise: Der stattliche Horst wird in Felswänden oder hohen Bäumen errichtet. 1 Jahresbrut ab März. Die 4–6 Eier sind auf bläulich-grünlichem Grund verschiedenfarbig gefleckt und bekritzelt. Das ♀ brütet allein 20–21 Tage lang und wird während dieser Zeit vom ♂ versorgt. Die Jungen werden von beiden Eltern gefüttert und verlassen im Alter von 5–6 Wochen das Nest. Lebenserwartung: Etwa 20 Jahre, in Menschenobhut bis 69 Jahre. Nahrung: Allesfresser, besonders Aas und Abfälle.

Rabenkrähe

Saatkrähe

Kolkrabe

Haussperling *Passer domesticus*
Kennzeichen: Körper 14–16 cm. ♂ mit grauem Oberkopf und Bürzel (Hinterrücken), Bauch und Wangen weißlich; ♀ in verschiedenen Brauntönen (vgl. Feldsperling). Stimme: Typisches Schilpen »dschuip«. Gesang eine Folge von »tschilp«-Elementen. Vorkommen: In Siedlungen. Lebensweise: Das oft sehr umfangreiche Nest wird unter Dachziegeln, in Gebäudespalten, an Mauern mit Kletterpflanzen errichtet. 1–3 Bruten pro Jahr von April bis Aug. 4–6 beigefarbene Eier mit unterschiedlich dichter graubrauner Zeichnung. ♂ und ♀ brüten 11–13 Tage und füttern die Jungvögel 13–16 Tage im Nest. Lebenserwartung: 12–14 Jahre, in Menschenobhut bis zu 23 Jahre. Nahrung: Sämereien, Triebe und Früchte, im Sommer auch Insekten und Insektenlarven.

Feldsperling *Passer montanus*
Kennzeichen: Körper 12–14 cm. Beide Geschlechter gleich. Charakteristisch sind der schwarze Fleck auf der weißen Wange sowie ein fast durchgehendes weißes Halsband. Oberkopf, Nacken und Bürzel sind hellbraun (nie grau wie beim Haussperling). Stimme: Metallisch oder weich klingendes »tschick« oder hell »zwit«, Flugruf »tek tek tek«. Gesang ein rhythmisches Tschilpen »tsche-tsche« oder weicher »tschja«. Vorkommen: Bevorzugt im Gegensatz zum Haussperling das Land entfernt von menschlichen Siedlungen, selten auch in Städten. Als Brutplatz dienen Hecken, Feldgehölze, Waldränder und Obstgärten. Lebensweise: Nistet in Löchern aller Art. 2–3 Jahresbruten ab April. 4–6 Eier mit dichter dunkler Zeichnung auf hellem Grund. ♂ und ♀ brüten 11–14 Tage, beide Altvögel versorgen die Jungen weitere 13–15 Tage im Nest. Nahrung: Sämereien, Triebe, kleine Früchte sowie Insekten und Kleintiere.

Buchfink *Fringilla coelebs*
Kennzeichen: Körper 14–16 cm. ♂ graublau an Oberkopf, Nacken und Halsseiten; grünlicher Bürzel, kastanienbrauner Rücken. ♀ oberseits unauffällig olivgrau, unterseits etwas heller. Im Flug auffallend: weißer Schulterfleck und weiße Flügelbinde. Stimme: Häufigster Ruf kurz »pink«, im Flug ein kurzes »djüb«, »Regenruf« rau einsilbig »wrüt« oder »huit«. Gesang schmetternd vorgetragene abfallende Strophe mit Endschnörkel »zizizizi teroiti«. Vorkommen: Unsere wohl häufigste Vogelart, kommt überall vor. Lebensweise: Nest meist hoch in den Astgabeln der Bäume. 1(–2) Jahresbruten ab April. Die 4–5 Eier sind auf hell bläulichem Grund dicht rosa gewölkt und gefleckt und mit braunen Zeichen besetzt. Das ♀ brütet 12–14 Tage alleine, die Jungvögel werden 12–15 Tage von den Eltern im Nest gefüttert. Lebenserwartung: 11–13 Jahre, in Menschenobhut bis zu 29 Jahre. Nahrung: Während der Brutzeit vor allem Insekten und Spinnen, sonst Sämereien und Früchte von Bodenpflanzen, auch Beeren.

Bergfink *Fringilla montifringilla*
Kennzeichen: Körper 14–16 cm. Bei uns meist nur im Schlichtkleid: Brust und Kehle orange, ♂ später mit schwarzem Kopf; Hinterrücken weiß. Stimme: Typischer Ruf quäkend »tä-häp«, ziehende Trupps »jäck«, in Erregung »slitt, slitt, slitt ...«. Vorkommen: Brutvogel Nordeuropas, bei uns in stark schwankenden Zahlen im Winter, manchmal in riesigen Schwärmen. Bevorzugt Wälder, Felder, Ortschaften (auch am Futterhaus). Lebensweise: Besonders in Jahren, in denen Buchen reichlich Samen produziert haben, können Bergfinken zu Tausenden und Zehntausenden auftreten. Nahrung: Im Sommer Insekten, sonst Sämereien.

Haussperling

Männchen

Feldsperling

Bergfink, Männchen im Schlichtkleid

Buchfink

Männchen

Weibchen

Grünfink, Grünling *Carduelis chloris*
Kennzeichen: Körper 14–16 cm. ♂ auffallend grünlich gefärbt, an Schwanz und Flügeln leuchtend gelb. ♀ unscheinbarer. Stimme: Trillernder Flugruf »gigigig« oder in der Tonhöhe ansteigend »tui«, »tsuiht«. Der helle trillernde Gesang mit eingeschobenem »dejäieh« oder »tschoih« endet oft mit »schwoänsch«. Vorkommen: Vom Tiefland bis in die Gebirgstäler verbreitet. Brütet in nicht zu dichten Wäldern, oft am Waldrand, auch in Parkanlagen oder Gärten. Lebensweise: Nest wird in Bäumen, Büschen oder Kletterpflanzen gebaut. 2–3 Bruten von April bis Aug. 4–6 weiße Eier mit zart brauner Sprenkelung. Brutdauer 12–15 Tage; Nestlingszeit 14–17 Tage. Lebenserwartung: 11–12 Jahre. Nahrung: Zur Brutzeit Insekten, sonst Beeren, Knospen und Sämereien.

Girlitz *Serinus serinus*
Kennzeichen: Körper 11–12 cm. Leuchtend gelb an Kopf, Kehle, Brust, Bürzel und Überaugenstreif. Stimme: Kurzes hohes Trillern, ruft im Flug »girrlit«, Alarmruf »dschäi«. Hoher zwitschernder bis quietschender Gesang mit langen schnellen Strophen. Vorkommen: Nirgends in großer Zahl. Bewohnt offene Kulturlandschaften, Parkanlagen, Gärten. Zugvogel (März bis Okt.). Lebensweise: Nest in Büschen, Bäumen oder Kletterpflanzen. Meist 2 Bruten ab April. 3–5 Eier zartgrün bis bläulich mit rötlichen Flecken. Brutdauer 12–14 Tage, Nestlingszeit 14–16 Tage. Nahrung: Sämereien, im Sommer auch Insekten.

Erlenzeisig *Carduelis spinus*
Kennzeichen: Körper 11–12 cm. Ein grün-gelb-schwarzer Vogel mit gegabeltem Schwanz. Stimme: Schnell »djet-djet-djet« oder länger »diäh«. Singt hastig zwitschernd mit langer nasaler Dehnung zum Schluss. Vorkommen: Brutvogel in älteren Nadelwäldern des Mittel- und Hochgebirges; außerhalb der Brutzeit meist auf Birken und Erlen. Auch an Futterplätzen zu beobachten. Lebensweise: Tritt meist in größeren Schwärmen auf; singt auch im Schwarm. Nest meist in hohen Fichten. Legezeit März/April; 1–2 Bruten. 4–6 hellblaue Eier mit feinen rötlichen und violetten Tupfen. ♀ brütet 12–14 Tage, beide Altvögel versorgen die Jungen 13–15 Tage im Nest und auch noch kurze Zeit nach dem Ausfliegen. Nahrung: Sämereien, Insekten.

Stieglitz, Distelfink
Carduelis carduelis
Kennzeichen: Körper 12–13 cm. Kopf schwarz-weiß, Gesicht rot, viel Gelb im Flügel. Stimme: Rufe »tiglitt«, scharf »zizi« oder »tschrr«. Zwitschernder heller Gesang mit Trillern und Schnörkeln. Vorkommen: In offenen Landschaften, Gärten oder Heckenlandschaften und Parks mit lichtem Baumbestand. Lebensweise: Turnt oft an Disteln herum. Häufig in kleinen Trupps. Eiablage ab Anfang Mai; 1–2 Bruten. 4–6 Eier auf weißem Grund rot gezeichnet. Brutdauer 12–14 Tage; die Jungen werden 14–15 Tage im Nest versorgt und noch 1 Woche außerhalb. Nahrung: Sämereien, während der Brutzeit auch Insekten.

Grünfink, Grünling

Girlitz

Erlenzeisig

Stieglitz, Distelfink

Fichtenkreuzschnabel

Loxia curvirostra

Kennzeichen: Körper 15–17 cm. ♂ insgesamt bräunlichrot mit leuchtend rotem Bürzel; ♀ gelblicholivgrün mit gelbem Bürzel. Häufig in Trupps. Dicker Schnabel, Spitzen überkreuzt. Stimme: Hart »gip-gip-gip« im Flug. Leise schwätzender Gesang. Vorkommen: In Nadelwäldern unregelmäßig verbreitet bis zur Baumgrenze der Alpen. Lebensweise: Nest hoch in Nadelbäumen. Hauptlegezeit März/April, Bruten sind aber zu jeder Jahreszeit möglich und hängen vom Zapfenangebot ab; 1 Brut im Jahr. 2–4 weißbläuliche Eier, braun bis lila gefleckt. Brutdauer 13–16 Tage; die Jungen verlassen das Nest mit 14–22 Tagen, sind aber weitere 3–4 Wochen von den Eltern abhängig. Nahrung: Im Sommer Insekten, sonst Samen von Nadelbäumen, die aus den Zapfen gestemmt werden.

Kernbeißer

Coccothraustes coccothraustes

Kennzeichen: Körper 16–18 cm. Schön gefärbter Vogel mit mächtigem Schnabel. Im Flug je 2 große weiße Flügelfelder. Stimme: Scharf und durchdringend »ziks«, etwas gedehnter »zieh« oder »ziek«, auch »tsicks tsik-sit«. Starenartig schwätzender Gesang. Vorkommen: Nicht häufiger Brutvogel des Tieflandes. Bevorzugt alte, unterholzreiche Laubwaldbestände, auch Parks, Gärten und Obstanlagen. Lebensweise: 1 Jahresbrut ab Ende April/Anfang Mai. 4–6 Eier bräunlichgrau mit zarter braunschwarzer Zeichnung. Das ♀ brütet 12–14 Tage, die Jungen werden von den Eltern 10–14 Tage lang im Nest versorgt. Nahrung: Steinobstkerne (v.a. Kirschkerne), Sämereien, Trockenfrüchte und Knospen, im Sommer auch Insekten.

Gimpel, Dompfaff *Pyrrhula pyrrhula*

Kennzeichen: Körper 15–17 cm. ♂ mit leuchtend roter Brust, beide Geschlechter mit schwarzer Kopfkappe; ♀ mit bräunlichgrauer Unterseite. Bürzel und Flügelbinde weiß. Stimme: Weiches kurzes Pfeifen »diüh«. Variantenreicher, leise schwätzender Gesang. Vorkommen: Vom Tiefland bis in die Bergwälder verbreiteter, aber nicht häufiger Brutvogel. Brutplatz sind Nadelholz- oder Buschdickichte in Wäldern, Parks und Gärten. Lebensweise: Zur Brutzeit besonders heimlich und daher leicht zu übersehen; sonst eher auffällig. Nest gut geschützt in jungen Nadelbäumen oder dichtem Gebüsch. Von Mai bis August meist 2 Jahresbruten. Die 4–5 hellblauen Eier sind mit dunkelvioletten bis schwarzen Kritzeln und Punkten bedeckt. Das ♀ brütet 12–14 Tage. Die Eltern füttern die Jungvögel 14–18 Tage im Nest. Lebenserwartung: Bis über 17 Jahre. Nahrung: Sämereien, im Frühjahr oft Knospen, auch von Obstbäumen, zur Brutzeit auch Insekten.

Fichtenkreuzschnabel,
Männchen

Kernbeißer

Gimpel, Dompfaff

Weibchen

Männchen

Karmingimpel *Crapodacus erythrinus*
Kennzeichen: Körper 13–15 cm. Alte ♂ mit scharlachrotem Kopf, Brust und Bürzel. ♀ und vorjährige ♂ olivgrau mit dunkler Strichelung auf Brust und Rücken und dunklerem Großgefieder. Stimme: Ruf ansteigender, weicher Pfiff. Gesang eine weithin hörbare kurze, rhythmisch betonte Strophe aus 3–5 Silben. Vorkommen: Zuwanderer aus Osteuropa, erst seit den 1980er-Jahren Brutvogel in Deutschland. Bewohnt buschreiches, feuchtes Gelände, Parks, buschreiche Waldlichtungen. Zugvogel, von Mai bis Sept., überwintert in Indien. Lebensweise: Singende ♂ (auch graue) sitzen gerne auf Busch- und Baumwipfeln. Nest meist niedrig in Laubbüschen oder Jungfichten. Gelege aus 4–6 blaugrünen Eiern mit spärlicher brauner Zeichnung. Brutdauer 11–13 Tage; die Jungen werden 10–14 Tage im Nest gefüttert. Kurz nach dem Ausfliegen verlassen die Paare die Brutreviere. Nahrung: Sämereien und Knospen; auch Junge bekommen nur wenig tierische Nahrung.

Ortolan *Emberiza hortulana*
Kennzeichen: Körper 15–16 cm. ♂ mit grüngrauem Kopf, gelbem Bart und Latz und orangebrauner Unterseite bei uns kaum zu verwechseln; auf dem Rücken kräftig gezeichnet. ♀ matter gefärbt. Stimme: Ruf metallisch mit kurzem Nachschlag »sli-e« und klickend »tju«; Gesang klare klingende Strophe aus gereihten Silben. Vorkommen: Offene Landschaften im warmen, meist sandigen Tiefland mit Laubbäumen und Büschen. Recht selten geworden. Zugvogel, von Mai bis Aug. Lebensweise: Gesang von erhöhten Warten. Nest am Boden (z. B. in Getreide), 4–5 graue bis rosa Eier mit spärlicher Zeichnung. Brutdauer und Nestlingszeit je 10–12 Tage. Nahrung: Raupen, Käfer, Samen.

Birkenzeisig *Carduelis flammea*
Kennzeichen: Körper 11–14 cm. Kleiner als Sperling. Käppchen auffallend rot, Brust rosa, Schnabel gelb. Im Gegensatz zum ähnlich gefärbten Hänfling schwarzer Kinnlatz. Meist gesellig. Stimme: Charakteristischer Ruf im Flug »tschet-tschet-tschet«. Im Lied ähnliche Elemente sowie ein schwirrendes »tschrrr« (tonloser als Grünfink). Vorkommen: Ursprünglich nur Nordeuropa und Alpen. Heute auch an der Küste. Lebt in den Alpen in lichten Baumbeständen bis zur oberen Baumgrenze, im bewaldeten Mittelgebirge und in jüngster Zeit auch im Alpenvorland. Im Winter meist auf Erlen oder Birken. Teilzieher. Lebensweise: Nest hoch in Bäumen oder tief im Gebüsch. Meist 2 Bruten ab Mai. 4–6 hellblaue Eier rötlich oder bräunlich gefleckt. Das ♀ brütet 12–15 Tage, die Jungen werden von beiden Partnern 12–15 Tage im Nest versorgt. Nahrung: Samen und Insekten.

Bluthänfling *Carduelis cannabina*
Kennzeichen: Körper 12–14 cm. ♂ kann im Brutkleid mit Birkenzeisig verwechselt werden, hat aber keinen schwarzen Kinnlatz. ♀ unscheinbar braun, aber ähnliches Flugmuster. Stimme: Typischer Flugruf ein hartes kurzes »gegege«, außerdem weiche, nasale Rufe wie »glüj«. Leiser, abwechslungsreicher Gesang. Vorkommen: Nicht häufiger Brutvogel in buschreichen Landschaften, Heiden, Mooren, Gärten, Friedhöfen, Industrieanlagen, Dünen. Lebensweise: 1–2 Jahresbruten ab Ende März. 4–6 Eier auf hellbläulichem Grund fein blassrosa oder violett gefleckt. Brutdauer und Nestlingszeit je 12–14 Tage. Nahrung: Zur Brutzeit kleine Insekten und Spinnen, sonst Sämereien.

Karmingimpel, Männchen

Ortolan, Männchen

Bluthänfling, Männchen

Birkenzeisig

Goldammer *Emberiza citrinella*
Kennzeichen: Körper 15–17 cm. Kopf und Unterseite des ♂ sind leuchtend gelb mit Streifenzeichnung an Kopf und Flanken, zimtbrauner Bürzel. Federkleid des ♀ unscheinbar, gelblichgrün mit dunklerer Zeichnung. Stimme: Beim Abflug oft trillernde Laute; metallischer Ruf »ziß«, »tsr« oder »zick-zick«. Das Lied besteht aus einer gemütvollen, etwa 2 Sekunden dauernden Strophe, die aus 9–10 Anfangstönen (»zizizizi . . .«), einem kurzen höheren und einem langen tieferen Schlusston besteht: »zizizizi-dih-düüüh«. Vorkommen: Im Tiefland weit verbreitet, wenn auch seltener geworden durch Beseitigung von Hecken und Feldrainen. Lebt in buschreichem, offenem Gelände, auch an Waldrändern und in Schonungen. In der Winterzeit oft in gemischten Finken-Ammern-Trupps auf Äckern. Lebensweise: Nest gut versteckt in der Bodenvegetation oder knapp über dem Boden im Buschwerk. 2–3 Bruten pro Jahr, April bis Aug. 3–5 weiße Eier mit grau-violetter Musterung. Meist brütet das ♀ allein 12–14 Tage, das Elternpaar füttert 12–14 Tage lang; die Jungvögel verlassen das Nest vor Erreichen der Flugfähigkeit. Lebenserwartung: Bis zu 12 Jahre. Nahrung: Insekten, Sämereien, Knospen und andere Pflanzenteile.

Rohrammer *Emberiza schoeniclus*
Kennzeichen: Körper 13–15 cm. ♀ recht sperlingsähnlich, aber fast nur in Schilf-Weiden-Dickichten. Das am Kopf markant schwarz-weiß gezeichnete ♂ kann man oft singend auf einem Schilfhalm sehen. Stimme: Schilpender Ruf »tschink« oder hoch und gedehnt »zih«, auch »tschö«. Kurzes schwätzend-schilpendes Lied »zjj-ziz-zai-zississ«. Vorkommen: Recht häufiger Brutvogel im Röhricht, auf Feuchtwiesen, an Gräben oder im sumpfigen Gelände. Auf dem Zug trifft man Rohrammern auch auf Äckern. Teilzieher, von Feb./März bis Okt./Nov. Lebensweise: Nest auf dem Boden in Grasbüscheln oder unter Büschen. Eiablage von Mai bis Ende Juli; 2–3 Bruten im Jahr. 4–5 violette bis bräunliche Eier mit dichter schwarzer oder violetter Zeichnung. Brutdauer 12–14 Tage; die Jungvögel werden weitere 12–14 Tage lang gefüttert. Nahrung: Im Sommer Insekten, sonst Sämereien und Gras.

Grauammer *Emberiza calandra*
Kennzeichen: Körper 16–19 cm. Das bräunlichgraue Federkleid ist dunkler gestrichelt, die Unterseite ist etwas heller; kräftiger, gelblicher Schnabel. Stimme: Im Flug hart und oft gereiht »tick«. Klirrender, nicht sehr wohlklingender Gesang »bit bit bit . . . schnirrrps«, beginnt ähnlich wie Goldammer und endet mit dem »Rasseln eines Schlüsselbundes«. Vorkommen: Im Tiefland nur stellenweise und nirgends häufig. Lebt in buschreichen Feldfluren und extensiv genutzten Wiesen. Teilzieher, von März bis Okt. Lebensweise: Im Winter gesellig. Nest im Schutz der Vegetation meist direkt auf dem Boden. Legezeit von Mai bis August; 2–3 Bruten im Jahr. Die 4–6 Eier tragen eine braune oder schwarze Musterung auf weißem, hellgelbem oder bläulichem Grund. Das ♀ brütet 12–14 Tage alleine. Die Jungen bleiben 9–12 Tage im Nest, verlassen es bereits im halbflüggen Zustand und werden hauptsächlich vom ♀ gefüttert. (Die ♂ neigen zur Polygamie.) Nahrung: Insekten, Sämereien.

Goldammer,
Männchen

Rohrammer,
Männchen

Grauammer

Feuersalamander
Salamandra salamandra
Kennzeichen: Länge bis 20 cm. Obwohl die orange Zeichnung des schwarz glänzenden Feuersalamanders stark variiert, ist er unverkennbar. Die gelben, orangen oder rötlichen Markierungen können als Punkte, Flecken (Alpengebiet) oder als breite Streifen rechts und links der schwarzen Mittellinie ausgebildet sein; die großen Ohrdrüsen sind stets gelborange. Die Unterseite ist graufleckig oder gleichmäßig dunkel. Vorkommen: Lebensraum sind feuchte Stellen im hügeligen oder bergigen Waldland, in den Alpen über 800 m selten. Versteckt sich tagsüber meist unter Steinen oder Wurzeln. Lebensweise: Bewegt sich langsam und entfernt sich selten weit von seinem Versteck. Im Frühjahr oder Sommer findet die Paarung auf dem Land statt. Nach langer Trächtigkeit (Keimruhe) legen die ♀ meist erst im nächsten Frühjahr ihre 10–35 Eier mit entwickelten Larven im Wasser ab, wo die 3 cm langen Jungen bald danach schlüpfen. Sie sind auf gelbbraunem Grund schwarz gesprenkelt und besitzen kurze, reich verzweigte Kiemen sowie einen Kamm auf Hinterrücken und Schwanz. Nach 2–3 Monaten verlassen sie mit 5–6 cm das Wasser. Nahrung: Zunächst kleine Wassertiere, dann Schnecken, Würmer und Insekten.

Alpensalamander *Salamandra atra*
Kennzeichen: Länge 13–15 cm, Färbung ganz schwarz. Vorkommen: Bewohnt die Alpen und das südöstlich angrenzende Bergland; gewöhnlich in Höhen zwischen 800 und 2000 m, stellenweise recht häufig. Der Lebensraum überschneidet sich selten mit dem des Feuersalamanders. Tagsüber meist unter Steinen und Holz oder in Erdlöchern. Lebensweise: Winterruhe von Oktober bis März, in höheren Lagen länger. Paarung nach der Schneeschmelze. Da die ♀ nur 2 bereits lungenatmende Junge zur Welt bringen, ist die Art von Gewässern unabhängig. Nahrung: Würmer, Insekten(-larven) und Nacktschnecken.

Kamm-Molch *Triturus cristatus*
Kennzeichen: Unser größter und dunkelster Molch wird 14–18 cm lang. Im Hochzeitskleid im Frühjahr ist der gezackte Rückenkamm des ♂ deutlich vom Schwanzkamm getrennt; ♀ haben nur einen niedrigen Schwanzkamm. Im Gegensatz zu anderen Wassermolchen ist die Kopfunterseite meist dunkel, der Bauch gelb bis orange mit schwarzen Tupfen. Vorkommen: Krautreiche stehende und träge fließende Gewässer werden nicht nur zur Paarungszeit aufgesucht; sonst bevorzugt in Gehölzen unter Steinen und Wurzeln. Lebensweise: Im Wasser überwiegend tagaktiv, am Land hingegen meist nachtaktiv. Balz des ♂ ähnlich wie beim Teichmolch (siehe S. 160). Das ♀ legt 200–300 Eier ab, über denen es einzeln die Blätter von Wasserpflanzen zusammenfaltet. Die schlüpfenden Larven sind etwa 1 cm lang und tragen einen Kamm. Nach 3 Monaten verlassen sie mit 5–8 cm das Wasser und leben bis zur Geschlechtsreife 3 Jahre auf dem Land. Nahrung: Im Wasser Insektenlarven und Kleinkrebse, auch Kaulquappen, an Land Würmer, Insektenlarven und Schnecken.

Feuersalamander

Alpensalamander

Kamm-Molch, Männchen im Hochzeitskleid

Bergmolch *Triturus alpestris*
Kennzeichen: Länge ♀ 11–12 cm, ♂ nur bis 8 cm. An der dunklen Oberseite und dem einfarbig orangegelben bis roten Bauch von anderen Molchen meist gut zu unterscheiden. Die Seiten sind oft schwarz gepunktet, beim ♂ auf hell graublauem Grund. In der Wassertracht tragen die ♂ eine niedrige, glattrandige, gelb-schwarze Rückenleiste. Vorkommen: Gewässer und deren Zuflüsse im Bergland (bis 3000 m). Lebensweise: Stark ans Wasser gebunden, wandert aber weit über Land und überwintert auch hier. Fortpflanzungszeit im Wasser von Februar bis Mai (dann tragen die ♀ ihre Wassertracht). Die Eier werden meist an Wasserpflanzen geheftet. Die daraus schlüpfenden kiemenatmenden Larven sind 7–8 mm lang; sie verwandeln sich bei einer Länge von 4–5 cm zur Landform. Auf Rücken und Schwanz tragen sie einen Hautkamm. Nahrung: Kleine Wasser- und Bodentiere, auch Kaulquappen und Fischbrut.

Teichmolch *Triturus vulgaris*
Kennzeichen: ♀ 8–11 cm lang, ♂ kleiner. Vom Bergmolch durch schwarze Punkte auf orangem Bauch und heller Kehle unterschieden, vom Kamm-Molch durch helle (nicht schwarze) Kehle, vom Fadenmolch durch Punkte auf der Kehle. In der Wassertracht sehen die ♂ mit hohem, aber weniger gezacktem Kamm den ♂ vom Kamm-Molch ähnlich. Dunkle Längsstreifen am Kopf haben der Art auch den Namen Streifenmolch eingetragen. Vorkommen: Meist die häufigste Molch-Art. Kalkreiche stehende oder langsam fließende Gewässer im Tief- und Hügelland, im Süden auch im Bergland. Lebensweise: Lebt mehr auf dem Land als die meisten europäischen Wassermolche. Von März bis April/Mai finden Paarung und Eiablage im Wasser statt. Bei der Balz steht das ♂ vor dem ♀ und krümmt seinen Schwanz nach vorne, schlängelt und zittert, entfernt sich dann, setzt seine Samenkapsel ab, die das ♀ mit der Kloake aufnimmt. Die 100–300 Eier werden einzeln an Wasserpflanzen befestigt. Die Larven sind gelblich- bis grünlichbraun. Im September findet die Verwandlung statt, und die Jungen gehen an Land. Sie kehren erst im Alter von 3 Jahren, wenn sie geschlechtsreif sind, ins Wasser zurück. Nahrung: Kleine Bodentiere, Schnecken und Würmer.

Fadenmolch *Triturus helveticus*
Kennzeichen: ♀ bis 9 cm, ♂ bis 7,5 cm. ♂ im Hochzeitskleid an dem 6–10 mm langen Faden am gestutzten Schwanzende, dem niedrigen, ungewellten Flossensaum auf Rücken und Schwanz sowie den dunklen Schwimmhäuten an den Hinterfüßen zu erkennen. Oberseits gelbbraun bis oliv mit zahlreichen dunklen Flecken, Schwanzseiten orange, Bauchseite hell bis orangegelb; Kehle meist ungefleckt. ♀ sehr ähnlich dem Teichmolch-♀, aber Kehle ungefleckt. Auch Laich und Larven sehen denen des Teichmolchs sehr ähnlich. Vorkommen: Westeuropa bis Schweiz und Westdeutschland. Lebt in bewaldetem Hügelland der Mittelgebirge. Laichgewässer sind stehende Kleingewässer bis zu kleinen Pfützen und wassergefüllten Wagenspuren. Kommt oft zusammen mit dem Bergmolch vor. Lebensweise: Ähnlich dem Teichmolch. Die beiden Arten sind sehr nah verwandt und werden als Geschwisterarten bezeichnet. Nahrung: Verschiedene Kleintiere im Wasser und auf dem Land.

Bergmolch
Männchen in Wassertracht

Weibchen
Teichmolch
Unterseite
Männchen in Wassertracht

Männchen
im Hochzeitskleid
Fadenmolch
Unterseite
Weibchen

Erdkröte *Bufo bufo*
Kennzeichen: ♀ bis 13 cm, ♂ bis 10 cm lang. Die braune, graue oder rötliche Haut ist mit warzigen Drüsen übersät; Unterseite grauweiß. Goldene Augen mit waagrechten Pupillen. Schwimmhäute fehlen. Stimme: Die ♂ rufen leise ein hohes, raues »oäck-oäck-oäck«. Vorkommen: Als ausgeprägter Landbewohner besiedelt die Erdkröte die verschiedensten Lebensräume vom Tiefland bis ins Gebirge, auch Gärten und Parks. Lebensweise: Tagsüber halten sich die sehr ortstreuen Tiere in ihren Verstecken unter Steinen, Holz und Laub oder in Erdlöchern auf und gehen nur nachts auf die Jagd. Das Wasser wird nur zur Paarungszeit im März/April aufgesucht. Das ♀ legt 2000–6000 Eier in Form doppelter schwarzer Laichschnüre. Etwa 15 Tage später schlüpfen die schwarzen Kaulquappen, die bis 4 cm heranwachsen. Im Juli verlassen die nur 1 cm großen Kröten das Wasser. Nahrung: Würmer, Schnecken, Asseln, Tausendfüßer, Spinnen und Insekten.

Knoblauchkröte *Pelobates fuscus*
Kennzeichen: ♀ bis 8 cm, ♂ bis 6 cm. Rücken mit verschiedenfarbigen Flecken gezeichnet. Unterseite weiß, manchmal mit kleinen braunen Flecken. Augen mit goldener Iris und senkrechter Pupille. Typisch: Hinterhaupthöcker sowie helle Grabschwiele und voll entwickelte Schwimmhäute an den Hinterfüßen. Stimme: Zur Paarungszeit rufen die ♂ rasch »wock-wock-wock«. Bei Bedrohung stoßen sie katzenähnliche Schreie aus. Vorkommen: Vom Rhein an ostwärts; hauptsächlich im Flachland auf sandigen Böden. Wasser wird nur zur Fortpflanzung aufgesucht. Lebensweise: Tagsüber graben sich die Tiere im Boden ein und werden erst nachts aktiv. Bei Bedrohung blasen sie sich auf, stemmen sich vom Boden und springen den Gegner sogar mit aufgerissenem Maul an. Im April legen die ♀ ihre bandförmigen Laichschnüre an Wasserpflanzen ab. Die dunkelbraunen Kaulquappen werden bis zu 10–12 cm lang. Nach der Verwandlung im Juli/August sind die jungen Kröten bereits 3–4 cm groß. Nahrung: Würmer, Nacktschnecken, Insekten, Spinnen etc.

Kreuzkröte *Bufo calamita*
Kennzeichen: Bis 8 cm lang. Der olivgrüne, dunkel marmorierte Rücken ist von großen, oft roten Warzen bedeckt, über die Mitte verläuft ein heller Längsstreifen; die Unterseite ist gelblichgrau. Augen mit waagrechter Pupille. ♂ mit großer kehlständiger Schallblase. Stimme: Nachts rufen sie im Chor, ein lautes, rollendes »ärr-ärr-ärr . . .«, 1–2 km weit zu hören. Vorkommen: Eine landbewohnende Art, die Sandböden bevorzugt, aber auch Kalksteinbrüche besiedelt. Lebensweise: Die Tiere können nicht springen, aber gut laufen und im Fels klettern. Tagsüber graben sie sich ein. Ab April versammeln sie sich zur Paarung in seichten Gewässern. 3000–4000 Eier in Doppelschnüren. Nach 5–6 Tagen schlüpfen die Kaulquappen, die bis zur Verwandlung in 1–1,5 cm große Jungfrösche klein bleiben. Nahrung: Fluginsekten, Regenwürmer, kleine Nacktschnecken.

Kaulquappe
Erdkröte
Laich-
schnur

Kaulquappe
Knoblauchkröte
Laich-
schnur

Kreuzkröte

Wechselkröte *Bufo viridis*
Kennzeichen: 8–10 cm lang; oberseits auf grauem, cremefarbenem, grünlichem oder rötlichem Grund grüne, braune bis schwärzliche Flecken, Unterseite einheitlich hell. ♂ mit kehlständiger Schallblase. Stimme: Zur Paarungszeit rufen die ♂ nachts im Chor ein weiches, trillerndes »ü-r-r-r-r-r ...«, das bis zu 10 Sekunden anhält und an Maulwurfsgrillen erinnert. Vorkommen: Verbreitet, aber fehlt im nordwestdeutschen Tiefland und im Alpenbereich. Liebt trockene, steppenartige Lebensräume mit sandig-kiesigem Boden, auch in Steinbrüchen. Lebensweise: Meist nachtaktiv. Springt hurtig und klettert geschickt. Von April bis Juni legen die ♀ ihre 2- bis 4-reihigen Laichschnüre mit bis zu 12 000 Eiern. Gelegentlich bastardiert die Art mit der Kreuzkröte (siehe S. 162). Nahrung: Würmer, Schnecken, Insekten.

Geburtshelferkröte
Alytes obstetricans
Kennzeichen: 4,5 cm lang; gedrungen mit kurzen Beinen, Oberseite graubraun mit kleinen dunklen Flecken und beiderseits je 1 Reihe rötlicher Warzen; Bauchseite hell. Große Augen mit senkrechter Pupille. Stimme: Kurze, verschieden hohe Glockentöne »tu« oder »tü« (»Glockenfrosch«). Vorkommen: SW- Europa, in Mitteleuropa SW-Deutschland bis Thüringen. Bewaldetes Berg- und Hügelland, sonnige Lagen mit kurzer Vegetation und lockerem Gestein, heute oft in Kiesgruben und Steinbrüchen. Lebensweise: Tagsüber meist vergraben oder in Höhlungen. Nachts geschickt kletternd auf Beutefang. Bei der Paarung wickelt sich das ♂ die Eischnüre des ♀ mit 20–60 Eiern um die Hinterbeine, oft die Gelege von 2–3 ♀. Damit zieht es sich 20–50 Tage in ein Versteck zurück; wenn die Larven schlüpfen, geht das ♂ ins Wasser. Zwischen April und August bis zu 3 »Bruten«. Larvenzeit 3–4 Wochen oder mit Überwinterung. Nahrung: Verschiedene Kleintiere.

Gelbbauchunke, Bergunke
Bombina variegata
Kennzeichen: 4–5 cm lang; oberseits graubraun und stark warzig; unterseits graublau bis schwarz mit ausgedehnten gelben bis orangen Flecken und schwarzen Punkten. Stimme: Das ♂ ruft leise aber wohltönend »uh-uh-uh ...«, etwa im Sekundentakt. Vorkommen: Südeuropäische Art, im Norden bis Weserbergland und Harz. Eng an Kleingewässer im Berg- und Hügelland gebunden. Lebensweise: Die geselligen Tiere sind tag- und nachtaktiv. Bei Bedrohung machen sie ein »Hohlkreuz«, um den Bauch mit der Warnfarbe zu zeigen. Winterruhe von Oktober bis April. Das ♀ legt seine etwa 100 Eier einzeln oder in Klumpen an Wasserpflanzen ab oder lässt sie einfach zu Boden sinken. Nach 8 Tagen schlüpfen die rötlichen Larven, die bis 5 cm groß werden. Nahrung: Insekten und andere Kleintiere, auch Regenwürmer.

Rotbauchunke *Bombina bombina*
Kennzeichen: 4–5 cm lang; oberseits graubraun und warzig; unterseits schwarz mit großen roten bis orangen Flecken und weißen Punkten. Vorkommen: Im östlichen Europa heimisch, die Überlappungszone mit der Gelbbauchunke erstreckt sich von NW-Deutschland bis in den Balkan. Wo beide Arten vorkommen, besiedelt die Rotbauchunke nur das Tiefland, hier besonders die Überschwemmungsgebiete großer Flüsse. Lebensweise: Wie Gelbbauchunke.

Wechselkröte

Rotbauchunke

Geburtshelferkröte, Männchen
mit Laichschnüren

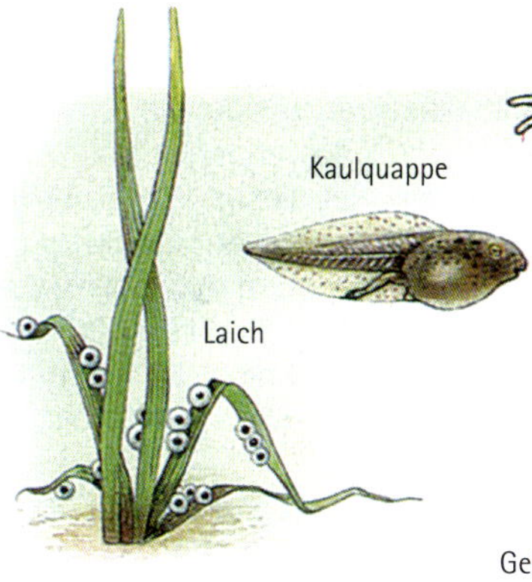

Gelbbauchunke, Bergunke

Laubfrosch *Hyla arborea*
Kennzeichen: Nur 4–5 cm groß; Finger und Zehen mit Haftscheiben. Glatte Oberseite leuchtend grün. Von der Nase zieht sich durchs Auge eine dunkle Linie bis zum Oberschenkel, wo sie eine typische Schleife bildet. Die ♂ haben eine kehlständige Schallblase. Stimme: Die ♂ rufen ab März/April fast den ganzen Sommer und auch tagsüber ein schnelles, grelles »gäk-gäk-gäk ...«, oft im Chor. Vorkommen: Baum- und buschreiches Gelände im Flach- und Hügelland in der Nähe von Gewässern. Hält sich bevorzugt im Geäst von Sträuchern und Bäumen auf. Lebensweise: Hauptsächlich nachtaktiv. Im April/Mai setzen die ♀ ihre bis zu 1000 Eier in kleinen Ballen ab. Die dunkelgrauen Kaulquappen sind golden getüpfelt und tragen einen hohen, am Kopf beginnenden Hautkamm. Nahrung: Insekten, Spinnen, Asseln usw.

Grünfrösche

Bei den eng ans Wasser gebundenen »Grünfröschen« unterscheidet man zwischen dem großen Seefrosch, dem Kleinen Wasserfrosch und der Kreuzung beider Arten, dem häufigen Teichfrosch. Die ♂ besitzen 2 seitlich austretende Schallblasen. Der Rücken ist grün bis bräunlich und schwarz gefleckt, ein dunkler Schläfenfleck fehlt. Mit den langen Hinterbeinen können sie gut springen.

Seefrosch *Rana ridibunda*
Kennzeichen: Bis 12 cm; Hinterbeine lang mit großen Schwimmhäuten. Rücken olivgrün bis bräunlich, dunkel gefleckt, helle Drüsenleiste zwischen Auge und Lende; Bauch weißlich, dunkel marmoriert. Stimme: Sehr variabel; keckernde, an- und abschwellende Rufserien. Vorkommen: Altwässer und pflanzenreiche Arme träg strömender Flüsse der Ebene mit sonnigen Ufern; gelegentlich auch an Seen. Lebensweise: Hauptpaarungszeit ist Mai/Juni. Die mittelgroßen Laichballen (bis 1000 Eier) sinken zu Boden. Die graugrünen Larven werden bis 6 cm groß. Nahrung: Verschiedene Kleintiere, sogar kleinere Wirbeltiere.

Kleiner Wasserfrosch
Rana lessonae
Kennzeichen: 5–7 cm; Rücken der ♂ glatt, gelbgrün und ungefleckt, ♀ bräunlicher, variabel, gefleckt; Bauch meist rein weiß. Stimme: Aufsteigender, schwirrender Ton, der plötzlich abbricht. Vorkommen: In und an größeren und kleinen Gewässern. Lebensweise: Ähnlich Teichfrosch. Schneller und kraftvoller Schwimmer, der lange tauchen und sich im Schlamm verstecken kann, sich aber ungestört gerne am Ufer oder auf Schwimmblättern sonnt. Nahrung: Insekten, kleine Wassertiere.

Teichfrosch *Rana esculenta*
Kennzeichen: Als Bastard aus See- und Wasserfrosch 7–9 cm; Rücken gras- bis dunkelgrün, oft mit dunkler Fleckung und heller Rückenlinie; Bauch weiß mit grauer Marmorierung. Alle Merkmale sehr variabel. Stimme: Die variablen Rufe der ♂ sind tags und nachts zu hören: »uarr-uarr« oder »uorr-uorr« oder »ohäk-ohäk« oder »kroak-kroak«, auch »re-ke-ke-ke ...«, an- und abschwellend, auch im Chor. Vorkommen: Verbreitung fast identisch mit der des Wasserfroschs; in und an größeren und kleinen Gewässern. Lebensweise: Im April/Mai legen die ♀ in krautreichen Tümpeln ihre zahlreichen Eier in großen absinkenden Klumpen ab. Von den recht großen Kaulquappen sterben viele, wenn nicht ein Elternteil ein »echter« Teich- oder Seefrosch ist. Nahrung: Kleintiere bis zu Jungfischen und neugeborenen Mäusen.

Laubfrosch

Laichballen

Seefrosch

Teichfrosch

Kleiner Wasserfrosch

Braunfrösche

Die so genannten Braunfrösche leben in Wäldern, oft fernab von ihren Laichgewässern, die sie nur kurz während der Paarungs- und Laichzeit besuchen. Charakteristisch für alle Braunfrösche sind die dunklen Schläfenflecken. Sonst sind sie variabel gefärbt, gelb, rötlich, braun oder grau mit dunklen Flecken. Die ♂ haben 2 innere, nicht ausstülpbare Schallblasen.

Grasfrosch *Rana temporaria*

Kennzeichen: Bis 10 cm; schwer vom Moor- und Springfrosch zu unterscheiden. Stimme: Die Stimme der ♂ ist ein dumpfes Knurren. Vorkommen: Landlebend in vielerlei feuchten Lebensräumen bis ins Hochgebirge. Überwinterung im Schlamm oder unter Steinen. Lebensweise: Tag- und dämmerungsaktiv. Im Februar/März beginnt die Fortpflanzungszeit. Die ♀ legen ihre 2000–4000 Eier in Klumpen ab, die an der Wasseroberfläche schwimmen. Die dunklen Kaulquappen werden bis 4,5 cm lang. Ab Juni gehen die kleinen Frösche an Land. Nahrung: Insekten, Bodentiere, Nacktschnecken.

Moorfrosch *Rana arvalis*

Kennzeichen: Bis 7 cm; sieht anderen Braunfröschen sehr ähnlich; manche ♂ sind zur Laichzeit bläulich. Unterscheidungsmerkmale sind die spitzere Schnauze, die beiden längeren Drüsenreihen am Rücken und der große harte Fersenhöcker. Die Hinterbeine sind kürzer als die des Springfroschs, was man aber erst durch umständliches Umlegen des Beines herausfinden kann. Stimme: Die Stimme der ♂ ist ein gedämpftes Blubbern, das sich wie entferntes Hundebellen anhört. Vorkommen: Von einer Linie Holland–Triest an ostwärts. Besiedelt feuchte Wiesen, Wälder, Moore im Flachland. Lebensweise: Dämmerungs- und nachtaktiv, im Wald auch tagsüber. Oft schon im Februar beginnt die Paarungszeit. Die Tiere suchen meist nährstoffarme, flache Weiher, Tümpel und Gräben auf. Im März/April legen die ♀ bis zu 2000 Eier in Klumpen ab, die am Gewässerboden liegen bleiben. Die dunklen, goldschimmernden Kaulquappen werden bis 4 cm lang und verlassen zwischen Juni und August als Jungfrösche das Wasser. Nahrung: Insekten, Würmer und allerlei Bodentiere.

Springfrosch *Rana dalmatina*

Kennzeichen: ♀ bis 9 cm, ♂ bis 7 cm; ähnlich wie andere Braunfrösche, aber Beine länger (überragen nach vorn gelegt die Schnauze). Stimme: Kurze, anschwellende durch deutliche Pausen unterbrochene Rufserien wie »ko-ko-ko . . .«, meist unter Wasser. Vorkommen: In Mitteleuropa inselartige Verbreitung, im Süden häufiger als im Norden. Bevorzugt relativ trockene, sonnigere Bereich in lichten Laubwäldern (Buchenwäldern). Laichgewässer oft mehrere 100 m (bis 1600 m) davon entfernt. Lebensweise: Bereits im Herbst beginnen die ♂ mit der Rückwanderung zum Laichgewässer, in dessen Nähe sie überwintern; die ♀ beginnen Anfang März die Wanderung zum Laichplatz. Nachdem die Laichballen an Unterwasserstrukturen befestigt wurden, gehen die Tiere wieder an Land. Nahrung: Kleintiere der Bodenstreu.

Grasfrosch

Moorfrosch

Springfrosch

Sumpfschildkröte *Emys orbicularis*
Kennzeichen: Rückenschild 20–25 cm; Schwanz relativ lang. Oberseite weniger stark als bei Landschildkröten gewölbt; im hinteren Teil und bei Jungtieren deutlicher mittlerer Längskiel; Schilde auf braunem oder schwarzem Grund gelb gepunktet oder gestrichelt. Iris der ♂ orange, die der ♀ gelb. Vorkommen: Ganz Südeuropa bis ins mittlere Mitteleuropa und stellenweise bis zur Ostsee. Bewohnt krautreiche Teiche und Seen mit schlammigem Grund. In Deutschland vom Aussterben bedroht. Lebensweise: Da die Tiere im Sommer mehr dämmerungs- und nachtaktiv sind oder sogar eine Sommerruhe einlegen, bekommt man sie eher im Frühjahr und Herbst beim Sonnen zu sehen. Sie sind aber äußerst scheu und verbergen sich bei der geringsten Störung. Winterruhe bei uns meist von Oktober bis März/April. Paarung im Mai. Im Juni/Juli setzt das ♀ in einer selbst gegrabenen Erdgrube 3–15 Eier ab. Nach 3 Monaten oder im nächsten Frühjahr schlüpfen die Jungen. Nahrung: Wassertiere und Wasserpflanzen, am Land Schnecken und Würmer.

Smaragdeidechse *Lacerta viridis*
Kennzeichen: Bis 40 cm lang; Schwanz sehr lang und spitz zulaufend, Rumpf nur 13 cm lang. ♂ mit besonders kräftigem Kopf, Färbung gewöhnlich ganz grün mit kleinen schwarzen Punkten auf dem Rücken und einem dunkleren, hell gefleckten Kopf. ♀ sehr unterschiedlich gefärbt und gezeichnet, einfarbig grün oder braun oder mit kleinen und größeren Flecken. Neuerdings werden 2 Arten gegeneinander abgegrenzt, die Östliche *(L. viridis)* und die Westliche Smaragdeidechse *(L. bilineata)*, die allerdings anhand äußerlicher Merkmale nicht unterschieden werden können. Vorkommen: Eine west- und südeuropäische Art, die in Deutschland nur an Rhein und Donau vorkommt. Liebt dichtes, sonniges Gestrüpp, im Norden auch in buschreichen Heiden. In Deutschland vom Aussterben bedroht. Lebensweise: Unter Steinen und Wurzeln oder in Mausegängen halten sie ihre Winterruhe. Nach der Paarung setzt das ♀ 1 oder 2 Gelege mit je 6–20 weißen, pergamentartigen Eiern in einer ziemlich tiefen, selbst gegrabenen Erdgrube ab. Je nach Temperatur schlüpfen die Jungen nach 7–14 Wochen. Nahrung: Insekten, Regenwürmer, Nacktschnecken und kleine Wirbeltiere, auch süße Früchte.

Zauneidechse *Lacerta agilis*
Kennzeichen: Mit Schwanz bis 30 cm. ♂ ist an den Seiten und Vorderbeinen grün, auf dem Rücken hell- und dunkelbraun; ♀ insgesamt sandbraun mit dunkleren und helleren Flecken. Individuelle und regionale Färbungsvielfalt. Vorkommen: An trockenen, sonnigen und steinigen, aber nicht vegetationslosen Stellen im Flach- und Hügelland, im Süden auch im Gebirge. Obwohl unsere häufigste Eidechse, haben die Bestände besonders in Norddeutschland durch Vernichtung entsprechender Lebensräume abgenommen. Lebensweise: Im Norden dauert die Winterruhe von September bis April, im Süden kürzer. Anschließend findet die Paarung statt. Das ♀ setzt ein Gelege aus 6–20 Eier ab; nach 3 Monaten schlüpfen die Jungen, die den ♀ ähnlich sehen. Nahrung: Hauptsächlich Insekten sowie andere Kleintiere.

Sumpfschildkröte

Männchen
Weibchen
Smaragdeidechse

Zauneidechse
Männchen
Weibchen

Waldeidechse *Lacerta vivipara*

Kennzeichen: Mit Schwanz 16–18 cm lang. Auf meist braunem, vereinzelt auch grauem oder olivem Grund verläuft in der Rückenmitte in der Regel ein dunkler Streifen. Die Unterseite der ♂ von Kleineidechsen ist zur Paarungszeit oft orange mit schwarzen Flecken. Vorkommen: In den Alpen bis in Höhen von 3000 m, daher auch als Bergeidechse bezeichnet. Im Gegensatz zu anderen Eidechsen besiedelt die Waldeidechse auch feuchtere Lebensräume und verträgt niedrige Temperaturen. Lebensweise: Im Norden und in größeren Höhen dauert die Winterruhe 8–9 Monate, in südlicheren Gebieten kommt die Waldeidechse sogar im Winter zum Sonnen aus ihrem Versteck. Paarungszeit April bis Juni. Die ♀ bringen 3–10 voll entwickelte Junge zur Welt. Nahrung: Spinnen und Kleininsekten.

Mauereidechse
Lacerta (Podarcis) muralis

Kennzeichen: Mit Schwanz bis 19 cm; ♂ durch ihre kräftige schwarze (oder helle) Fleckung meist gut von den ♂ der Waldeidechse zu unterscheiden; auch ihr meist oranger Bauch ist im Allgemeinen viel stärker schwarz gefleckt. Äußerst variabel gefärbt und gezeichnet. ♀ der beiden Arten schwer zu unterscheiden. Vorkommen: Meist trockene, sonnige und steinige Stellen im Tief- und mittleren Bergland. Man findet die bei uns seltene Art am ehesten in alten Gemäuern, Steinhaufen, Felsen, an Böschungen und Eisenbahnen sowie in Weingärten. In Deutschland stark gefährdet. Lebensweise: Winterruhe von November bis März, fällt im Süden aber meist ganz aus. Die ♀ legen nach der Paarung 2–9 Eier in selbst gegrabene Gruben an sonnigen Stellen. Nach 4–11 Wochen schlüpfen die Jungen. Nahrung: Insekten und Spinnen.

Blindschleiche *Anguis fragilis*

Kennzeichen: Bis 50 cm lang. Die Färbung der glatten, glänzenden Tiere ohne äußerlich sichtbare Beine (die Blindschleiche ist aber keine Schlange!) reicht von hell- bis dunkelbraun, fast schwarz. Bei Jungtieren und ♀ zieht sich meist ein dunkler Streifen über den Rücken, der Bauch ist ebenfalls dunkel bis schwarz. Bei den ♂ fehlt der dunkle Rückenstreif, und das Schwarz am Bauch ist auf die 2–4 mittleren Bauchschuppenreihen begrenzt. Vorkommen: Besiedelt alle nicht zu trockenen Landschaften im Flach- und Bergland bis 2000 m. Lebensweise: Die Tiere lieben mittlere Temperaturen und sind daher meist in der Vegetation versteckt. Morgens und abends findet man sie aber auch an freien Stellen beim Sonnen, bei bedecktem Wetter auch tagsüber auf der Jagd. Je nach Lage dauert die Winterruhe von Oktober/November bis in den Mai. Oft überwintern mehrere Tiere im gleichen Versteck. Hauptsächlich nachtaktiv, verstecken Blindschleichen sich tagsüber unter Steinen, Holz, Laub und in Erdgängen. Nach der Winterruhe paaren sich die Tiere, und nach einer Tragzeit von 3 Monaten legen die ♀ 8–12 Eier, aus denen sofort die Jungen schlüpfen. Nahrung: Nacktschnecken und Regenwürmer.

Waldeidechse

Mauereidechse

Blindschleiche

Äskulapnatter *Elaphe longissima*
Kennzeichen: Bis 180 cm, meist unter 150 cm. Schlanker Körper, schmaler Kopf; Oberseite hellbraun, nach hinten dunkler, Unterseite einfarbig hell. Augen mit runder Pupille. Vorkommen: In Deutschland, Österreich und der Schweiz nur inselartig verbreitet. Wärmeliebend, daher bevorzugt in trockenem, sonnigem Gelände. Bewohnt lichte Laubwälder, Gebüsche, Gras- und Geröllfluren, Ruinen. In Deutschland vom Aussterben bedroht. Lebensweise: Verlässt das Winterquartier erst im April/Mai und zieht sich im September wieder zurück. ♀ legen oft ihre Eier zusammen an einem Ort ab (z. B. in Mist- oder Komposthaufen). Klettert gut in Büschen und Bäumen. Nahrung: Kleinsäuger, Vogeleier und -junge, Eidechsen.

Ringelnatter *Natrix natrix*
Kennzeichen: Die größte und häufigste unserer Schlangen; wird als ♂ über 1 m und als ♀ bis 1,5 m, vereinzelt sogar bis 2 m lang. Bei den unterschiedlich gezeichnet Tieren fallen im Allgemeinen 2 hellgelbe Halbmonde an den Seiten des Hinterkopfs auf. Die Grundfärbung reicht von grau über olivgrün bis bräunlich in verschiedenen Tönen, bis hin zu fast schwarz. Vorkommen: In allen Höhenlagen bis über 2000 m werden bevorzugt Stellen in Wassernähe besiedelt. In Deutschland gefährdet. Lebensweise: Man begegnet den tagaktiven Tieren vor allem an Teichen, Tümpeln und Gräben, oft auch in älteren Gärten. Oft sieht man sie im Wasser oder auf Steinen und Böschungen beim Sonnen. Die manchmal zu mehreren in einem Versteck verbrachte Winterruhe dauert bei uns von Oktober bis März. Die Paarung findet im April und manchmal auch im Herbst statt. Die ♀ legen zwischen Juni und September um 20 Eier in Haufen aus verrottendem Laub, Kompost oder Mist, auch in Bodenlöcher und unter Moos. Nach 4–8 Wochen schlüpfen die 15–20 cm langen Jungen. Nahrung: Frösche, Molche, Fische, junge Mäuse.

Würfelnatter *Natrix tessellata*
Kennzeichen: Selten über 90 cm; Kopf schmal, Pupillen rund, Schuppen gekielt; grau bis bräunlichgrau mit dunkler Würfelzeichnung (Name!), Unterseite weiß-schwarz gewürfelt. Vorkommen: In Mitteleuropa nur inselartig: in Deutschland an Mosel, Lahn und Nahe, Wiederansiedlung bei Meißen/Elbe; in Österreich in den SÖ-Landesteilen sowie Vorarlberg und Niederösterreich; in der Schweiz im Tessin, am Vierwaldstätter und Genfer See. Braucht klare, fischreiche Gewässer mit steinigen Flachwasserbereichen. In Deutschland kaum mehr als 100 Individuen; vom Aussterben bedroht. Lebensweise: Eine ausgesprochene Wasserschlange, die fast nur im Wasser Beute macht. Verbringt die Nächte in Mauerritzen und geht auch zum Sonnenbaden, zur Paarung und Eiablage an Land. Nahrung: Fast ausschließlich Fische, teilweise auch Frösche und Kaulquappen.

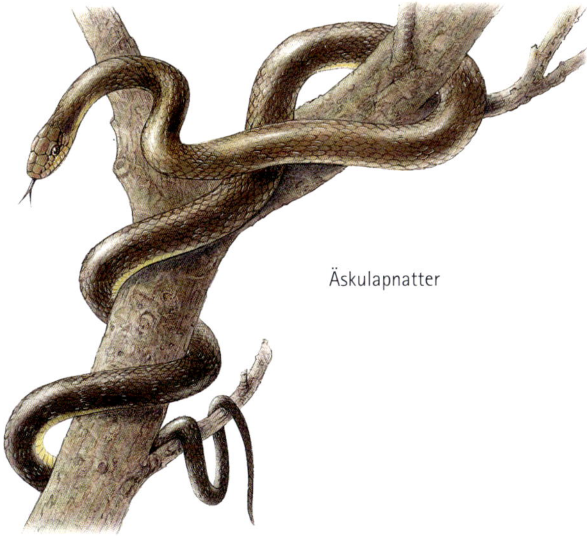

Äskulapnatter

Ringelnatter

Würfelnatter

Schlingnatter, Glattnatter

Coronella austriaca

Kennzeichen: Bis 70 cm lang; schlank mit langem Schwanz und wenig vom Rumpf abgesetztem Kopf. Schuppen sehr glatt (daher auch »Glattnatter«). An den Kopfseiten verläuft ein dunkler Strich durch das rote Auge mit runder Pupille. Die Oberseite der meist sandfarbenen Tiere ist mit 2 Reihen dunkler Flecken gezeichnet, wodurch ein helles Zickzackband entstehen kann. Vorkommen: Warme und trockene Stellen im Flachland und bis in Höhen von 2000 m. Bewohnt buschiges, sandiges Hügelland, Waldlichtungen und Heiden, Böschungen und Wegränder. Lebensweise: Wenn sie sich in die Enge getrieben fühlt, kann die Schlingnatter recht beißfreudig sein, was aber harmlos ist, da sie keine Giftdrüsen besitzt. Daneben kann sie – wie die Ringelnatter – ein übelriechendes Sekret von sich geben, welches jedoch ebenfalls nicht giftig ist. Die Winterruhe dauert in der Regel von Oktober bis März/April. Dann paaren sich die Geschlechter. Im Spätsommer bringt das ♀ etwa 10 ca. 20 cm lange Junge zur Welt. Die Tiere gehen meist morgens und abends auf die Jagd. Nahrung: Eidechsen, Blindschleichen, junge Nagetiere und Vögel.

Kreuzotter, Höllenotter

Vipera berus

Kennzeichen: 70–90 cm lang; kräftig, mit deutlich vom Rumpf abgesetztem Kopf und kurzem Schwanz. Rote Iris mit senkrechter Pupille. Färbung sehr variabel: grau, braun, rötlich, gelblich in verschiedenen Tönen, in größeren Höhen auch ganz schwarz (»Höllenotter«). Das Zickzackband auf dem Rücken ist bei den ♂ schwarz, bei den ♀ dunkelbraun; an den Flanken 1 Reihe dunkler Flecken. Die Schwanzspitze ist unterseits gelb, orange oder rot. Vorkommen: Moore, Heiden und Bergwiesen (bis 3000 m), während der Sommerhitze auch im Wald. Lebensweise: Oft schon im Februar erwachen die Tiere aus der Winterruhe, bald danach ist die Paarung. Im Spätsommer kommen etwa 12 Junge zur Welt, die bei der Geburt aus den Eiern schlüpfen. Das Gift der Kreuzotter ist in der Regel nur für Kinder und ältere Menschen lebensgefährlich. Rund um die Bissstelle kommt es etwa 1 Stunde später oft zu einer großen Schwellung, häufig tritt aber auch keinerlei Reaktion auf. Nahrung: In der Abenddämmerung (im Norden auch tagsüber) gehen sie auf Jagd nach jungen Mäusen, Eidechsen, Fröschen oder Vögeln.

Aspisviper *Vipera aspis*

Kennzeichen: 60–70 cm, ♂ bis 85 cm; unterscheidet sich von der Kreuzotter durch den breiteren, dreieckigen und vom Hals deutlich abgesetzten Kopf und die leicht aufgeworfene Schnauze. In Färbung und Zeichnung der Kreuzotter ähnlich und ebenso variabel. Vorkommen: In Mitteleuropa im Elsass, in der Schweiz und im südlichen Schwarzwald. Bewohnt trockene, buschreiche und steinige Lebensräume, in den Südalpen bis über 2000 m. Lebensweise: Winterruhe meist von Oktober bis Februar. Paarungszeit ist das zeitige Frühjahr. Ende August/Anfang September bringt das ♀ 2–10 Junge zur Welt, die 16–25 cm lang sind. Je nach Wetter und Jahreszeit sind die Vipern mehr tag- oder nachtaktiv. Nahrung: Kleine Nagetiere und Jungvögel.Das Gift entspricht etwa dem der Kreuzotter; unbehandelte Bisse können tödlich sein.

Schlingnatter

Kreuzotter

Aspisviper

Silberfischchen *Lepisma saccharina*
Kennzeichen: In älteren Wohnungen findet man oft diese hübschen, silbrig glänzenden, bis 11 mm großen Tierchen. Sie sind kein Zeichen für mangelnde Sauberkeit, sondern eher für vorhandene Verstecke, die in modernen Wohnungen selten sind. Die Tiere gehören wie die Springschwänze zu den primär ungeflügelten Ur-Insekten und besitzen dementsprechend 3 Paar Laufbeine. Am Hinterleibsende tragen sie 3 Fortsätze. Die silbernen Schuppen stellen Tastorgane dar. Vorkommen: Von 240 bekannten Silberfischchen-Arten kommen nur 5 in Mitteleuropa vor, von denen wiederum das hier beschriebene Silberfischchen die häufigste ist. Lebensweise: Ernährt sich von den verschiedensten organischen Stoffen. Durch eine besondere Einrichtung ihres Enddarms vermögen Silberfischchen der Luft elektroosmotisch Wasser zu entziehen, sodass sie auch ohne direktes Trinken leben können. Bei Massenauftreten können die Tiere an Vorräten lästig werden. Im Übrigen sind sie harmlos. Die Larven sehen den Alttieren ähnlich, besitzen jedoch anfangs noch nicht deren Silberglanz.

Eintagsfliege *Ephemera danica*
Kennzeichen: Körper 15–24 mm, Borsten bis 35 mm. Eintagsfliegen sind leicht an ihren 3 langen Schwanzborsten zu erkennen. Die häutigen Vorderflügel sind dunkelbraun gefleckt, die Hinterflügel nur ein Drittel so groß. Die träg fliegenden Tiere werden leicht vom Wind verweht und lassen sich dann nieder. Vorkommen: Immer an und in Gewässern. Flugzeit von Mai bis Aug. Lebensweise: Die ♂ versammeln sich zu großen Schwärmen. Stundenlang fliegen sie hoch und lassen sich wieder absinken. Die ♀ fliegen in den Schwarm hinein, werden von einem ♂ ergriffen und begattet. Gleich darauf tupfen sie die Eier aufs Wasser. Die Imagines besitzen keine Mundwerkzeuge, nehmen keine Nahrung auf; die ♂ leben nur 2–3 Tage, die ♀ bis zu 2 Wochen. Die Larven leben in U-förmigen Röhren im ufernahen Sand und fressen organische Abfälle und Kleinorganismen. Das Larvenstadium dauert 1–2 Jahre.

Steinfliege *Perla marginata*
Kennzeichen: Körper 18–30 mm, ♀ größer als ♂. Im Gegensatz zu den Eintagsfliegen tragen alle Entwicklungsstadien nur 2 Hinterleibsanhänge. Die Flügel werden in der Ruhe flach über den Rücken gelegt. Vorkommen: Saubere Fließgewässer der Gebirge. Flugzeit von Mai bis Juli. Lebensweise: Nach der Begattung legen die ♀ Eiballen auf der Wasseroberfläche ab. Die Geschlechtstiere leben 2–5 Wochen. Da sie oft in Mengen auftreten, spielen sie (wie die im Wasser lebenden Larven) eine wichtige Rolle für die Ernährung von Fischen und Vögeln. Die Larven gelten daher als Indikatoren einer guten Wasserqualität. Die Larvenzeit dauert je nach Wassertemperatur bis 3 Jahre.

Silberfischchen

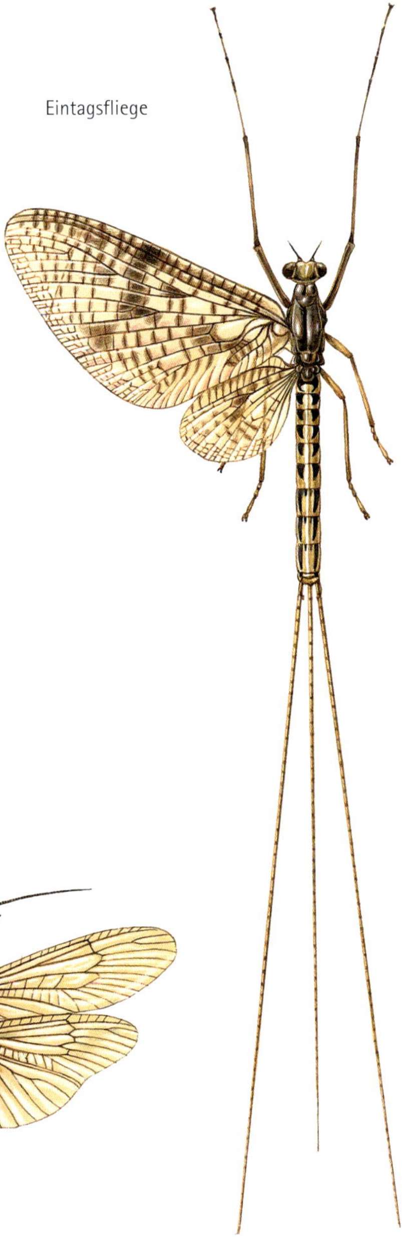

Eintagsfliege

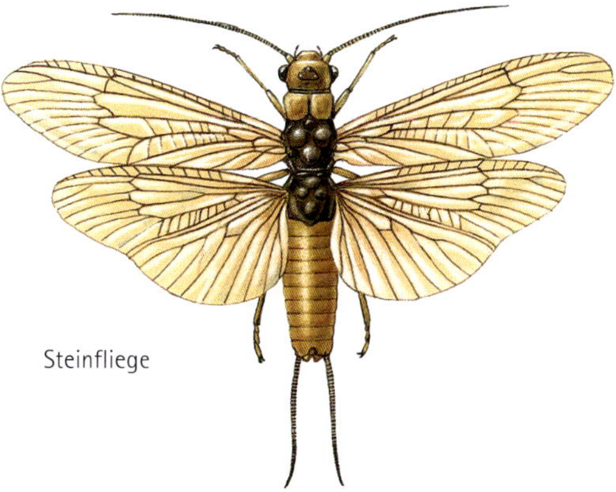

Steinfliege

Gebänderte Prachtlibelle

Calopteryx splendens

Kennzeichen: Körper 50 mm, Spannweite 60–70 mm. Die grünlichen Flügel der ♂ mit breiter, schwarzblau schillernder Binde; Körper metallisch blaugrün. Die letzten 3 Hinterleibssegmente sind auf der Unterseite weiß. Den ♀ fehlt die dunkle Flügelbinde, ihr Körper schillert grüngold. Vorkommen: Langsam fließende Bäche und Flüsse mit sandigem Untergrund und sonnigen Ufern. Flugzeit von Mai bis Sept. Lebensweise: Ausgeprägtes Balzverhalten. ♂ verteidigen Reviere. Wenn ein ♀ erscheint, umwirbt es das ♂ mit pendelndem Balzflug. ♀ legt Eier zwischen Wasserpflanzen ab. Die räuberischen Larven sind nachtaktiv und verstecken sich tagsüber unter Wasserpflanzen. Larvenzeit 2 Jahre.

Gewöhnliche Binsenjungfer

Lestes sponsa

Kennzeichen: Körper 30–45 mm. Grünmetallisch bis bronzefarben; Hinterleib der ♂ vorn und hinten oberseits hellblau bereift; spreizen in der Ruhe die Flügel schräg ab. Vorkommen: An Teichen und Tümpeln mit viel Binsen. Flugzeit von Juni bis Sept. Lebensweise: Nach der Paarung bleiben die Partner zur Eiablage an senkrechten Halmen beisammen (vgl. nächste Art). Mit seinem Legebohrer schiebt das ♀ die Eier ins Mark der Wasserpflanzen. Larven schlüpfen erst im Frühjahr und entwickeln sich in 2–3 Monaten zur Imago.

Gewöhnliche Federlibelle

Platycnemis pennipes

Kennzeichen: Körper 30–40 mm. Verbreiterte Beinglieder mit steifen Randborsten. ♂ hellblau, ♀ rahmfarben oder grünlich; Frischgeschlüpfte sind fast weiß. Die Oberseite der Rückensegmente trägt 2 schwarze Streifen. Vorkommen: An stehenden und langsam fließenden Gewässern, besonders an pflanzenreichen Teichen und Gräben. Flugzeit von Mai bis Sept. Lebensweise: ♂ halten mit ihren Hinterleibszangen die ♀ an der Vorderbrust fest und stehen steif aufrecht mit angezogenen Beinen über dem ♀, wenn dieses seine Eier in Wasserpflanzen an der Gewässeroberfläche ablegt. Larven entwickeln sich am Gewässergrund und überwintern im letzten Stadium.

Hufeisen-Azurjungfer

Coenagrion puella

Kennzeichen: Körper 30–40 mm. ♂ hellblau, auf dem 2. Segment ein schwarzes U oder Hufeisen. ♀ grünlich mit schwarzer Hinterleibsoberseite. Vorkommen: Eine unserer häufigsten Kleinlibellen. An stehenden Kleingewässern und Seen, nur selten an Fließgewässern. Flugzeit Mai bis Sept. Lebensweise: Bei der Eiablage in Wasserpflanzen findet man die Paare oft in Gruppen. Die ♂ stehen dabei gerade über den ♀. Larven überwintern und schlüpfen im Mai.

Kleinlibellenlarve *Lestes* sp.

Kennzeichen: Bis 3 cm. Alle Libellen entwickeln sich im Wasser ohne Puppenstadium von der Larve zum Fluginsekt (unvollständige Entwicklung). Im Gegensatz zu den Larven der Großlibellen (siehe S. 182) ist der Leib bei Kleinlibellen schmaler. Kopf breit mit großen Augen und vorklappbaren Mundwerkzeugen (Fangmaske); Brust mit sichtbaren Flügelanlagen. Am Hinterleibsende 3 lange Kiemenblättchen, die der Atmung und Fortbewegung dienen. Vorkommen: In den verschiedensten langsam fließenden und stehenden Gewässern. Lebensweise: Mit der vorklappbaren Fangmaske werden kleine Wassertiere erbeutet. Die ausgewachsene Larve klettert an einem Stängel aus dem Wasser, und aus ihr schlüpft die Imago.

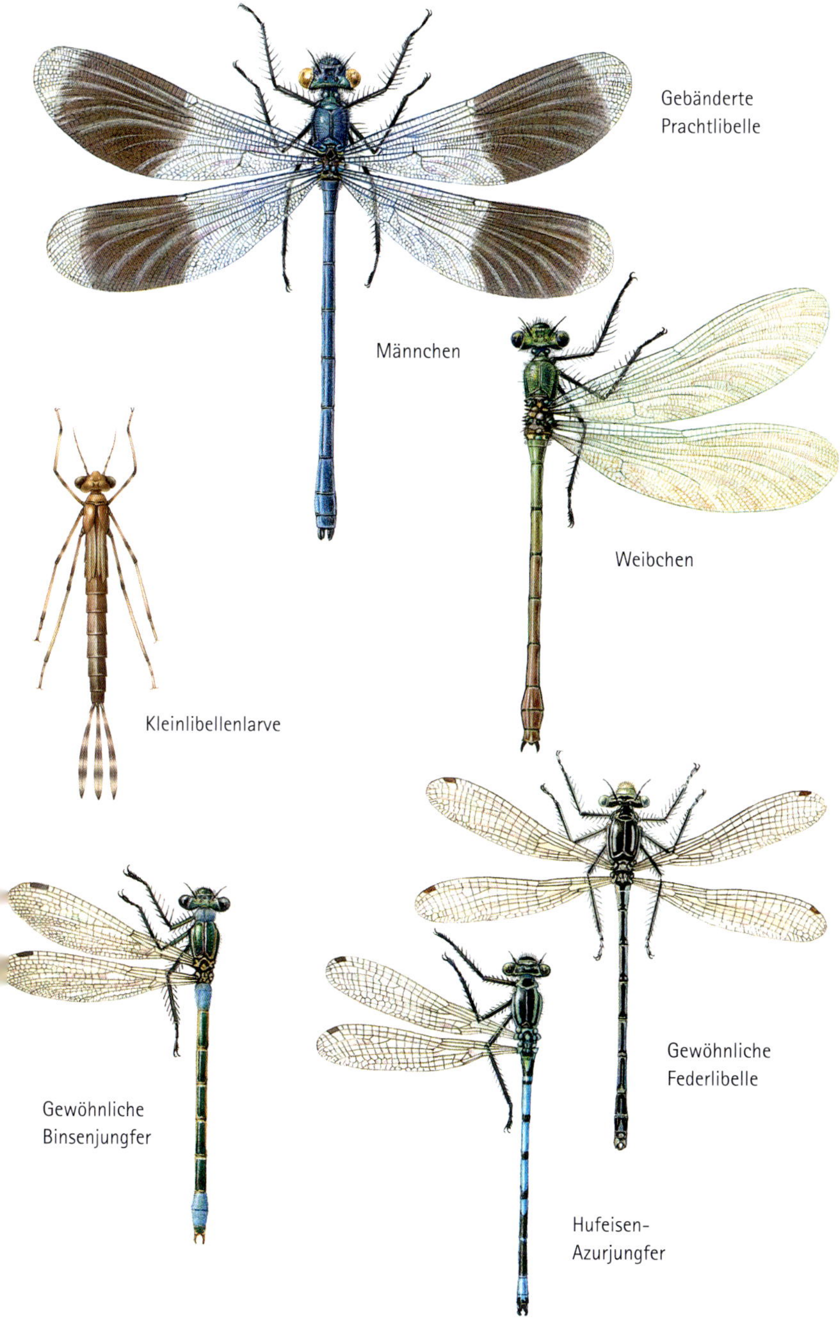
Gebänderte
Prachtlibelle
Männchen
Weibchen
Kleinlibellenlarve
Gewöhnliche
Federlibelle
Gewöhnliche
Binsenjungfer
Hufeisen-
Azurjungfer

Blaugrüne Mosaikjungfer
Aeshna cyanea
Kennzeichen: Körper 70–80 mm, Spannweite 100–110 mm. In beiden Geschlechtern oberseits 2 breite grüne Streifen zwischen Kopf und Flügeln und beiderseits 2 ebenso gefärbte, schräg verlaufende Brustbinden. Beim ♂ ist das Hinterleibsende blau-schwarz gefleckt, sonst – wie beim ♀ der ganze Hinterleib – grünschwarz. Vorkommen: An stehenden Gewässern; vor Paarung und Eiablage (Aug. bis Nov.) auch fern von Gewässern. Flugzeit von Mitte Juni bis Nov. Lebensweise: Rasante Flieger und Insektenjäger. Die ♀ der Edellibellen legen die Eier stets ohne ♂ auf den Wasserpflanzen ab. Larven hellbraun bis schwarz; Larvenzeit 1–2 Jahre.

Große Königslibelle *Anax imperator*
Kennzeichen: Körper 70–80 mm, Spannweite 95–110 mm. Einfarbig grüner Brustteil. Auf der Stirn 1 blauer Querstreifen, dahinter 1 schwarzes Fünfeck. Hinterleib der ♂ hellblau mit schwarzem Grat, der der ♀ blaugrün mit braunem Längsband. Vorkommen: An pflanzenreichen Teichen und Tümpeln nicht selten. Flugzeit Juni bis Sept. Lebensweise: Ausdauernde Flieger. ♂ vertreiben auch andere Libellenarten. ♀ legen ihre Eier auf offener Wasserfläche an schwimmenden Pflanzenresten ab. Die großäugigen Larven werden bis 55 mm lang. Larvenzeit meist 1 Jahr, überwintert wird in verschiedenen Stadien.

Gewöhnliche Keiljungfer
Gomphus vulgatissimus
Kennzeichen: Körper 45–50 mm, Spannweite 60–70 mm. ♀ und junge ♂ sind schwarz-gelb gefleckt, beim reifen ♂ wird das Gelb zum Grün. Beine einfarbig schwarz; Hinterleibsende verbreitert. Vorkommen: Alle Flußjungfern leben an sauberen Fließgewässern. Flugzeit von Mai bis Juli. Lebensweise: Stellt höchste Ansprüche an Gewässergüte. Die flachen Larven leben im Bachsand und brauchen mindestens 3 Jahre bis zur Imago.

Plattbauch *Libellula depressa*
Kennzeichen: Körper 40–50 mm, Hinterleib 6–8 mm breit. Grundfärbung im Brustbereich zunächst hellbraun, später dunkelbraun; Flügelbasis schwarzbraun. Hinterleib der ♂ hellblau bereift, beim ♀ golden. Vorkommen: Kleine, vegetationsarme Stillgewässer, lehmige, sandige oder kiesige Tümpel (z. B. in Kiesgruben). Lebensweise: ♂ beziehen gerne Sitzwarten am Gewässerrand. Die kurze Paarung findet im Flug statt. Larven ebenfalls mit breitem Körper; Larvenzeit 2 Jahre.

Blutrote Heidelibelle
Sympetrum sanguineum
Kennzeichen: Körper 35–40 mm. Beim ♂ Hinterleib und Stirn blutrot, Brust und Augen braunrot. ♀ gelbbraun bis rötlich. Vorkommen: Stehende Gewässer aller Art. Flugzeit von Ende Juni bis Okt. Lebensweise: Eiablage am Ufer, Überwinterung der Eier im Trockenen. Larven gelangen mit Frühjahrsüberflutung ins Wasser.

Großlibellenlarve *Aeschna* sp.
Kennzeichen: Bis 6 cm. Im Gegensatz zu den Larven der Kleinlibellen (siehe S. 180), ist der Leib der Großlibellen breiter und trägt am Ende nur kurz dornenförmige Anhänge. Auch hier sind auf der Oberseite der Brust die Flügelanlagen deutlich sichtbar. Am Kopf sind die großen Komplexaugen und 2 kleine fadenförmige Fühler erkennbar. Vorkommen: In den verschiedensten langsam fließenden und stehenden Gewässern. Lebensweise: Ähnlich Kleinlibellenlarven.

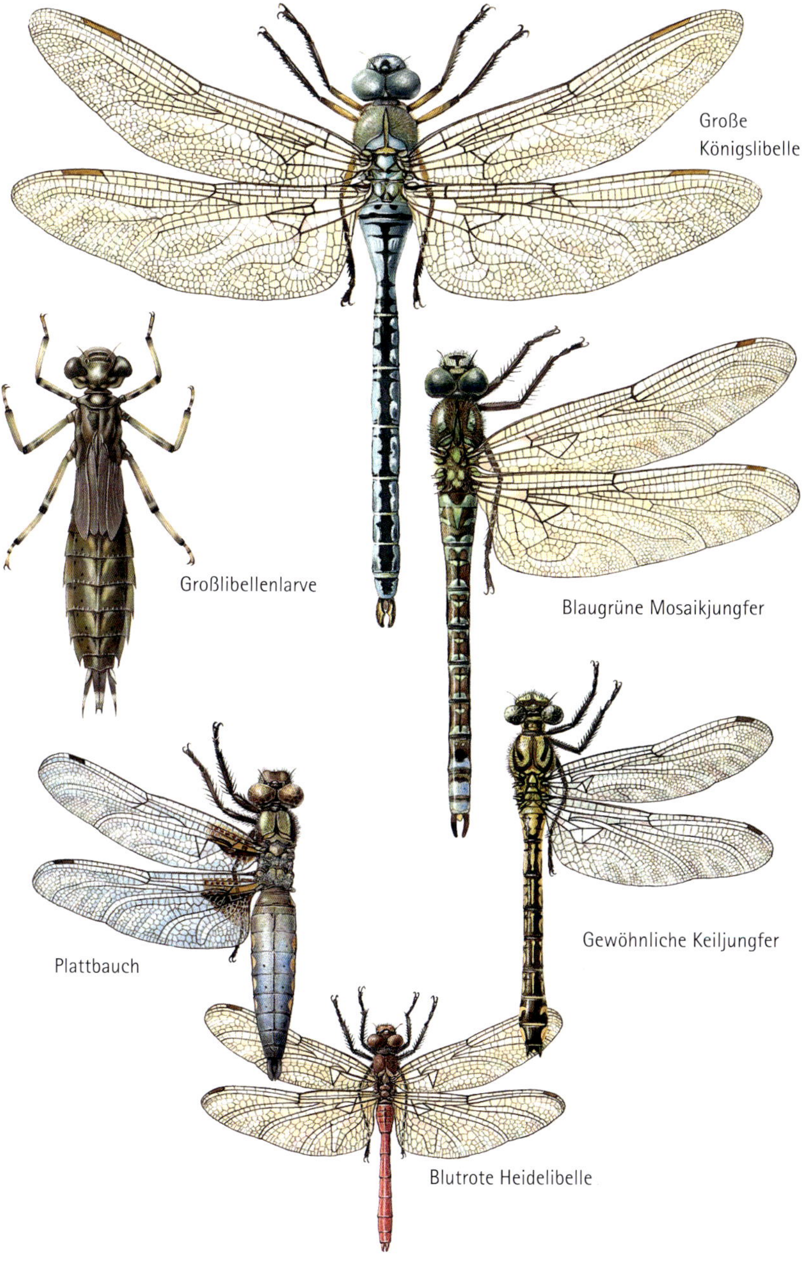
Große
Königslibelle
Großlibellenlarve
Blaugrüne Mosaikjungfer
Gewöhnliche Keiljungfer
Plattbauch
Blutrote Heidelibelle

Ohrwurm *Forficula auricularia*
Kennzeichen: Körper 9–14 mm, ♀ kleiner als ♂. Die 7 heimischen Ohrwurm-Arten sind 5–25 mm große Insekten von heller oder dunkler Braunfärbung. Obwohl sie flügellos wirken, besitzen sie dennoch Flügel und können meist auch fliegen. Die Zangen am Hinterleibsende dienen als Waffe gegen Feinde und Rivalen, zum Ergreifen von Beute und zum Entfalten der Flügel. Vorkommen: Gärten, Parks und lichte Wälder. Lebensweise: Nachtaktiv, tagsüber in dunklen Schlupfwinkeln versteckt, manchmal Massenansammlungen, z. B. unter Borke. Da die Deckflügel sehr kurz sind, müssen die häutigen Flugflügel auf komplizierte Weise zusammengefaltet werden, damit sie darunter versteckt werden können. Die ♀ legen im Frühling und Herbst eine Höhle für ihre etwa 50 Eier an. Das Gelege wird durch Belecken, Umschichten und Verteidigung betreut, oft werden auch noch die Jungtiere umsorgt. Junge Ohrwürmer sehen den alten ähnlich (unvollkommene Verwandlung). Im Laufe ihrer Entwicklung machen sie 4–5 Häutungen durch. Sie überwintern in Verstecken. Nahrung: Frische Pflanzensubstanz, Blattläuse und andere Kleintiere. (Als Nützling umstritten.)

Gottesanbeterin *Mantis religiosa*
Kennzeichen: Körper 40–60 mm, ♀ größer als ♂. Es kommen gelbbraune und grüne Tiere vor. Die Vorderbeine sind zu Fangbeinen umgewandelt, mit denen die tagaktiven Tiere ihre Beute greifen. Die Flügel werden nur zur Flucht benutzt. Vorkommen: Bei uns nur in trockenen Wärmegebieten (Kaiserstuhl, Saarland), häufiger in Südeuropa. Lebensweise: Da die kleineren ♂ Gefahr laufen, als Beute behandelt zu werden, schleichen sie sich von hinten an, werden aber nach der Paarung dennoch oft gefressen. Eier überwintern in erhärtendem Schaumpaket, die Larven sehen den Alttieren ähnlich.

Küchenschabe, Kakerlak
Blatta orientalis
Kennzeichen: Körper 20–30 mm. Die 5 in Mitteleuropa lebenden Schaben-Arten sind aus wärmeren Regionen eingeschleppt. Nur die ♂ besitzen körperlange Flügel, die ♀ nur Flügelstummel. Deutlich kleiner (10–15 mm) ist die hellbraune Deutsche Schabe *(Blatella germanica)*, auch Russe oder Franzose genannt. Vorkommen: Wohl nur in Gebäuden. Lebensweise: Die sehr flinken, dämmerungsaktiven Tiere leben von Abfällen und können durch Fraß und Verunreinigungen sehr lästig werden. Als wärmeliebende Insekten bevorzugen sie Bäckereien (»Bäckerschabe«). Der Paarung geht eine längere Balz voraus. Das ♀ produziert einen erhärtenden Eikokon. Die Larven sehen den ♀ ähnlich und machen bis zur Geschlechtsreife 8–9 Häutungen durch.

Waldschabe *Ectobius lapponicus*
Kennzeichen: Körper 9–13 mm. Alle 12 in Mitteleuropa lebenden Waldschaben-Arten sind heimisch. Die ♂ besitzen gut ausgebildete Deck- und Flugflügel, von denen sie auch häufig Gebrauch machen; die Deckflügel der ♀ sind kürzer, ihre Flugflügel stark verkümmert. Vorkommen: In Wald- und Heidegebieten auf und in der Waldstreu, die ♂ eher in niedriger Vegetation, die ♀ eher am Boden. Lebensweise: Die tagaktiven Tiere ernähren sich von verschiedenen organischen Abfällen, wohl auch von Kleintieren. Die Larven gleichen bis auf die fehlenden Flügel den Alttieren.

Männchen

Ohrwurm

Weibchen

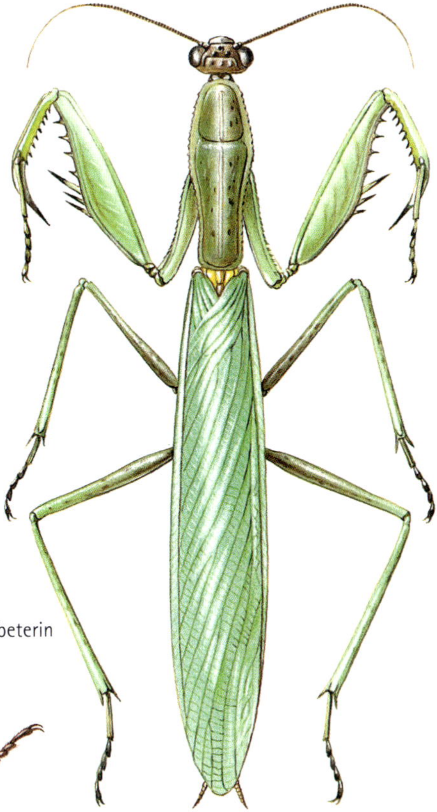

Gottesanbeterin

Küchenschabe, Kakerlak

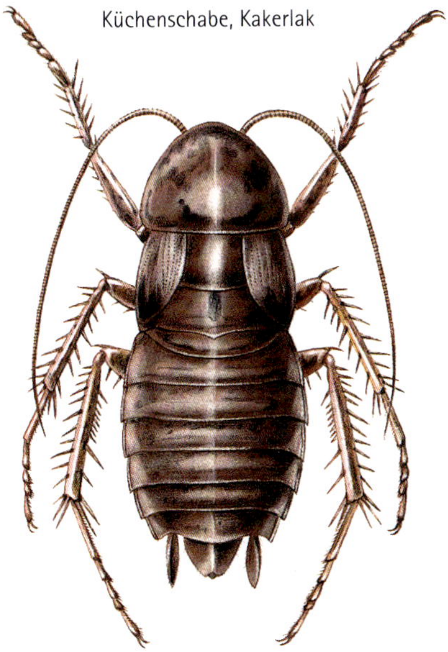

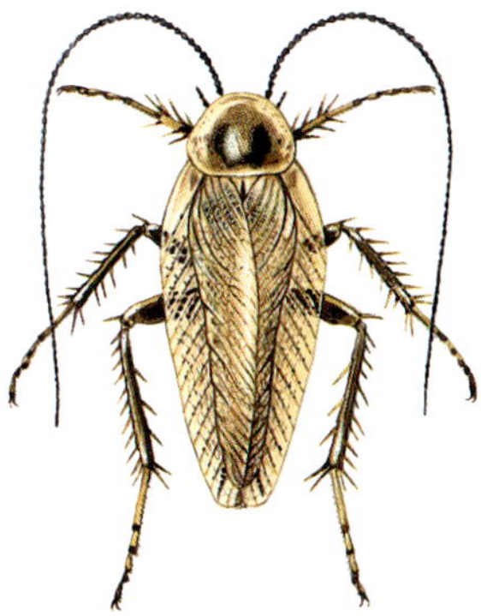

Waldschabe

Großes Grünes Heupferd

Tettigonia viridissima

Kennzeichen: Körper bis 35 mm. Charakteristisch für die Gruppe der Laubheuschrecken sind die oft mehr als körperlangen Fühler. Beim ausgewachsenen Tier überragen die Flügel weit den Körper. ♀ mit langer, ziemlich gerader Legröhre. Klettern nachts gerne in die Baumkronen, wo die ♂ zwischen Juli und November laut und ausdauernd »singen«, wobei sie wie alle Laubheuschrecken nur die Flügel aneinander reiben. Der Gesang kann mit Grillengesang verwechselt werden, der jedoch früher im Jahr und niemals von Bäumen ertönt. Vorkommen: Wiesen und Getreidefelder, nachts auch gern in hoher Vegetation. Lebensweise: Ernährt sich hauptsächlich von verschiedenen Kleintieren (Insekten), die mit den bedornten Vorderbeinen gefangen werden. Gelegentlich auch pflanzliche Kost. Flug nur über kurze Strecken. Die ♀ legen mit ihrer Legröhre bis zu 100 Eier im Boden ab. Die Larvenentwicklung beginnt erst nach dem Überwintern der Eier und ist bereits im Juli abgeschlossen.

Warzenbeißer *Decticus verrucivorus*

Kennzeichen: Körper bis 35 mm. Schwarzbräunliche Zeichnungen auf Flügeln und Körper (es gibt auch ganz braune Tiere). Flügel wesentlich kürzer als bei der vorgenannten Art. Stark gekrümmte Legröhre der ♀. Vorkommen: Erwachsene Tiere von Juli bis Okt. auf Wiesen, Äckern und Heiden, kaum je auf Büschen und Bäumen. Lebensweise: Larven und Alttiere ernähren sich von kleinen Insekten und Pflanzenteilen. Die ♂ singen nur tagsüber, bei Sonne in langen Sequenzen. Eiablage im Boden. Nach Überwinterung der Eier entwickeln sich die Larven rasch und sind im Juli erwachsen.

Gewöhnliche Eichenschrecke

Meconema thalassinum

Kennzeichen: Körper 12–15 mm. Hellgrün; Fühler fast 4-fache Körperlänge. Alttiere Ende Juli bis Nov. Vorkommen: Schwer zu finden, da nur auf Bäumen. Lebensweise: Nachtaktiv, jagt Raupen und Blattläuse. ♂ trommeln auf Blättern. Eier in Rindenritzen.

Gewöhnlicher Grashüpfer

Chorthippus parallelus

Kennzeichen: ♂ 13–16 mm, ♀ 17–23 mm. Feldheuschrecken haben kurze Fühler; zur Lauterzeugung werden Beine und Flügel aneinander gerieben. Färbung sehr variabel, Flügel verkürzt. Vorkommen: Weit verbreitet und häufig. Trockene, extensiv bewirtschaftete Wiesen und Weiden. Lebensweise: Reine Pflanzenfresser. Aus den überwinternden Eiern schlüpfen zunächst räupchenähnliche Larven. Im Juni treten dann die ersten erwachsenen Feldheuschrecken auf.

Rotflüglige Ödlandschrecke

Oedipoda germanica

Kennzeichen: Körper ♂ 15–21 mm, ♀ 22–28 mm. Je nach Untergrund hellgrau bis schwarzbraun, Hinterflügel rot mit breitem schwarzem Rand. Sehr ähnlich ist die häufigere Blauflüglige Ödlandschrecke *(O. caerulescens)*. Vorkommen: Warme, trockene, steinige Biotope (Weinberge). Lebensweise: Ernährt sich von Gräsern.

Schnarrschrecke *Psophus stridulus*

Kennzeichen: Körper 23–40 mm. ♀ hellbraun bis grau, ♂ fast schwarz, Hinterflügel fast ganz rot; Halsschild mit Rückenkiel. Vorkommen: Steinige Trockenrasen, im Gebirge bis 2000 m. In weiten Teilen Mitteleuropas ausgestorben. Lebensweise: ♂ fliegt mit klapperndem Schnarren auf; ♀ schnarren im Sitzen.

Warzenbeißer

Gewöhnlicher Grashüpfer

Großes Grünes Heupferd

Gewöhnliche Eichenschrecke

Rotflüglige Ödlandschrecke

Schnarrschrecke

Maulwurfsgrille, Werre

Gryllotalpa gryllotalpa

Kennzeichen: Körper 35–50 mm. Die bräunlich-gelblichen Tiere sind mit ihren zu Grabschaufeln umgebildeten Vorderbeinen unverkennbar. Die Fühler sind kurz, ebenso die Deckflügel, die von den flugtauglichen Hinterflügeln überragt werden. Stimme: Dumpf (da meist aus unterirdischen Gängen) klingendes Schnurren in schwankender Tonhöhe »ärrrr-örrrr«. Der Gesang wird durch Aneinanderreiben der Deckflügel erzeugt. (Ziegenmelker, eine Nachtschwalben-Art, und Wechselkröte singen ähnlich.) Vorkommen: In Mitteleuropa weit verbreitet, lokal häufig. Als Lebensraum werden Wiesen und Gärten sowie Schuttflächen besiedelt. Lebensweise: Obwohl Werren manchmal durch Wurzelfraß und Unterwühlen von Jungpflanzen im Garten Schaden anrichten, ernähren sie sich überwiegend von Insektenlarven und Würmern. In Erdhöhlen werden bis zu 500 Eier abgelegt und durch Belecken betreut. Das 1. Larvenstadium besitzt noch keine Grabbeine. Erst nach 2 Jahren sind die Tiere erwachsen.

Feldgrille *Gryllus campestris*

Kennzeichen: Körper 20–26 mm. Braunschwarze, kompakt wirkende Insekten. Hinterflügel meist verkümmert, dadurch flugunfähig. Stimme: Der gewöhnliche Lockgesang besteht aus ruhigen, rhythmischen Schrill-Lauten; davon unterscheidet sich der grellere Warngesang gegenüber anderen ♂ und Balzgesang gegenüber ♀. Nur bis 10 mm lang ist die ansonsten ähnliche Waldgrille *(Nemobius silvestris)*. Vorkommen: Sonnige, nicht zu dichte Rasen, möglichst in Hanglage mit Südexposition. Vielerorts durch intensive Landwirtschaft oder Pflege von Nutzflächen gefährdet. Lebensweise: Die Imagines findet man von Mai bis Juli. Sie leben in selbst gegrabenen, 30–40 cm tiefen Erdröhren. Die ♂ besetzen kleine Reviere, die sie gegen Eindringlinge verteidigen. Sie singen (vor allem nachmittags bis Mitternacht) am Röhreneingang, indem sie die angehobenen Vorderflügel gegeneinander reiben. Nähert sich ein Rivale, erklingt ein schriller Warngesang, der zu Flucht oder Kampf führt. Nähert sich ein ♀, setzt ein leiser Werbegesang ein. Bei der Kopulation besteigt das ♀ das ♂. Die Eier werden mit dem Legebohrer in den Boden versenkt. Die Nahrung ist teils pflanzlich, teils tierisch. Die Larven schlüpfen nach 2–3 Wochen und überwintern nach etwa 7 Häutungen in selbst gegrabenen Gängen.

Hausgrille, Heimchen

Acheta domestica

Kennzeichen: Körper 15–20 mm. Zierlicher und heller als Feldgrille. Das rhythmische Zirpen ist leiser als bei der Feldgrille. Vorkommen: Vorzugstemperatur über 30 °C, daher bei uns fast nur in Häusern, nur im Sommer auch im Freien (Müllplätze). Lebensweise: Die hauptsächlich nachtaktiven Tiere leben gerne in Gruppen und ernähren sich überwiegend vegetarisch. Die Larven ähneln unbeflügelten Alttieren; 12–16 Larvenstadien.

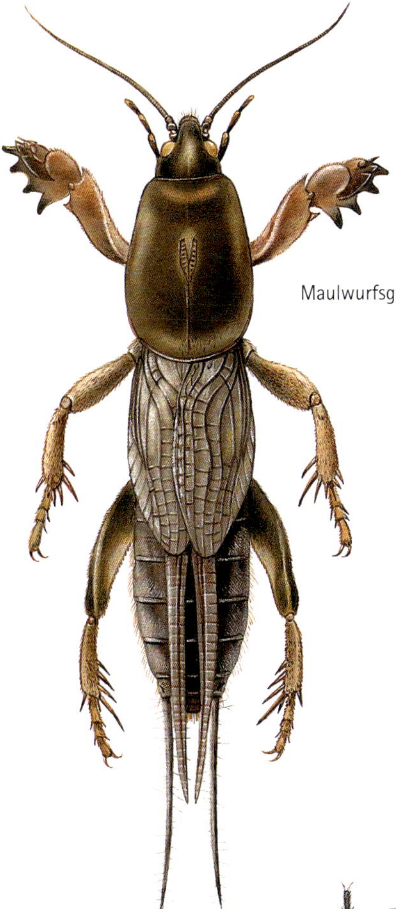

Maulwurfsgrille, Werre

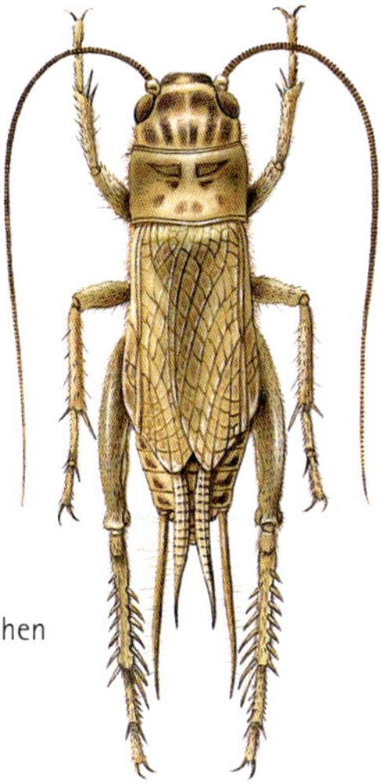

Hausgrille, Heimchen

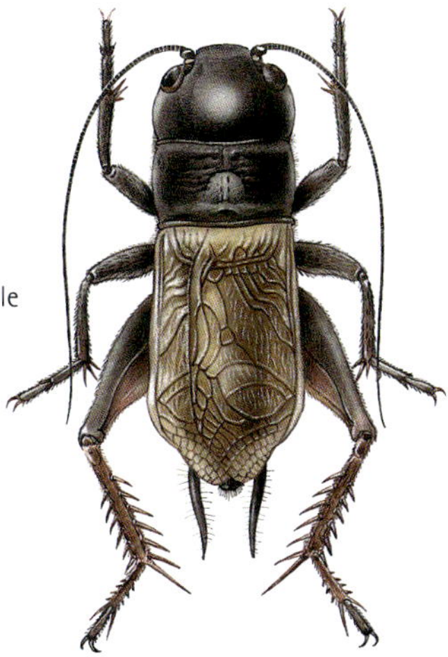

Feldgrille

Kugelwanze *Coptosoma scutellatum*
Kennzeichen: Körper 4 mm. Schwarz und kugelig; das an das Halsschild anschließende Schildchen bedeckt den ganzen Hinterkörper. Die Flügel sind darunter zusammengefaltet. Vorkommen: An sonnigen Stellen auf Kalkböden. Lebensweise: Saugt hauptsächlich an Kronwicke u. a. Schmetterlingsblütlern. Die Imago überwintert, und die neue Generation erscheint ab Juli.

Grüne Stinkwanze
Palomena prasina
Kennzeichen: Körper 12–14 mm. Das Halsschild und das anschließende Schildchen bedecken den Hinterleib bis gut zur Mitte. Nur im Sommer grün, färbt sich im Herbst zur Überwinterung braun und im Frühjahr wieder grün. Der lange Saugrüssel wird in der Ruhe unter den Bauch geklappt. Vorkommen: An Büschen und Bäumen. Lebensweise: Larven und Imagines leben v. a. von Pflanzensäften. Durch Saugen an unreifem Getreide können sie schädlich werden. Beide Geschlechter können durch Reiben der Hinterbeine am Hinterleib tiefe Laute erzeugen, die der Paarfindung dienen.

Italienische Streifenwanze
Graphosoma italicum
Kennzeichen: Körper 12 mm. Die roten und schwarzen Streifen verlaufen auf dem bis zum Hinterleibsende reichenden Schildchen längs, auf dem Hinterleib (unter Schild und Flügeln) aber quer zum Körper. Vorkommen: In Mitteleuropa vor allem in Weinbaugegenden. Häufig auf Doldenblütlern. Lebensweise: Wenig bekannt. Die Eier werden in dichten Gruppen an der Vegetation abgelegt. Junglarven leben häufig in Fressgemeinschaften zusammen. Die Larven sind ebenfalls bunt gezeichnet, was als Warnfarbe gedeutet wird.

Beerenwanze *Dolychoris baccarum*
Kennzeichen: Körper 10–12 mm. An Kopf, Halsschild und Beinen abstehend behaart; die schwarzen Fühler sind weiß geringelt; die übrige Färbung variiert stark. Vorkommen: Weit verbreitet in Gärten, an Waldrändern und auf Wiesen. Lebensweise: Saugt gerne an Beeren, die durch den Gestank ungenießbar werden.

Rotbeinige Baumwanze
Pentatoma rufipes
Kennzeichen: Körper 13–16 mm. Unsere größte Baumwanze. Im Sommer hellbraun, im Winter dunkelbraun mit Erzglanz, der Saum ist hell-dunkel gemustert. Vorkommen: Weit verbreitet und stellenweise sehr häufig. Lebensweise: Lebt auf Laubbäumen hauptsächlich von Pflanzensäften, gelegentlich auch von Kleintieren. Fliegt nachts auch in Wohnungen.

Feuerwanze *Pyrrhocoris apterus*
Kennzeichen: Körper 10 mm. Große schwarz-rote Wanze mit ovalem Körperumriss. Färbung und Zeichnung werden stark beeinflusst von verschiedenen Außenbedingungen. Die Flügel lassen das hintere Drittel des Hinterleibs frei. Vorkommen: Verbreitet und sehr häufig. Lebensweise: Die Tiere versammeln sich oft in Mengen unter Linden und saugen an den Lindensamen. Gelegentlich ist die Nahrung wohl auch tierisch (Insekteneier, Aas). Die ♂ erkennen die arteigenen ♀ auf geringe Distanz an einem Sexuallockstoff. Die Paarung kann bis zu 30 Stunden dauern. Die etwa 100 Eier werden in selbst gegrabenen kleinen Erdhöhlen oder zwischen abgefallenem Laub abgelegt. Der Hinterleib der Larven ist nahezu einheitlich rot.

Grüne
Stinkwanze

Kugelwanze

Italienische
Streifenwanze

Beerenwanze

Rotbeinige
Baumwanze

Feuerwanze

Wasserläufer *Gerris lacustris*
Kennzeichen: Körper 8–10 mm. Wasserwanzen zeigen ebenfalls eine recht große Formenfülle, unterscheiden sich aber von den Landwanzen im Allgemeinen durch geringere Farbenpracht. Bei den Wasserläufern (in Mitteleuropa 12 sehr ähnliche Arten) sind die Mittel- und Hinterbeine wesentlich länger als bei den Bachläufern *(Velia caprai),* die Vorderbeine jedoch viel kürzer als bei den Teichläufern (unten). Körper und Beine sind mit einem dichten Filz wasserabstoßender Härchen besetzt. Vorkommen: Auf Gräben und Teichen sehr häufig. Lebensweise: Jagen andere Insekten auf der Wasseroberfläche oder fressen Aas. Die Vorderbeine dienen dem Erfassen der Beute, die gleichzeitig bewegten Mittelbeine der Fortbewegung und die Hinterbeine der Steuerung. Die Flügel sind mehr oder weniger rückgebildet. Tiere mit voll ausgebildeten Flügeln können weit fliegen; sie überwintern oft weit vom Wasser entfernt.

Gewöhnlicher Teichläufer
Hydrometra stagnorum
Kennzeichen: Körper 9–12 mm. Die Teichläufer, auch Wasserstelzwanzen genannt (in Mitteleuropa 2 Arten), haben einen sehr dünnen, lang gestreckten Körper; auch Beine und Fühler sind dünn und lang; Flügel fehlen oder sind rückgebildet. Unsere Art ist braun bis schwarz und trägt die Augen im hinteren Drittel des langen Kopfes. Vorkommen: Verbreitet in der Uferzone stehender oder träge fließender Gewässer. Lebensweise: Im Gegensatz zu den hurtig dahineilenden Wasserläufern stelzen die Teichläufer eher träge. Die Larven sehen den Alttieren ähnlich.

Gewöhnlicher Rückenschwimmer
Notonecta glauca
Kennzeichen: Körper 14–18 mm. Rückenschwimmer (6 Arten in Mitteleuropa) hängen in der Ruhe unter der Wasseroberfläche und schwimmen auch mit dem Rücken nach unten. Ihre Flügel bilden ein gewölbtes Dach. Vorkommen: Weit verbreitet und in vegetationsreichen Kleingewässern nicht selten. Lebensweise: Die verlängerten Hinterbeine tragen Schwimmhaare, die sich beim Rückschlag spreizen. Die Luft wird von 2 mit dichten Haarreihen besetzten Rinnen am Bauch gehalten, sodass langes Tauchen möglich ist. Mit ihrem Saugrüssel können sie schmerzhaft stechen, was ihnen den Namen »Wasserbienen« eingetragen hat.

Wasserskorpion *Nepa rubra*
Kennzeichen: Körper 17–22 mm ohne Atemrohr. Eine gelblich-bräunliche, breite und sehr flache Wasserwanze mit skorpionartigen Fangbeinen und langem Atemrohr. Vorkommen: Verbreitet und in vegetationsreichen, seichten Gewässern häufig. Lebensweise: Die Tiere leben im Bodenschlamm von Teichen und Gräben und lauern hier oder zwischen Wasserpflanzen auf Wasserinsekten, Kaulquappen und Jungfische. Zum Luftholen hängen sie sich kopfüber mit dem Atemrohr an die Wasseroberfläche; ihren Luftvorrat haben sie unter den Flügeln. Schwimm- und Flugvermögen ist gering. Die Tiere überwintern auch an Land. Die Larven haben keine Flügel und ein deutlich kürzeres Atemrohr.

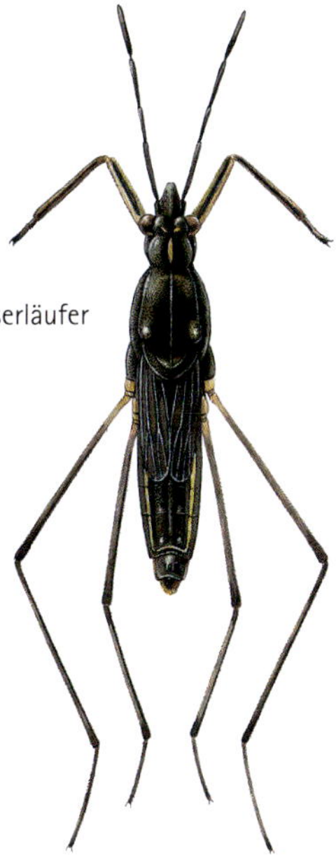

Wasserläufer

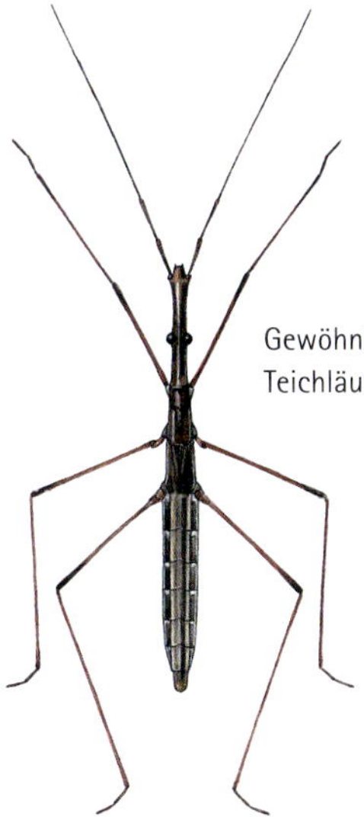

Gewöhnlicher Teichläufer

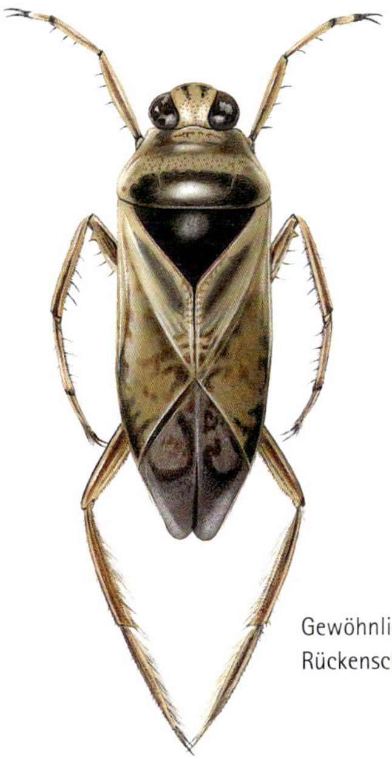

Gewöhnlicher Rückenschwimmer

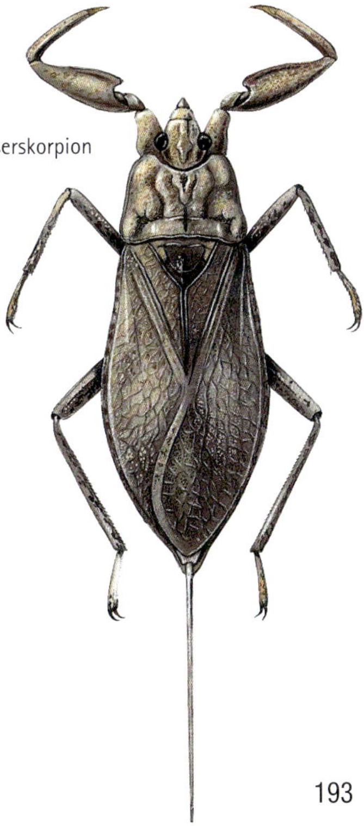

Wasserskorpion

Bergzikade *Cicadetta montana*
Kennzeichen: Körper 16–27 mm. Von den rund 30 000 Zikadenarten leben in Mitteleuropa rund 500. Es sind allerdings meist kleine und meist nicht singende Arten. Die Fühler sind kurz und borstenförmig. Vorkommen: Sonnige, warme Plätze. Lebensweise: Alle Zikaden ernähren sich von Pflanzensäften. Mit den Heuschrecken teilen sie das Singvermögen. Ihre Musikinstrumente sind aber völlig andere: 2 nach außen gewölbte Trommelfelle werden durch einen Muskel nach innen gezogen, was ein knackendes Geräusch verursacht. Der schwirrende Gesang entsteht durch 50–480 Bewegungen in der Sekunde. Zu den Singzikaden gehören in Mitteleuropa nur 2 Arten, unsere Bergzikade und die Blutrote Zikade *(Tibicina haematodes)*.

Wiesenschaumzikade
Philaenus spumarius
Kennzeichen: Körper 5–6 mm. Bräunlich mit variabler Zeichnung. Das Auffallendste an den Schaumzikaden ist der von den Larven erzeugte Schaum, den der Volksmund auch als Kuckucksspeichel bezeichnet. Vorkommen: Wiesen. Lebensweise: Als Larve an verschiedenen Kräutern. Sie pumpen Luft in eine aus dem After austretende Flüssigkeit, die die Eigenschaft von Seifenlauge besitzt, sodass recht dauerhafter Schaum entsteht, der die zarten Larven vor Austrocknung und vor Feinden schützt. Auch unterirdisch lebende Arten bilden Schaum.

Blutzikade *Cercopis vulnerata*
Kennzeichen: Körper 8–10 mm. Schwarz mit roten Flecken. Vorkommen: Im Hügelland an Gräsern und Büschen. Lebensweise: Larven unterirdisch im Schaum an den Wurzeln krautiger Pflanzen und Weinreben. Gesang liegt über menschlicher Hörfrequenz. Die ähnliche Weidenzikade *(Aphrophora salicina)* findet man oft in Massen an Weiden und Pappeln.

Schwarze Bohnenlaus *Aphis fabae*
Kennzeichen: Körper 2 mm. Körper schwarz, Flügel durchsichtig. Larven und ein Teil der Alttiere ohne Flügel. Vorkommen: Weit verbreitet und häufig, an verschiedenen Pflanzen. Lebensweise: Hauptwirt sind verschiedene Sträucher, Nebenwirt Ackerbohnen, Rüben und andere krautige Pflanzen. Schaden entsteht bei Massenbefall und durch Übertragung von Viruskrankheiten. Von Ameisen gehegte Kolonien entwickeln sich besonders gut. Die ♀ gebären lebende Junge und sind in der ungeschlechtlichen Phase sehr produktiv.

Grüne Pfirsichlaus *Myzus persicae*
Kennzeichen: Körper 2 mm. Grün oder gelbgrün mit dunkleren Flecken. Vorkommen: Weit verbreitet, im Winter auch in Gewächshäusern. Lebensweise: Hauptwirt sind Pfirsichbäume, Nebenwirt verschiedene Kräuter. Die Eier überwintern zwischen Knospe und Stamm junger Zweige. Schaden entsteht durch Übertragung von Viruskrankheiten.

Grüne Fichtengallenlaus
Sacchiphantes viridis
Kennzeichen: Körper 2 mm. Grün oder braun, kurze Fühler. Vorkommen: Nadelwälder. Lebensweise: Durch den Saugreiz der Tannenläuse (in Mitteleuropa etwa 20 Arten) entstehen ananasförmige Wucherungen (»Gallen«) an Jungtrieben oder Knospen der Fichte, in deren Kammern die Nachkommen der Laus leben. Später öffnen sich die Gallen und geben die geflügelten Wanderformen frei. Wirtswechsel unserer Art mit Lärche. Gallen grün mit roten Schüppchenrändern.

Bergzikade

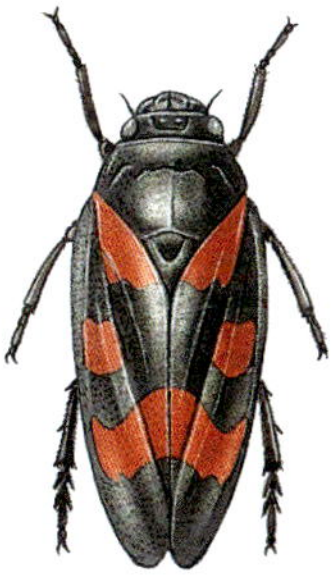
Blutzikade

Wiesenschaumzikade

Larve im Schaumtropfen

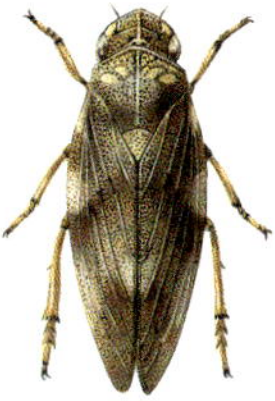

Grüne Fichtengallenlaus

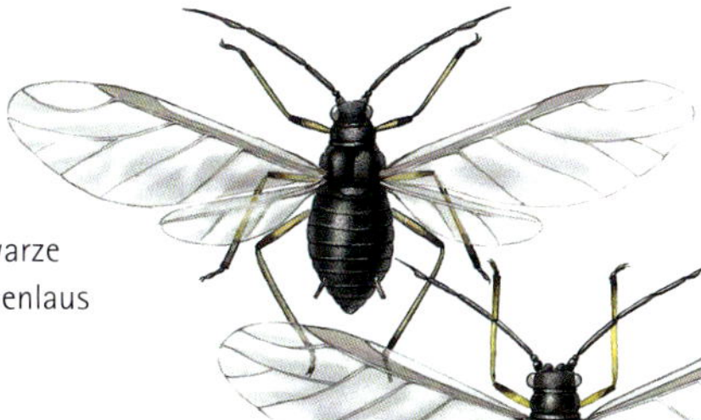
Schwarze Bohnenlaus

Grüne Pfirsichlaus

Feld-Sandlaufkäfer

Cicindela campestris

Kennzeichen: Körper 10–14 mm. Flügeldecken auffallend grün mit wenigen hellen Flecken. Vorkommen: Auf sandigen Böden, Wald- und Wiesenwegen. Lebensweise: Jagen Spinnen und Insekten. Bei Bedrohung fliegen sie abrupt hoch. Die Larve lebt in einer senkrechten Erdröhre, aus der nur ihre Mandibeln (zangenförmige Mundwerkzeuge) herausragen, mit denen sie zielstrebig ihre Beute packt.

Wald-Sandlaufkäfer

Cicindela silvatica

Kennzeichen: Körper 14–20 mm. Flügeldecken schwarzbraun mit symmetrischen hellen Linien. Vorkommen: Nicht sehr häufig, im Norden und Osten auf sandigen Böden. Lebensweise: Wie alle Laufkäfer leben sie räuberisch von Spinnen und Insekten. Das ♀ legt die Eier nach der Kopulation in selbst gebohrten Erdröhren ab. Die Larven bewohnen Erdröhren, aus denen sie hervorschnellen und ihre Beute erlegen. Der Jungkäfer schlüpft im Spätsommer und überwintert im Boden.

Goldlaufkäfer *Carabus auratus*

Kennzeichen: Körper 17–30 mm. Schlank mit leuchtend goldgrüner Färbung. Ähnlich ist der Goldglänzende Laufkäfer *(C. auronitens)*. Vorkommen: In Feldern, Gebüschen und Gärten. Meidet sandige Böden. Lebensweise: Im Gegensatz zu vielen anderen Laufkäferarten tagaktiv. Für Land- und Forstwirtschaft nützlich, da er jährlich mehrere hundert Raupen, Engerlinge, Nacktschnecken und Drahtwürmer verzehrt. Die Jungkäfer überwintern im Boden. Das ♀ legt im Frühjahr 20–60 Eier einzeln in kleine Erdhöhlen ab. Die schwarzen Larven leben räuberisch.

Körniger Laufkäfer

Carabus granulatus

Kennzeichen: Körper 17–23 mm. Die Farbe variiert von Kupferrot über Grün bis Schwarz. Fühler und Beine sind schwarz. Beim ♂ reichen die Fühler bis zur Mitte der Flügeldecken. Vorkommen: Auf Feldern, Wiesen und in Wäldern von der Ebene bis ins Hochgebirge, unter Steinen, Moos u. Ä. Lebensweise: Die Art zählt zu den wenigen flugfähigen Laufkäfern. Die Tiere ernähren sich überwiegend von Insekten, Würmern und Gehäuseschnecken. Nach der Begattung legt das ♀ ca. 40 Eier einzeln in flache Erdhöhlen.

Hain-Laufkäfer *Carabus nemoralis*

Kennzeichen: Körper 18–28 mm. Bronzefarben bis schwarzgrün glänzend, am Rand violett oder blau. Vorkommen: Feuchte Wälder, Felder, Gärten vom Flachland bis in 2000 m. Lebensweise: Die Käfer sind im Frühjahr und Herbst aktiv, während des Sommers ruhen sie in Bodenverstecken. Wichtiger tag- und nachtaktiver Schädlingsvertilger. Ernährt sich auch von reifem Obst. Überwintert in verschiedenen Entwicklungsstadien.

Blauer Laufkäfer *Carabus intricatus*

Kennzeichen: Körper 24–36 mm. Flügeldecken ziemlich flach mit Kettenstreifen, intensiv blau bis blauschwarz gefärbt. Langer Halsschild mit tiefer Mittelfurche. Vorkommen: Besiedelt Wälder, Gärten und Küsten, wo er unter Steinen, Moos und Rinden lebt. Lebensweise: Tagaktiver Räuber, der zusätzlich reifes Obst und Pilze vertilgt. Jungkäfer schlüpfen im Herbst und überwintern zu mehreren in alten Holzstubben. Von Juli bis August Sommerruhe.

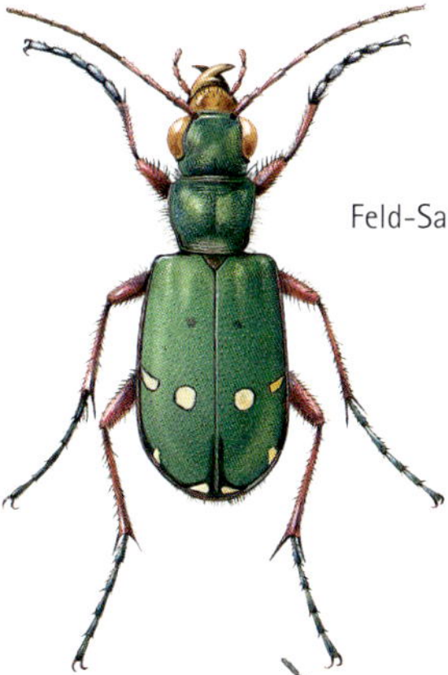

Feld-Sandlaufkäfer

Wald-Sandlaufkäfer

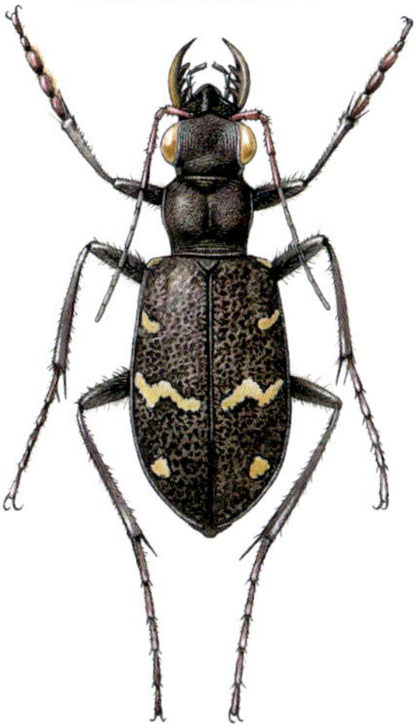

Körniger Laufkäfer

Goldlaufkäfer

Hain-Laufkäfer

Blauer Laufkäfer

Furchenschwimmer *Acilius sulcatus*
Kennzeichen: Körper 16–18 mm, abgeflachter, ovaler gelber Käfer mit schwarzer V-Zeichnung zwischen den Augen. Der Halsschild zeigt 2 schwarze Querstreifen, Flügeldecken dunkel gesprenkelt, Hinterschenkel gelb mit schwarzem Band. Unterseite schwarz. Vorderfußgliedmaßen beim ♂ stark verbreitert mit zahlreichen Saugnäpfen; Flügeldecken glatt (siehe Abb.). Flügeldecken der ♀ mit je 4 stark behaarten Längsfurchen; Saugplättchen fehlen. Der ähnliche *A. caniculatus* unterscheidet sich von unserer Art durch die einfarbig gelben Hinterschenkel. Vorkommen: Lebt in stehenden und langsam fließenden Gewässern und Mooren Europas. Lebensweise: Sehr guter Schwimmer. Eiablage an Land in Gelegen von 30–50 Eiern unter morscher Rinde oder im Moos.

Zwergschwimmer
Hydroporus palustris
Kennzeichen: Körper 3 mm. Ein dunkelbrauner Käfer mit gelblicher Zeichnung. Vorkommen: In stehenden und fließenden Gewässern fast das ganze Jahr über zu finden. Lebensweise: Käfer und Larve leben räuberisch von Kleintieren im Wasser. Die Larvenentwicklung dauert von wenigen Wochen bis zu 1 Jahr.

Gelbrandkäfer *Dytiscus marginalis*
Kennzeichen: Körper 27–35 mm. Halsschild und Flügeldecken sind mit einem gleichmäßig breiten gelben Band gesäumt. Beine mit langen Schwimmhaaren. Beim ♂ sind die ersten 3 Vorderfußglieder verbreitert und unterseits mit Saugnäpfen besetzt. Die Vorrichtung dient als Haftorgan bei der Begattung. Die Oberfläche der Deckflügel ist beim ♂ schwarzgrün und glatt, während das ♀ grünbraun ist und gefurchte Flügeldecken hat. Vorkommen: In pflanzenreichen stehenden und langsam fließenden Gewässern; besiedelt auch Moore und Brackwasser. Lebensweise: Gelbrandkäfer schwimmen und fliegen sehr gut. Beim Tauchen regeln sie ihr Gewicht durch Aufnahme von Wasser in den Enddarm. In einer Drüse der Vorderbrust produziert der Käfer das Wirbeltierhormon Cortexon, das z. B. bei Fischen zu Lähmungen führt. Durch Öffnungen des Hinterleibs wird Luft in den Luftspeicher zwischen Rücken und Flügeldecken geleitet. Bei der Paarung im Herbst und Frühjahr klammert sich das ♂ mit seinen Saugnäpfen mehrere Tage an das ♀. Während der nächsten 10 Wochen legt das ♀ bis zu 1000 Eier einzeln in Wasserpflanzen ab. Im Frühsommer schlüpfen die ebenfalls räuberisch lebenden Larven (siehe Abb.), deren Beine und letzte Hinterleibssegmente mit Schwimmhaaren bedeckt sind. Mit den zangenartigen Mundwerkzeugen (Mandibeln) wird die Beute – Insektenlarven, Wasserasseln, Kaulquappen und kleine Fische – festgehalten. Über einen feinen Kanal in den Mandibeln wird eine Flüssigkeit injiziert, die das Opfer lähmt und das Gewebe verflüssigt, sodass es vorverdaut aufgesogen werden kann. Je nach Wassertemperatur dauert die Larvenentwicklung 4–12 Wochen. Das letzte Larvenstadium ist 60–80 mm lang. Die Larven steigen zur Verpuppung an Land. Nach etwa 2–4 Wochen schlüpft der Jungkäfer, der anschließend überwintert.

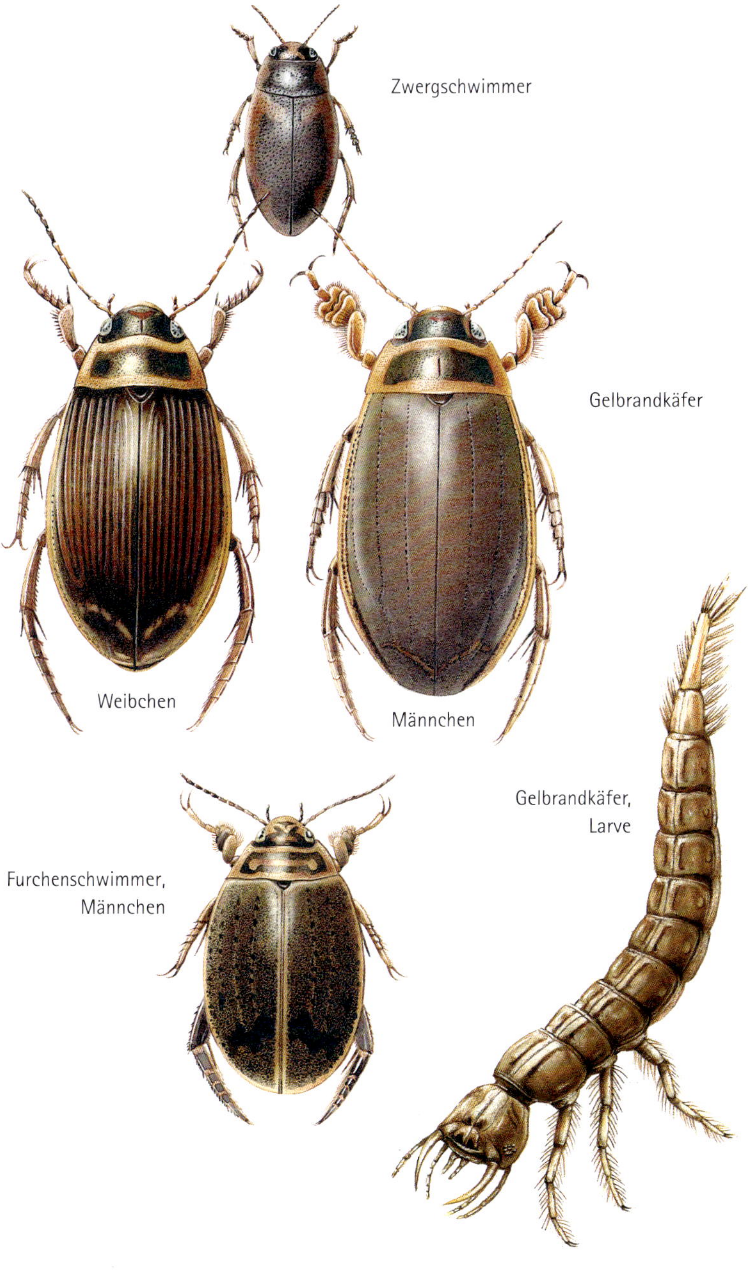
Zwergschwimmer
Gelbrandkäfer
Weibchen
Männchen
Gelbrandkäfer,
Larve
Furchenschwimmer,
Männchen

Taumelkäfer *Gyrinus substriatus*
Kennzeichen: Körper 5–7 mm. Schwarz glänzender Käfer. Die hinten abgestutzten Flügeldecken sind mit Reihen feiner Grübchen (»Punktreihen«) besetzt. Seiten, Mittelbrust und letztes Hinterleibssegment der Unterseite sowie Beine gelbbraun. Glieder der Mittel- und Hinterbeine verbreitert. Auge zweigeteilt. Vorkommen: In stehenden und fließenden Gewässern und Mooren. Lebensweise: Schwimmt in raschen Kurven. Luftraum und Wasseroberfläche werden mit dem oberen Teil, Unterwasserraum mit dem unteren Teil des zweigeteilten Auges beobachtet. Taucht bei Gefahr ab. Die Eier werden in Reihen an Wasserpflanzen befestigt.

Großer Kolbenwasserkäfer
Hydrous piceus
Kennzeichen: Körper 34–50 mm. Flügeldecken schwarz glänzend mit grünem Schimmer; Beine braun mit Schwimmhaaren; Hinterleibssegmente am Bauch dachartig zugespitzt. Vorkommen: In pflanzenreichen Gewässern. Lebensweise: Pflanzenfresser. ♀ spinnt für die Eiablage einen seidenartigen Kokon von etwa 2 auf 3 cm. Die Larve wird bis 70 mm lang und ernährt sich räuberisch. Das letzte Larvenstadium verpuppt sich an Land. Der Käfer schlüpft im Herbst und überwintert im Wasser.

Kleiner Kolbenwasserkäfer
Hydrophilus flavipes
Kennzeichen: Körper 13–16 mm. Glänzend schwarzer Käfer mit gelben Extremitäten. Sehr ähnlich ist der nördlich an das Verbreitungsgebiet anschließende, etwas größere Stachelwasserkäfer *(Hydrochara caraboides)* mit schwarzen Beinen. Vorkommen: Im südlichen Mitteleuropa in ruhigen Gewässern mit Wasserpflanzen. Lebensweise: Käfer und Larven leben räuberisch an der Wasseroberfläche.

Schwarzhörniger Totengräber
Necrophorus vespilloides
Kennzeichen: Körper 10–18 mm. Unbehaarte Flügeldecken mit ziegelroten Querbinden, selten ganz schwarz. Sehr ähnlich der größere Gewöhnliche Totengräber *(N. vespillo)* mit roten Fühlerspitzen und gelben Haaren auf den Flügeldecken. Der Schwarze Totengräber *(N. humator)* ist noch größer (18–28 mm) und ganz schwarz. Vorkommen: An den Kadavern von Mäusen oder Vögeln. Lebensweise: Die Käfer versammeln sich zu mehreren an einem Kadaver und beginnen die Erde unter ihm wegzuschaffen. Nach einigen Stunden ist er »begraben«. Das stärkste Paar nimmt den zu einer Nahrungskugel geformten Kadaver in Besitz. Nach der Paarung legt das ♀ in einen Nebengang etwa 20 Eier. Nach 5 Tagen schlüpfen die Larven und werden durch zirpende Laute des ♀ zu einer vorverdauten Stelle am Kadaver gelockt und hier einige Zeit gefüttert, bis sie selbst fressen können. Nach 7 Tagen durchbrechen die Larven den Kadaver und verpuppen sich im Erdreich. Die Jungkäfer schlüpfen noch im gleichen Jahr.

Rothals-Silphe *Oiceoptoma thoracicia*
Kennzeichen: Körper 12–16 mm. Flacher Körper mit schwarzen Flügeldecken und auffällig rotem Halsschild. Vorkommen: Auf Kadavern, Säugerkot, faulenden Pflanzen und reifen Stinkmorcheln zu finden. Lebensweise: Käfer und Larven treten gleichzeitig auf. Fauliger Geruch von Pflanzen, Aas, Kot und Pilzen lockt sie an. Die Stinkmorchel macht sich dies zunutze: Der Käfer frisst von dem Pilz und verbreitet zugleich dessen Sporen. Als Aasfresser erfüllen Silphen im Kreislauf der Natur eine wichtige Rolle. Auch die Larven leben von totem organischen Material.

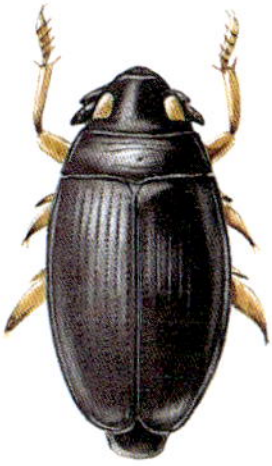

Taumelkäfer

Großer
Kolbenwasserkäfer

Kleiner
Kolbenwasserkäfer

Schwarzhörniger
Totengräber

Rothals-Silphe

Moderkäfer *Staphylinus caesareus*
Kennzeichen: Körper 17–22 mm. Schlanker schwarzer Käfer mit rotbraunen Fühlern, Beinen und stark verkürzten Flügeldecken. So bleibt der sehr bewegliche Hinterleib frei. Auf der Oberseite der Hinterleibssegmente sind deutlich helle Haarflecken zu erkennen. Vorkommen: Vor allem in Wäldern bis in höhere (subalpine) Bergregionen. Lebensweise: Moderkäfer machen Jagd auf verschiedene Insektenlarven und ernähren sich vor allem von Fliegenmaden. Ihnen kommt große Bedeutung bei der Vernichtung von Schädlingen zu. Moderkäfer sind gute Flieger; mit Hilfe der Hinterbeine und des Hinterleibs breiten sie die gefalteten Flügel vor dem Flug aus. Der Hinterleib unterstützt auch das Einfalten unter die Flügeldecken. In Afternähe münden Wehrdrüsen, aus denen bei Gefahr ein Sekret abgespritzt wird. Durch Drohgebärden versuchen sie Feinde einzuschüchtern; dabei heben sie den Kopf, spreizen die Mandibeln (zangenförmige Mundwerkzeuge) und klappen den Hinterleib hoch. Das ♀ legt die Eier einzeln ab. Die Larven leben ebenfalls räuberisch. Aus kurzen Erdröhren heraus überfallen sie ihre Beute. Nach dem 3. Larvenstadium verpuppen sie sich im Erdreich.

Hirschkäfer *Lucanus cervus*
Kennzeichen: ♂ 35–72 mm, ♀ 30–45 mm. Beim ♂ ist der Oberkiefer (Mandibeln) geweihartig vergrößert, wobei die Größe vom Futterangebot während der Larvenentwicklung abhängt. Der Oberkiefer der ♀ ist kleiner, aber kräftig. Flügeldecken und Mandibeln der ♂ sind rotbraun, Hals- und Kopfschild schwarzbraun. Vorkommen: Lebensraum sind Eichenwälder. Lebensweise: Die Käfer ernähren sich von ausfließenden Baumsäften. Mit den kräftigen Mandibeln ritzt das ♀ die Rinde von Eichen auf. Mit Duftstoffen lockt sie ♂ an, die vorwiegend in der Abenddämmerung fliegen. Versammeln sich mehrere ♂ an der Futterstelle, versuchen sie die Rivalen mit Hilfe ihrer Mandibeln vom Baum zu stoßen. Das stärkste ♂ stellt sich über das ♀. So verharren sie oft mehrere Tage und verteidigen die Nahrungsstelle. Nach der Begattung legt das ♀ die Eier in gefällte Bäume, am Fuße alter Bäume oder an Baumstümpfen ab. Die Larven leben bevorzugt in morschen Wurzeln, Eichenstämmen und -stümpfen. Sie fressen 5–8 Jahre und können bis zu 11 cm lang werden. Sie verpuppen sich in einer fast faustgroßen Puppenwiege.

Nashornkäfer *Oryctes nasicornis*
Kennzeichen: Körper 20–40 mm. Glänzend rot- bis schwarzbraun oder fast schwarz. Das ♂ besitzt ein schwarzes, nach hinten gebogenes Kopfhorn. Der Halsschild ist vorne tief eingesenkt und trägt 3 höckerartige Auswüchse. Das ♀ besitzt am Kopf nur 1 kleines Horn mit schwachen Vertiefungen im Halsschild. Vorkommen: Lebt in Holzabfällen und Sägespänen von Sägewerken. Lebensweise: Bei dem Käfer handelt es sich um einen Kulturfolger, der ursprünglich im Wald lebte. Mist- und Sägespanhaufen dienen nun als Lebensraum. Die Entwicklung kann mehrere Jahre dauern, dabei wird die Larve bis 11 cm lang. Sie verpuppt sich in einem Kokon aus Sägespänen und Lehm. Der Jungkäfer bleibt noch 1–2 Monate im Kokon.

Hirschkäfer,
Weibchen

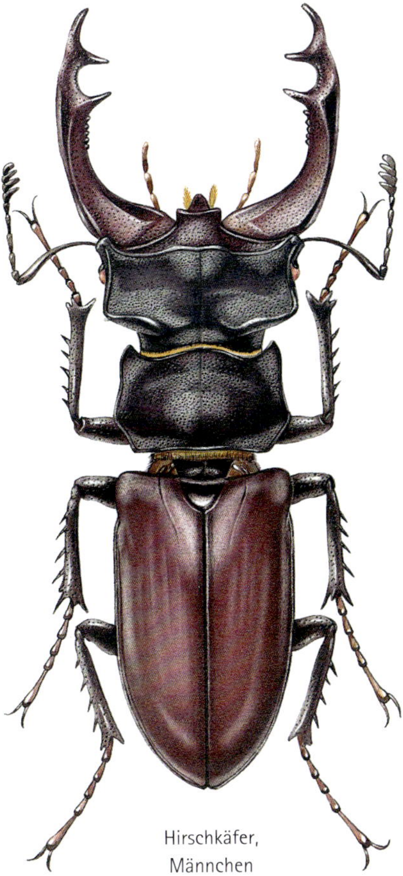

Hirschkäfer,
Männchen

Moderkäfer

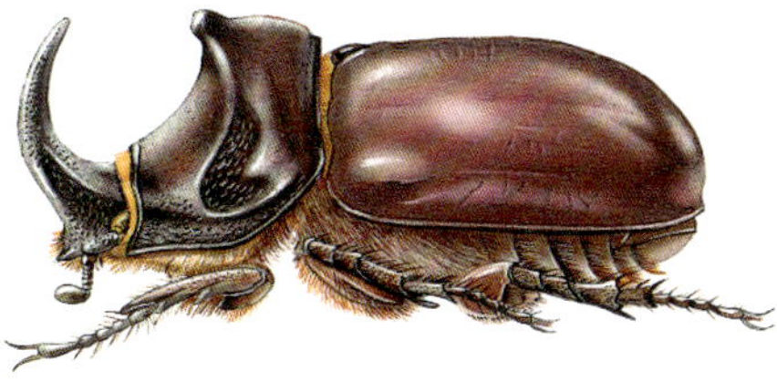

Nashornkäfer

Mistkäfer *Geotrupes stercorarius*
Kennzeichen: Körper 15–20 mm. Der stark gewölbte Käfer ist glänzend blauschwarz mit blau gesäumten Flügeldecken. Vorkommen: In Wäldern von der Tiefebene bis in Höhenlagen von 2000 m. Lebensweise: An windstillen Abenden fliegen die Käfer brummend dicht über dem Boden. Stark duftende Eiweißstoffe (Insekten, Pilze, Kot) locken sie an. Im Frühjahr graben ♂ und ♀ einen etwa 40 cm langen Hauptgang mit kürzeren Nebengängen. Diese werden mit Kot gefüllt, mit je 1 Ei besetzt und mit Sand verschlossen. Die engerlingsartige Larve frisst den Kot, überwintert und frisst im nächsten Frühjahr die Dungreste. Sie verpuppt sich im Sommer.

Rosenkäfer *Cetonia aurata*
Kennzeichen: Körper 14–20 mm. Die Farbe variiert von Grün bis Bronzebraun, von Blaugrün bis Blauviolett. Meistens leuchtend metallisch gefärbt mit einigen weißen Flecken oder Querlinien auf den Flügeldecken. Vorkommen: Vor allem auf Blüten von Rosen, aber auch auf Obst, Holunder und Doldenblütlern. Lebensweise: Der Käfer fliegt von April bis Oktober. Er ist sehr sonnenliebend. Beim Fliegen hebt er im Gegensatz zu allen anderen Käfern seine Flügeldecken nicht an. Dieses Flugverhalten wird durch eine schlitzförmige Aussparung an den Seiten der Flügeldecken ermöglicht. Die Larven leben in morschem Holz, in Kompost und auch in Ameisenhaufen.

Maikäfer *Melolontha melolontha*
Kennzeichen: Körper 20–30 mm. Kopf-, Halsschild und Schildchen meist schwarz, Kopfvorderseite, Fühler, Beine und Flügeldecken rotbraun. Fühlerfächer beim ♂ mit 7 langen, die der ♀ mit 6 kurzen Blättern. Vorkommen: Bewohnt Wälder und Felder des Tieflandes bis auf 1000 m Höhe. Lebensweise: Die Käfer fliegen im Mai in der Dämmerung bei einer Temperatur von etwa 20 °C. Sie fressen bevorzugt die Blätter von Laubbäumen. Nach der Begattung gräbt sich das ♀ etwa 20 cm in lockeren Boden ein und legt 60–80 Eier in mehreren Gelegen ab. 4–6 Wochen nach der Eiablage schlüpfen die Larven (Engerlinge). Anfangs ernähren die Engerlinge (siehe Abb.) sich von Humus, später von Pflanzenwurzeln. Sie fressen 4–5 Jahre, um sich dann in etwa 1,5 m Tiefe in einer Erdhöhle zu verpuppen. Nach 4–8 Monaten Puppenruhe schlüpft im Herbst der Jungkäfer und überwintert.

Junikäfer *Amphimallon solstitialis*
Kennzeichen: Der 14–18 mm große gelbbraune Junikäfer sieht dem Maikäfer ähnlich und wird daher auch Kleiner Maikäfer genannt. Halsschild und Basis der Flügel dicht behaart. Vorkommen: Im Kulturland der Tiefebenen, im Gebirge nur ausnahmsweise. Lebensweise: Fliegt in der Abenddämmerung. Die ♀ legen 30–40 Eier in den Boden. Die Larven leben im Boden und brauchen 2 Jahre (im Norden 4 Jahre) für ihre Entwicklung.

Gartenlaubkäfer *Phylloperta horticola*
Kennzeichen: Ein 8,5–11 mm großer Käfer mit grün- bis schwarzmetallisch glänzendem Halsschild und hellbraunen Flügeln mit je 6 Reihen feiner Grübchen (»Punktreihen«). Unterteile und Beine hell behaart. Vorkommen: Waldränder, Wiesen, Gärten bis ins Bergland. Lebensweise: Die Käfer sind im Mai/Juni häufig (werden daher auch Junikäfer genannt) und fressen das Laub von Eichen, Birken und Hasel sowie Blüten v.a. von Rosengewächsen, richten aber kaum Schaden an. Die Larven leben im Boden von feinen Wurzeln. Die Larvenzeit dauert 2–3 Jahre.

Mistkäfer

Rosenkäfer

Maikäfer

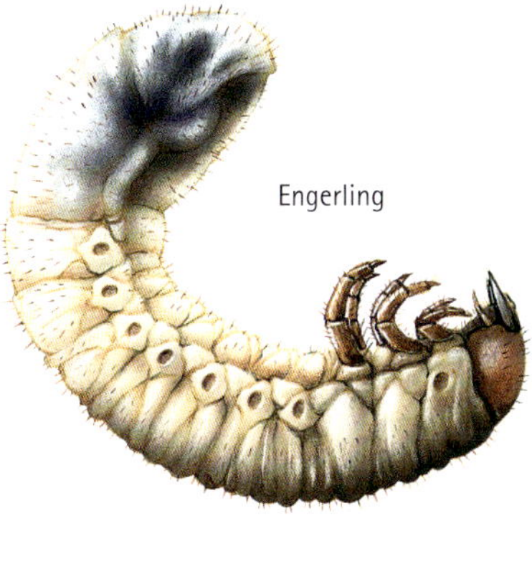
Engerling

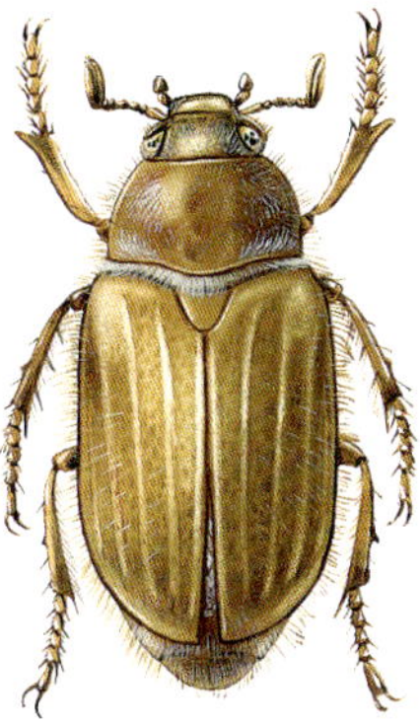
Junikäfer

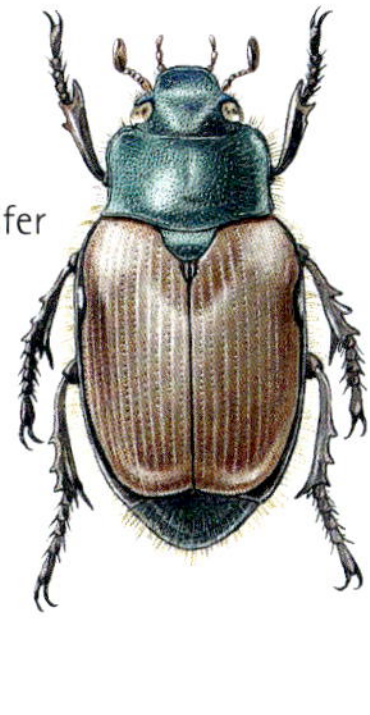
Gartenlaubkäfer

Weichkäfer *Cantharis rustica*
Kennzeichen: Körper 12–15 mm. Flügel glänzend schwarz, weich und fein behaart; Brustschild rot. Eine Anzahl ähnlicher Arten lassen sich nur schwer unterscheiden. Wegen ihrer Färbung werden sie auch Soldatenkäfer genannt. Vorkommen: Bewohnt Wiesen, Buschland, Waldränder, Getreidefelder, Hecken. Lebensweise: Bei Sonnenschein fliegen die Käfer und lauern auf Blüten – auf Doldenblüten oft in großer Zahl – ihrer Beute auf, lecken Nektar und paaren sich. Auch die samtartig behaarten Larven leben räuberisch und ernähren sich von Kleintieren im Boden. Sie sind manchmal auch im Winter aktiv (»Schneewürmer«).

Glühwürmchen, Großer Leuchtkäfer *Lampyris noctiluca*
Kennzeichen: ♂ 10–12 mm, ♀ 15–20 mm. Die flügellosen ♀ sind schwarz- bis rotbraun mit gelblichen Segmentkanten und oft heller Mittellinie. Auf der Unterseite des Hinterleibs befinden sich 2 Leuchtplatten und 2 Leuchtpunkte. Die ♂ besitzen nur auf der Unterseite des Hinterleibs 2 kleine Leuchtpunkte. Sie sind braun bis schwärzlich gefärbt und flugfähig. Ihr Halsschild ist im Bereich der Augen durchsichtig. Das häufigere Gewöhnliche Glühwürmchen oder Kleine Johanniswürmchen *(Lamprohiza splendidula)* besitzt im männlichen Geschlecht 2 voneinander getrennte glasklare Zonen im Halsschild über den Augen. Die flügellosen ♀ sind gelbbraun und wirken wie Larven. Vorkommen: Waldränder, Hochstaudenfluren und Wiesen sind seine Lebensräume. Lebensweise: An warmen Abenden fliegen die ♂ von Juni bis September. Mit Hilfe der Leuchtorgane lockt das ♀ die ♂ an. Während ihres kurzen Lebens nehmen sie keine Nahrung auf. Die räuberischen Larven ernähren sich vorwiegend von Schnecken. Sie durchlaufen 5 Entwicklungsstufen, überwintern und verpuppen sich im Frühjahr.

Blutroter Schnellkäfer
Ampedus sanguineus
Kennzeichen: Körper 12–17 mm. Typisch für Schnellkäfer ist ein Sprungmechanismus zwischen Vorder- und Mittelbrust, mit dem sich die Tiere aus der Rückenlage befreien können. Bei Gefahr stellen sie sich tot. Unsere Art fällt durch ihre roten Flügel auf. Vorkommen: Bevorzugt Misch- und Kiefernwälder. Lebensweise: Die Käfer schlüpfen im August, sterben aber erst im Juli des nächsten Jahres nach Paarung und Eiablage. Schnellkäferlarven sehen »Mehlwürmern« ähnlich und werden als bodenlebende Arten als »Drahtwürmer« bezeichnet, die teils nützlich, teils schädlich sind. Die Larven unserer Art leben im Mulm von Baumstubben.

Gewöhnlicher Holzwurm, Totenuhr *Anobium punctatum*
Kennzeichen: Nur 3–5 mm große, bräunliche Käfer mit leichtem Metallschimmer. Vorkommen: Im Freien in morschen Bäumen, häufiger in Gebäuden. Lebensweise: Die engerlingsartige Larve lebt oft mehrere Jahre, bevorzugt in Fichtenholz. Sie frisst dort Gänge und wirft Abfälle (Kot und Holzmehl) durch kleine Löcher aus. Holzverdauung durch symbiotische Bakterien im Darm. Die »Holzwürmer« (Larven) können in altem Bauholz und in Möbeln großen Schaden anrichten.

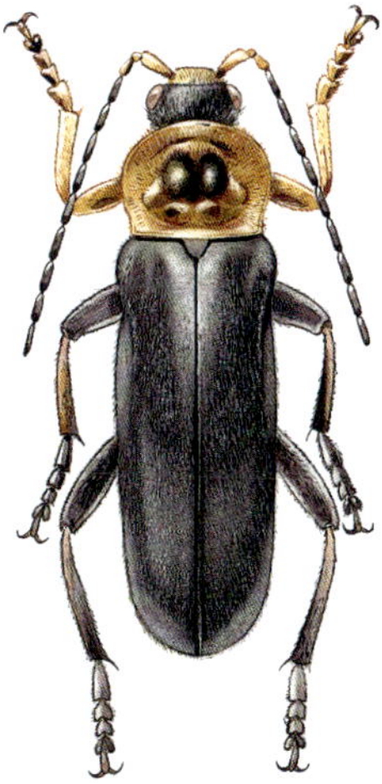

Weichkäfer

Glühwürmchen,
Großer Leuchtkäfer

Weibchen

Männchen

Blutroter Schnellkäfer

Gewöhnlicher Holzwurm,
Totenuhr

Siebenpunkt

Coccinella septempunctata

Kennzeichen: Körper 6–8 mm. Die rundlichen Marienkäfer (1–9 mm) sind in Mitteleuropa mit gut 100 Arten vertreten. Viele tragen kontrastierende Farbflecken, bei manchen Arten variiert die Färbung stark. Der Siebenpunkt ist bei uns eine der häufigsten Arten. Halsschild schwarz, mit seitlichen gelben Flecken. Vorkommen: Überall in der Kulturlandschaft, wo es Blattläuse gibt. Die Käfer kann man das ganze Jahr über antreffen, im Winter auch in Wohnungen. Lebensweise: Käfer und Larven (siehe Abb.) ernähren sich von Blattläusen. Die Käfer verbringen den Winter meist zu mehreren unter der Vegetation am Boden. In Wohnungen überwinternde Käfer gehen wegen der Trockenheit meist zugrunde, man sollte sie ins Freie bringen.

Zweiundzwanzigpunkt

Thea vigintiduopunctata

Kennzeichen: Körper 3–5 mm. Zitronengelb mit schwarzen runden Punkten (11 auf jedem Flügel); Halsschild mit 5 Flecken. Vorkommen: Bewohnt Laubwälder (Eiche), Gärten, Offenland, vom Flachland bis in die Gebirge; etwas wärmeliebend. Lebensweise: Larven und Käfer fressen Mehltau, besonders auf Eichenblättern. Die Käfer überwintern in Bodenstreu oder altem Gras.

Augenmarienkäfer *Anatis ocellata*

Kennzeichen: Körper 8–9 mm. Auf jedem Flügel 10 schwarze, gelbweiß gesäumte Flecken (die schwarzen Kerne können fehlen). Durch Größe und Färbung unverwechselbar. Vorkommen: Hauptsächlich in Fichtenwäldern. Lebensweise: Käfer und Larven fressen Fichtenblattläuse u. Ä. Die Käfer überwintern und fliegen im Herbst und Frühjahr.

Mehlkäfer *Tenebrio molitor*

Kennzeichen: Körper 12–18 mm. Der längliche Käfer ist braun bis schwarz glänzend. Auf den Flügeldecken verlaufen Reihen feine Grübchen (»Punktstreifen«), auch der Halsschild ist mit feinen Grübchen übersät (»gleichmäßig punktiert«). Vorkommen: Eine sehr weit verbreitete Art, die man in Europa vom Süden bis zum Polarkreis antrifft. In freier Natur leben die Tiere vor allem im Mulm alter Bäume und in Vogelnestern. Als Kulturfolger ist der Mehlkäfer mit seinen Larven häufig in Mehl und Mehlprodukten zu finden. Lebensweise: Die Käfer sind hauptsächlich nachtaktiv, fliegen dann oft ans Licht. Käfer und Larve ernähren sich von Holzmulm, Getreide, Mehl und Mehlerzeugnissen. Die gelbbraunen Larven des Mehlkäfers sind die bekannten »Mehlwürmer«, die als Fisch- und Vogelfutter gezüchtet werden. Sie sind lang gestreckt und besitzen eine harte Haut. Bei geeigneten Temperaturen sind mehrere Generationen im Jahr möglich.

Feuerkäfer *Pyrochroa coccinea*

Kennzeichen: Ein 14–18 mm großer roter Käfer mit schwarzem Kopf und schwarzen Extremitäten. Vorkommen: In Eichen- und anderen Laubwäldern, stellenweise häufig. Lebensweise: Man trifft die Käfer im Mai/Juni auf Blüten, Laub und gefällten Stämmen. Sie ernähren sich von Nektar, Pollen und Pflanzensäften. Die Larven leben unter der Rinde abgestorbener Laubbäume, wo sie Jagd auf Insekten und deren Larven machen (Forstnützling). Wenn nicht genügend andere Insekten vorhanden sind, gehen Feuerkäferlarven zu Kannibalismus über.

Siebenpunkt

Zweiundzwanzigpunkt

Augenmarienkäfer

Marienkäferlarve

Mehlkäfer

Feuerkäfer

Zimmermannsbock
Acanthocinus aedilis
Kennzeichen: Körper 12–20 mm. Die meisten Bockkäfer haben lange Fühler. Beim ♂ unserer Art sind die Fühler aber 5-mal so lang wie der Körper, beim ♀ nur knapp 2-mal so lang. Vorkommen: In Nadel-, vor allem Kieferwäldern; tagsüber an Baumstämmen und Schnittholz. Lebensweise. Die Larven entwickeln sich unter der Rinde gefällter Nadelbäume. Die Käfer schlüpfen im Herbst und überwintern.

Moschusbock *Aromia moschata*
Kennzeichen: Ein schlanker, 13–34 mm großer Käfer von metallisch goldgrüner, blauer, violetter oder schwarzer Färbung. Die Tiere verströmen bei Störung einen durchdringenden Moschusgeruch. Keine ähnlichen Arten. Vorkommen: Bewohnt alte (Kopf-)Weiden an Bächen, Auwälder mit Weichholzarten, Waldränder, bis ins Bergland. Leidet unter dem Verschwinden alter Weiden, Pappeln und Erlen. Lebensweise: Die Käfer findet man vor allem von Juni bis August auf Blüten oder am Saft von Bäumen wie Birke, Ahorn u. a. Die Larven machen eine mehrjährige Entwicklung im Holz alter Weiden (manchmal auch Pappeln und Erlen) durch. Bei starkem Befall können die Bäume nach einigen Jahren absterben.

Rothalsbock, Roter Blumenbock
Leptura rubra
Kennzeichen: Die kleineren ♂ dieser Art (8–10 mm) besitzen einen schwarzen Halsschild und gelbe Flügel, bei den ♀ (bis 19 mm) sind Halsschild und Flügel ziegelrot bis rotbraun. Vorkommen: Weit verbreitet und stellenweise (besonders im Bergland) sehr häufig. Bevorzugt Waldlichtungen und waldnahe Wiesen. Lebensweise: Die Arten der Gattung *Leptura* werden zu den Blütenböcken gezählt, da man die Käfer von Juni bis September bevorzugt auf Doldenblüten antrifft. Die Larven leben in alten Stubben und verrottenden Wurzeln von Nadelbäumen und tragen damit zur Zersetzung bei.

Großer Eichenbock, Heldbock
Cerambyx cerdo
Kennzeichen: Mit 25–53 mm Körperlänge einer unserer größten Käfer. Die Tiere sind schwarzbraun, hinten rotbraun. Die Fühler der ♂ (Abb.) sind doppelt so lang wie der Körper, die der ♀ körperlang. Vorkommen: Heute nur noch in Südosteuropa in größerer Zahl zu finden. Eichenwälder, Parks mit alten Eichen. Lebensweise: Die Käfer fliegen besonders abends und nachts von Mai bis Juli und suchen blutende Bäume (Eichen) auf, deren Saft sie lecken. Die ♀ legen ihre Eier bevorzugt in Rindenspalten alter, alleinstehender Eichen ab. Die Larven fressen sich im 1. Jahr in die Rinde ein und überwintern hier. Im 2. Jahr nagen sie im Splint und dringen im 3. Jahr ins Holz vor. Sie werden 9–10 cm lang. Insgesamt dauert die Entwicklung 3–5 Jahre.

Widderbock *Clytus arietis*
Kennzeichen: Körper 8–13 mm. Fühler relativ kurz, die schwärzlichen Flügeldecken tragen gelbe Schrägstreifen, auch die Flügelspitze ist gelb. Vorkommen: Man findet den Käfer von Mai bis Juli auf Holzstößen und Reisighaufen sowie bevorzugt auf Doldenblüten der Waldlichtungen. Lebensweise: Die scheuen Käfer ernähren sich von Pollen und Nektar und fliegen rasch von Blüte zu Blüte. Das ♀ legt seine Eier in kleinen Gruppen in Spalten von totem Laubholz. Die Larven leben im 1. Jahr dicht unter der Rinde, im 2. Jahr tiefer im Holz. Der Käfer schlüpft im Herbst und überwintert im Holz.

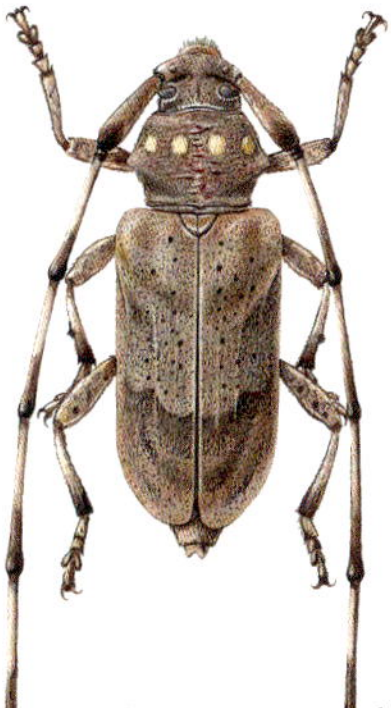

Zimmermannsbock

Moschusbock

Rothalsbock,
Roter Blumenbock

Großer Eichenbock,
Heldbock

Widderbock

Kartoffelkäfer
Leptinotarsa decemlineata
Kennzeichen: Körper 6–10 mm. Der bekannte Kartoffelkäfer trägt auf jedem seiner gelben Flügel 5 schwarze Längsstreifen und schwarze Punkte auf dem Halsschild und ist kaum zu verwechseln. Vorkommen: Ursprünglich nur in Nordamerika (»Coloradokäfer«), heute weltweit auf Kartoffelfeldern, gelegentlich auch weit davon entfernt auf anderen Nachtschattengewächsen. Lebensweise: Die 2-jährigen Käfer fliegen von April bis Oktober und überwintern im Boden. Käfer und Larven fressen die Blätter von Kartoffel, Tollkirsche, Stechapfel usw. Die ♀ legen insgesamt über 2000 Eier in kleinen Paketen an die Blattunterseite. Die Larven (siehe Abb.) sind zunächst weinrot, später orangerot mit schwarzen Punkten. Bereits nach 2–4 Wochen verpuppen sie sich im Boden, und nach weiteren 3 Wochen schlüpfen die Käfer. In warmen Jahren 2 Generationen. Früher bei Massenbefall erheblicher Schaden, heute kaum noch in Massen.

Pappelblattkäfer *Melasoma populi*
Kennzeichen: Körper 10 mm. Schild glänzend blaugrünschwarz, Flügel ziegelrot mit je 1 kleinen schwarzen Fleck am Ende (auf der Abbildung nicht sichtbar). Vorkommen: In Landschaften mit Pappeln und Weiden häufig. Lebensweise: Nach Überwinterung in altem Laub fliegen die Käfer in 2–3 Generationen von Ende April bis August. Die grauschwarzen Larven fressen an Pappeln und Weiden. Sie scheiden ein nach Karbol riechendes Sekret aus, das aus der Salicylsäure der Weidenblätter gebildet wird. Zur Verpuppung hängen sie sich kopfüber auf.

Lilienhähnchen *Lilioceris lilii*
Kennzeichen: Körper 6–8 mm. Kleiner, lackroter Käfer mit schmalem, »eingedelltem« Halsschild und schwarzen Extremitäten. Vorkommen: In Wäldern und Gärten. Lebensweise: Käfer und Larven leben auf Lilienarten (Türkenbund, Maiglöckchen, Weißwurzarten). Die Käfer können zirpende Töne erzeugen. Die orangeroten Larven sind von einer dunklen Kotschicht überzogen. Sie verpuppen sich im Boden. An Liliengewächsen im Garten können sie große Schäden anrichten.

Grüner Schildkäfer *Cassida viridis*
Kennzeichen: Körper 7–9 mm. Wanzenartig rundlich mit stark verbreitertem Halsschild, unter dem der Kopf verborgen ist. 30 ähnliche Arten in Mitteleuropa. Vorkommen: In Wiesen und Hecken auf feuchten Böden. Lebensweise: Käfer fressen an Lippenblütlern und Kohldisteln. Larven mit gefiederten Dornen suchen Schutz unter Kot oder alter Larvenhaut.

Buchdrucker, Fichtenborkenkäfer *Ips typographus*
Kennzeichen: Körper 4–5 mm. Ein kleiner Käfer mit einem großen schwarzen Halsschild und braunroten Flügeln, beide fein behaart. Vorkommen: Bewohnt Nadelwälder bis zur Baumgrenze. Lebensweise: Der Käfer befällt meist (z. B. durch Trockenheit, Raupen oder Luftverschmutzung) bereits geschädigte Bäume. Die ♀ legen Gänge zwischen Holz und Rinde an. Die beinlosen Larven fressen sich vom senkrechten Muttergang in alle Richtungen weiter und erzeugen so die typischen Fraßmuster (siehe Abb.). In heißen, trockenen Sommern können sich die Borkenkäfer in Fichtenreinbeständen massenhaft entwickeln und große Schäden verursachen. Die befallenen Bäume müssen gefällt und entrindet werden, um eine weitere Ausbreitung zu verhindern. Mischwälder sind von solchen Kalamitäten kaum bedroht.

Kartoffelkäfer

Larve

Pappelblattkäfer

Lilienhähnchen

Grüner Schildkäfer

Buchdrucker,
Fichtenborkenkäfer

Fraßspuren
der Larven

Riesenholzwespe *Urocerus gigas*
Kennzeichen: Körper 14–40 mm. Im engeren Mitteleuropa gibt es 8 Vertreter dieser Familie. Neben dem Legestachel trägt das ♀ am letzten Rückensegment, das ♂ am letzten Bauchsegment einen dornartigen, seitlich gezähnten Fortsatz unbekannter Funktion. Riesenholzwespen sind schwarz und gelb gezeichnet, erinnern an Hornissen, sind aber völlig harmlos. Vorkommen: Vor allem in Fichtenbeständen. Lebensweise: Die Imagines ernähren sich ausschließlich von Nadelbaumsäften. Das ♀ legt seine Eier mit dem in einer langen Röhre verborgenen Legebohrer 6–10 mm tief in angeweichtes Holz stehender oder liegender Fichtenstämme. Die walzenförmigen, gelblichen und augenlosen Larven nagen Gänge bis ins Kernholz und verpuppen sich dicht unter der Rinde. Neben Holz dienen symbiotische Pilze, die von Generation zu Generation weitergegeben werden, der Ernährung.

Holz-Schlupfwespe *Rhyssa persuaria*
Kennzeichen: Körper 18–35 mm, Legebohrer des ♀ (Abb.) 30–35 mm. Die Schlupfwespen sind eine enorm artenreiche Familie: Von den weit über 30 000 Arten kommen in Mitteleuropa mindestens 3000 vielfach schwer bestimmbare Arten vor. ♂ und ♀ sind oft verschieden gefärbt. Bei manchen Arten haben die ♀ mehr als körperlange Legebohrer, mit denen sie ihre Eier in die Wirtstiere ablegen und wohl auch lähmendes Gift injizieren. Ein weiteres Kennzeichen der Gruppe sind die langen Fühler. Vorkommen: In Nadelwäldern, besonders bei Kiefern. Lebensweise: Man findet Schlupfwespen oft auf Doldenblüten, wo sie den leicht erreichbaren Nektar auflecken; auch der Honigtau von Blattläusen ist beliebt. Die Larven aller Schlupfwespenarten leben parasitisch. Bemerkenswert ist die anatomisch »gekonnte« Vorgehensweise beim Verzehr des Wirtstiers: Die lebenswichtigen Organe werden erst zuletzt gefressen, sodass über die gesamte Entwicklungszeit der Larve frische Nahrung zur Verfügung steht. Wegen der Parasitierung von Schädlingen werden Schlupfwespen z. B. von Forstleuten sehr geschätzt und teilweise auch gezielt zur biologischen Schädlingsbekämpfung eingesetzt.

Eulen-Schlupfwespe
Netelia testacea
Kennzeichen: Körper etwa 15 mm. Eine goldgelbe Schlupfwespe mit langem dünnen, am Ende schwarzen Hinterleib und gläsernen Flügeln. Vorkommen: Weit verbreitet in den verschiedensten Lebensräumen. Lebensweise: Die Imagines dieser Art werden von nächtlichem Licht angelockt und geraten dadurch auch in Wohnungen. Die ♀ können schmerzhaft stechen. Die Larven dieser Schlupfwespe leben in den Raupen von Eulenfaltern.

Kohlweißling-Brackwespe
Apanteles glomeratus
Kennzeichen: 2–3 mm. Brackwespen sind kleine bis höchstens mittelgroße und recht träge Schupfwespen. Unsere Art trägt ein schwarzes Dreieck am oberen Rand der glasigen Flügel. Vorkommen: Sehr verbreitet und in allen möglichen Lebensräumen anzutreffen, wo Schmetterlingsraupen sind. Lebensweise: Die kleinen ♂ mancher Brackwespen tanzen wie Mücken im Schwarm. Die Larven unserer Art sind nicht allein auf die Raupen des Kohlweißlings spezialisiert, sondern finden sich auch in den Raupen vieler anderer Schmetterlinge, wobei sich stets mehrere Larven in einer Raupe entwickeln. Die erwachsenen Larven verpuppen sich in einem gelblichen Gespinst an der Außenseite des inzwischen toten Wirts (siehe Abb.).

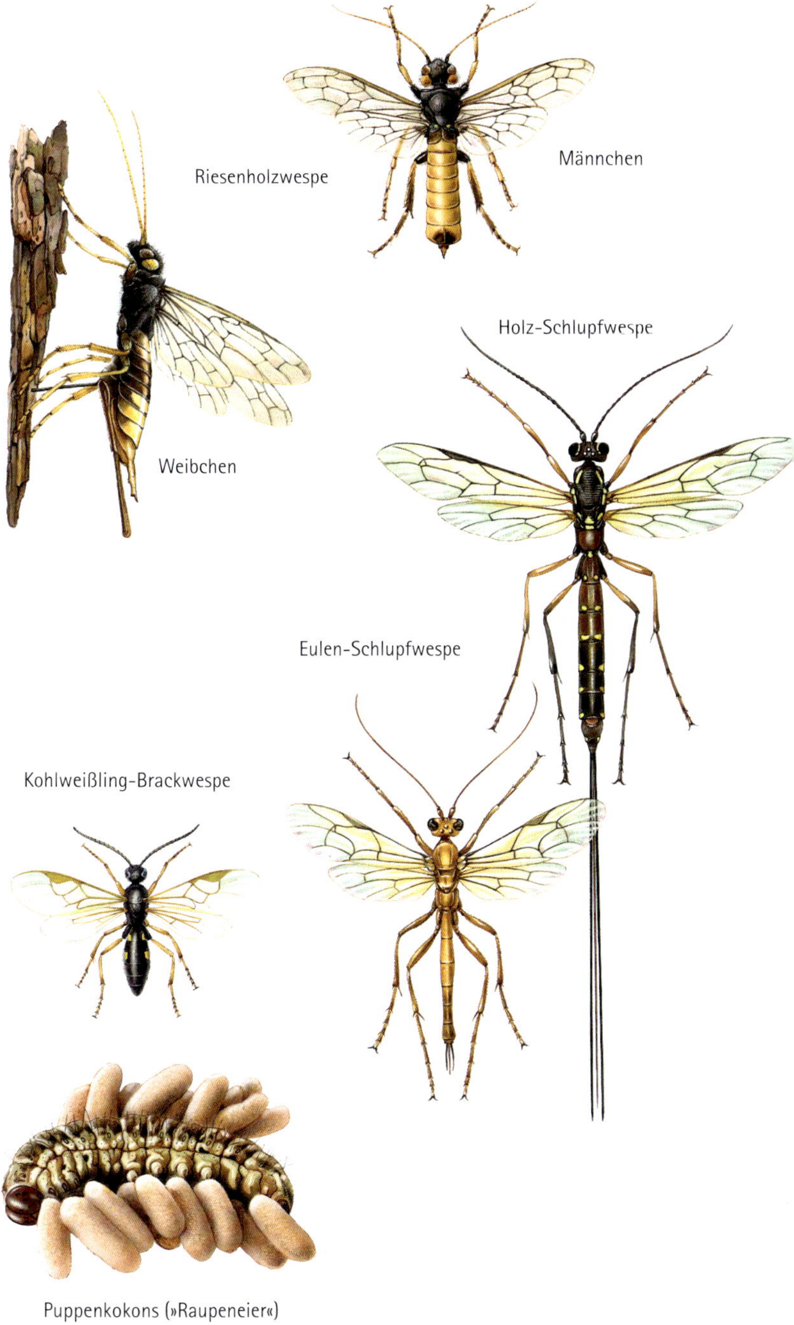
Riesenholzwespe
Männchen
Weibchen
Holz-Schlupfwespe
Eulen-Schlupfwespe
Kohlweißling-Brackwespe
Puppenkokons (»Raupeneier«)

Rosen-Gallwespe *Diplolepis rosae*

Kennzeichen: Körper 3–6 mm. Ein großer Teil der kleinen (1–3 mm) Gallwespen lebt im Larvenstadium parasitisch von anderen Insekten. Bekannter sind aber die in Pflanzen schmarotzenden Arten, die dort charakteristische Wucherungen, die so genannten Gallen erzeugen. Vorkommen: In offenen Landschaften mit Heckenrosen. Lebensweise: ♂ der Rosen-Gallwespe findet man in unserer Klimazone selten, sodass sich die ♀ durch Jungfernzeugung fortpflanzen. Die von den Larven an den Sprossenden erzeugten, bis 5 cm großen Gallen sind durch haarförmige Auswüchse gekennzeichnet (Abb.). Man nennt sie im Volksmund Schlafäpfel, da sie – unters Kissen gelegt – den Schlaf fördern sollen. Jede Rosengalle enthält mehrere Kammern, in denen jeweils 1 Larve lebt und sich dort auch verpuppt. Die Imagines schlüpfen im nächsten Jahr. Die Larven werden häufig von Brackwespen u. a. parasitiert.

Eichen-Gallwespe

Cynips (Andricus) kollari

Kennzeichen: Geschlechtliche Generation 2 mm, ungeschlechtliche Generation 5–6 mm. Bräunlich mit farblosen Flügeln. Vorkommen: An Eichen. Im Sept./Okt. fliegen nur ♀, im April/Mai beide Geschlechter. Lebensweise: Die braunen, so genannten Sommergallen (siehe Abb.) sind rund, holzig und wegen ihrer Größe auffallend. Sie sitzen am Ende der Eichenzweige. Aus ihnen entwickeln sich nur ♀, die ihre Eier in die Knospen junger Zweige legen. In den Knospen entwickeln sich 2–3 mm große Gallen, aus denen nach Überwinterung ♂ und ♀ hervorgehen. Die befruchteten Eier werden in den Triebspitzen abgelegt und wachsen zu den großen Sommergallen heran.

Eichen-Gallwespe

Cynips quercusfolii

Kennzeichen: Größe der Generationen etwa wie vorige Art. An den gelb-roten Sommergallen an der Unterseite von Eichenblättern (Abb.) leicht zu erkennen. Vorkommen: An Eichen. Lebensweise: Aus dem Gallapfel schlüpft im frühen Jahr 1 relativ großes ♀, das seine Eier einzeln in die noch schlafenden Eichenknospen legt. Bei der folgenden Larvenentwicklung entsteht eine unscheinbare Knospengalle, aus der im Mai/Juni kleinere ♂ und ♀ schlüpfen, die ihre Eier dann in die Adern auf der Unterseite der Blätter legen, was wiederum die Entstehung von Galläpfeln zur Folge hat. Die bis über 20 mm großen, oft rotbackigen Eichengalläpfel auf der Unterseite der Eichenblätter sind eine Wucherung des Eichenblatts, die durch das Ei und später von der Larve der Eichengallwespe verursacht wird. Die Galle bietet der Larve Nahrung und Schutz. Schlupfwespen (siehe S. 214) können allerdings die Gallen leicht durchstechen.

Linsenblatt-Gallwespe

Neuroterus quercusbaccarum

Kennzeichen: Beide Generationen 2–3 mm. An Eichen; durch die kleinen, linsenförmigen Gallen auf der Blattunterseite (untere Hälfte der Abb.) leicht zu erkennen. Vorkommen: An Eichen. Lebensweise: Aus den kleinen Linsengallen schlüpfen im März nur ♀, die in Eichenblüten ihre unbefruchteten Eier ablegen. Aus den kleinen Kugelgallen an Fruchtstielen schlüpfen ♂ und ♀, die ihre befruchteten Eier wieder an die Blattunterseite legen.

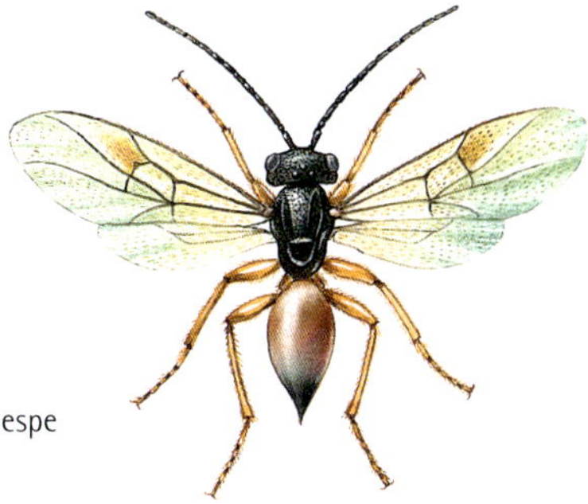

Rosen-Gallwespe

Eichen-Gallwespe
(C. kollari)

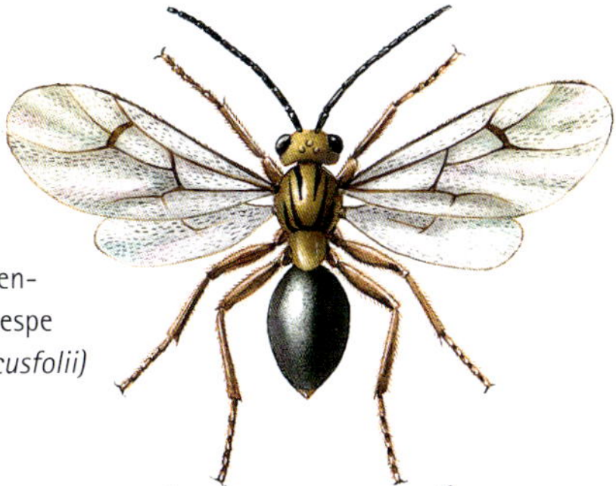

Eichen-
Gallwespe
(C. quercusfolii)

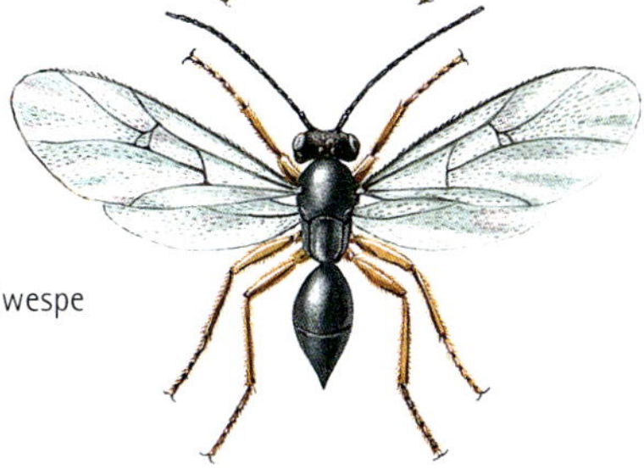

Linsenblatt-Gallwespe

Rote Waldameise *Formica rufa*
Kennzeichen: Arbeiterin 4–8 mm, ♂ 9–11 mm, ♀ (Königin) 9–12 mm. Dass Ameisen (in Mitteleuropa etwa 200 Arten) Hautflügler sind, wird einem erst deutlich, wenn man die zur Zeit der Paarung geflügelten Geschlechtstiere sieht. Die Arbeiterinnen, die die Menge der Staaten ausmachen, sind stets ungeflügelt. Vorkommen: In strukturreichen Wäldern häufig. Lebensweise: Über dem teils unterirdischen Nest wird ein großer Haufen aus Nadeln und kleinen Zweigen errichtet, der dem Schutz der Kolonie und der Temperaturregelung dient. Neugründung oft, indem ein ♀ mit Gewalt in ein Nest der verwandten Art *F. fusca* eindringt, die Königin tötet und den Staat »versklavt«. Aber auch als Ableger von Hauptnestern, was eine Versorgung der neuen Königin ermöglicht. Königinnen können 20 Jahre alt werden. Mittelgroße Staaten bestehen aus etwa 700 000 Tieren. Aus den kleinen Eiern entwickeln sich sackförmige Larven, die sich zur Verpuppung in einen Kokon einspinnen, der fälschlich als »Ameisenei« bezeichnet wird. Besonders diese Art spielt eine bedeutende Rolle bei der Eindämmung von Schadinsekten im Wald.

Rossameise *Camponotus ligniperda*
Kennzeichen: Arbeiterin 6–14 mm. Große, dunkelbraune bis schwarze Ameise mit langen Haaren am Hinterlieb. Vorkommen: In Wäldern besonders des Berglandes; ausgedehnte Kolonien in Fichtenstämmen und Strünken. Lebensweise: Die Königin gründet die Kolonie allein, meist in Baumstrünken, aber bisweilen auch in lebenden Stämmen. Die Gänge werden zwischen die härteren Jahresringe genagt. Von außen sind solche Kolonien oft an Spechtlöchern zu erkennen.

Schwarze Garten- oder Wegameise *Lasius niger*
Kennzeichen: Arbeiterin 4 mm. Vorkommen: Häufigste heimische Ameise in sehr verschiedenem Gelände, auch in Gärten. Lebensweise: Hauptnahrung ist der Honigtau von Schild- und Blattläusen. Die aus den unterirdischen Nestern herausgeschaffte Erde wird oft (zwischen Gräsern) zu recht hohen gekammerten Bauten aufgeschichtet, in denen der Nachwuchs der Sonnenwärme ausgesetzt wird. Im Juni oft in Schwärmen aufsteigende Geschlechtstiere, die Vögel (z. B. Möwen, Stare) anlocken.

Gelbe Wiesen- oder Wegameise
Lasius flavus
Kennzeichen: Arbeiterin 2–5 mm. Meist blassgelb. Vorkommen: Verbreitet und in Grasland häufig. Lebensweise: Erdnester mit bis 20 000 Tieren. Der Aushub wird zu maulwurfsähnlichen, aber meist von Gras durchwachsenen, feinkrümeligen Hügeln aufgeschüttet. Nahrung: Honigtau von Wurzelläusen. Die Wintereier der Läuse werden im Nest aufbewahrt und im Frühjahr wieder an Wurzeln gesetzt. Hochzeitsflug im Sommer, danach Koloniegründung durch einzelne ♀.

Rote Waldameise

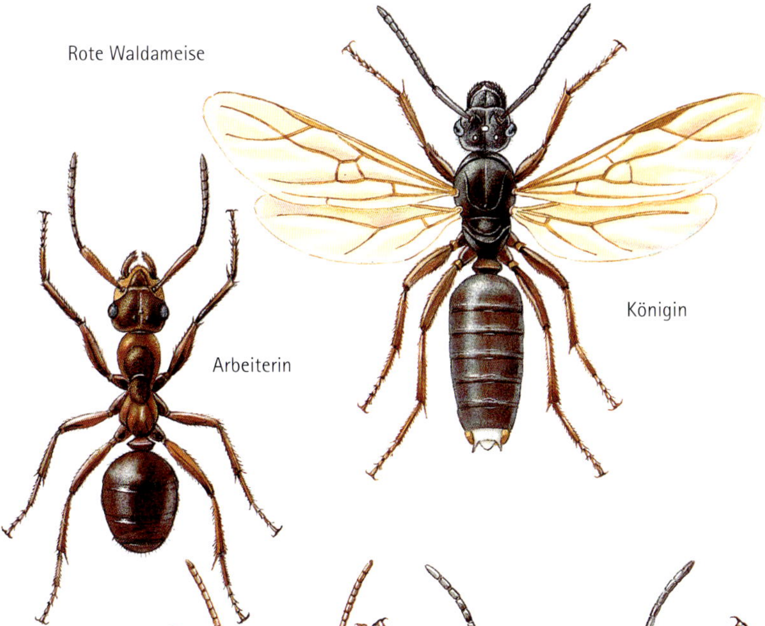

Arbeiterin

Königin

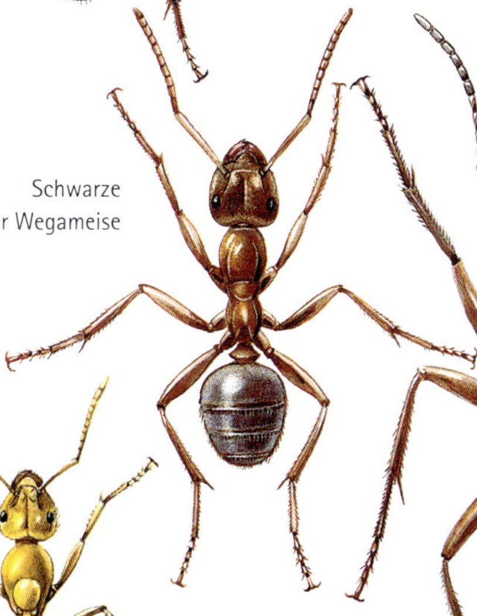

Schwarze
Garten- oder Wegameise

Rossameise

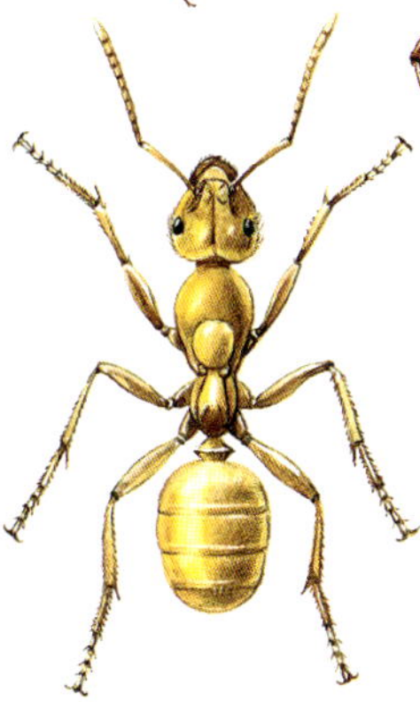

Gelbe Wiesen- oder Wegameise

Silbermundwespe *Crabro cribarius*
Kennzeichen: ♀ 11–18 mm (Abb.), ♂ etwas kleiner. In Mitteleuropa gibt es etwa 260 oft schwer zu unterscheidende Grabwespen-Arten (Sphecidae). Es sind relativ langbeinige, mittelgroße Insekten, teils schwarz-gelb, schwarz oder schwarz mit rotbraunem Vorderteil des Hinterleibs. Die Silbermundwespe ist vergleichsweise »normal« proportioniert und weist einen wespenähnlich gefärbten schwarz-gelben Hinterleib auf. Vorkommen: Im Juli/Aug. oft auf Doldenblüten. Lebensweise: Alle Grabwespen leben solitär (keine Staatenbildung). Die Imagines ernähren sich von süßen Pflanzensäften, die Larven ausschließlich von Spinnen, Raupen und anderen Insekten, die von den Imagines gefangen und – durch ein Gift gelähmt – als lebender Proviant zu den Larven in meist unterirdischen Nestkammern gebracht werden. Unsere Art gräbt Löcher in morsches Holz oder in den Boden und füllt sie mit gelähmten Fliegen.

Sandwespe *Ammophila sabulosa*
Kennzeichen: Körper 16–24 mm. Sandwespen sind sehr schlanke Grabwespen mit stielförmigem Hinterleibsansatz. Vorkommen: An sandigen Stellen. Lebensweise: Bevorzugte Beutetiere der Sandwespe sind Blattwespenlarven (raupenförmig) und Schmetterlingsraupen. Die in sandigem Boden gegrabene Nesthöhle wird meist mit einem Steinchen verschlossen. Jede Larve erhält 6–7 mittelgroße gelähmte Raupen als Proviant. Ähnlich wie bei anderen parasitisch lebenden Hautflügeln (vgl. S. 214) schonen die Larven der Grab- und Wegwespen lebenswichtige Organe ihres gelähmten Nahrungsvorrates oder verzehren eine Raupe nach der anderen, sodass stets frisches Fleisch zur Verfügung steht.

Bienenwolf *Philanthus triangulum*
Kennzeichen: Körper 13–17 mm. Während das ♂ (Abb.) einen schwarz-gelben Hinterleib hat, ist der des ♀ meist ganz gelb, außerdem besitzt das ♀ Grabfüße. Vorkommen: Auf Sandböden in warmen Steppengebieten; in Mitteleuropa nur lokal und nirgends häufig. Lebensweise: Die einzige Beute des Bienenwolfs sind Honigbienen. Sie werden von hinten angeflogen und mit einem gezielten Stich in die weiche Haut hinter dem 1. Beinpaar gelähmt. Die Biene wird im Flug zum Nest getragen, das meist in sandigem Boden gegraben wird. Der Hauptgang ist bis zu 1 m lang; zu beiden Seiten werden taubeneigroße Zellen angelegt, in die jeweils 2–6 Bienen und 1 Ei gelegt werden. Die schlüpfende Larve frisst eine Biene nach der anderen von innen auf und verspinnt sich nach 4–5 Tagen in einem Kokon, in dem im nächsten Frühjahr die Verpuppung stattfindet.

Feldwespe
Polistes dominulus (P. gallicus)
Kennzeichen: 15–25 mm. Die Feldwespen und die Arten der folgenden Doppelseite gehören zu den etwa 100 in Mitteleuropa lebenden Vertretern der sozialen Faltenwespen (Vespidae). Vorkommen: In überständigen Wiesen und buschreichem Gelände. Lebensweise: Die Nester der Feldwespen bestehen aus einer hüllenlosen Wabe, die mit einem Stiel an der Vegetation befestigt ist (siehe Abb.). Mehrere ♀ gründen ein Nest; das stärkste ♀ frisst die Eier der anderen, bis diese nur noch als Arbeiterinnen dienen. Temperaturregelung im Nest durch eingetragenes Wasser zur Abkühlung und Muskelzittern zur Erwärmung (wie bei anderen sozialen Wespen). Die Imagines ernähren sich von süßen Säften, die Larven werden mit zerkauten Spinnen und Insekten gefüttert.

Silbermundwespe

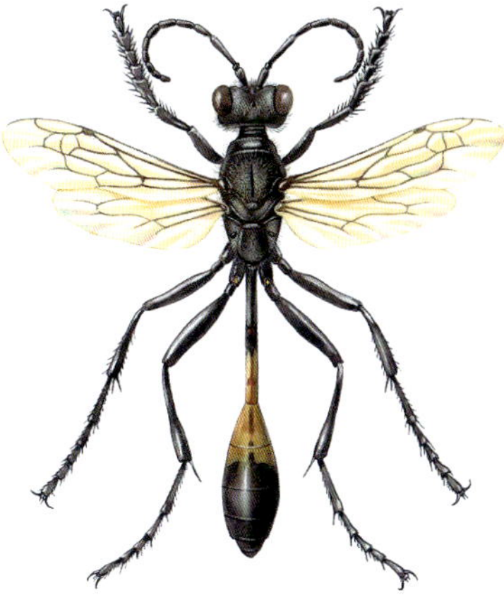

Sandwespe

Bienenwolf

Nest

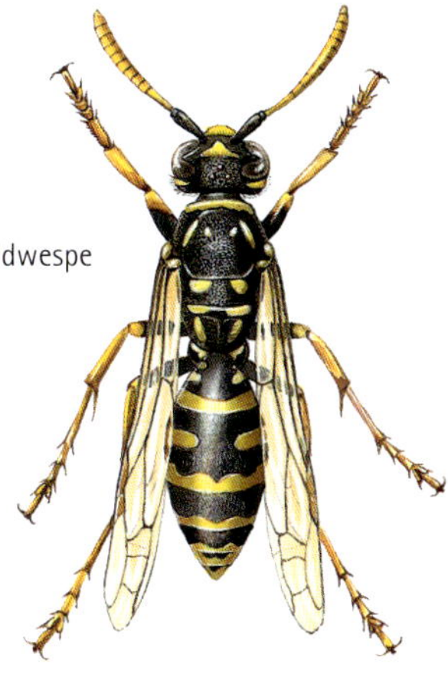

Feldwespe

Gewöhnliche Wespe

Paravespula vulgaris

Kennzeichen: Körper 11–20 mm. Arbeiterin deutlich kleiner als Königin (siehe Abb.). Von der Deutschen Wespe unterscheidet sich die Gewöhnliche Wespe vor allem durch die (nur von vorn sichtbare) Gesichtszeichnung: Auf der gelben Stirn ist ein schwarzer senkrechter Strich zu erkennen, der sich unten oft ankerförmig verbreitert. Vorkommen: In den verschiedensten Lebensräumen weit verbreitet und häufig, bevorzugt werden sonnige, trockene Hangwiesen. Lebensweise: Die im Herbst befruchteten ♀ (Königinnen) überwintern und bauen im nächsten Frühjahr in einer unterirdischen Höhle (Mäusegang) ein Nest aus zernagtem und mit Speichel versetztem Holz. Die schlüpfenden Tiere sind Arbeiterinnen, die nun die weitere Betreuung übernehmen. Am Ende hat das Erdnest einen Umfang von 20–30 cm und besteht aus bis zu 3000 Wespen. Die Larven verpuppen sich in einem selbst gesponnenem Kokon in der Wabe. Nahrung: Im Flug erbeutete, vorgekaute Insekten werden an die Larven verfüttert; »zur Belohnung« bekommen die Flugtiere von den Larven ein nahrhaftes Sekret. Vor allem ab Spätsommer ernähren sich die Flugtiere dann nur noch von süßen Baum- und Fruchtsäften.

Deutsche Wespe

Paravespula germanica

Kennzeichen: Körper 10–20 mm. Von der Gewöhnlichen Wespe durch 3 schwarze Flecken auf der gelben Stirn unterschieden. Weitere ähnliche Arten (Waldwespe, Norwegische und Sächsische Wespe) weisen andere, allerdings oft sehr variable Hinterleibszeichnung auf. Vorkommen: In ganz Mitteleuropa verbreitet, in manchen Jahren sehr häufig. Besonders in Gartensiedlungen, Buschland und lichten Wäldern. Lebensweise: Sehr ähnlich der vorigen Art.

Im Gegensatz zu den beiden hier beschriebenen »Kurzkopfwespen« errichten die zu den »Langkopfwespen« zählenden Wespen der Gattung *Dolichovespula* (Waldwespe, Mittlere Wespe, Sächsische und Norwegische Wespe) ihre Nester meist frei im Geäst von Bäumen und Sträuchern sowie in Schuppen und Dachböden (siehe Abb.), wobei die grauen Nester der Sächsischen und der Waldwespe häufiger in Gebäuden zu finden sind als das hell holzfarbene der Norwegischen Wespe.

Wespenstiche sind ebenso schmerzhaft wie Stiche von Bienen (siehe S. 224), der Wespenstachel bleibt jedoch nicht in der Haut stecken.

Hornisse *Vespa crabro*

Kennzeichen: Mit 20–35 mm die größte heimische Faltenwespe; außerdem an der rotbraunen Brust erkennbar. Vorkommen: In ganz Europa in Laubwäldern, Gärten, buschreichem Gelände. Lebensweise: Die befruchteten ♀ überwintern und beginnen im Frühjahr (in Mitteleuropa nicht vor Mitte April) mit dem Bau eines gelblichen bis rotbraunen Nestes aus zerkautem, mit Speichel versetztem morschen Holz in Baumhöhlen, Nistkästen, auch in Dachböden. Die ersten Arbeiterinnen schlüpfen im Mai/Juni und erweitern das Nest auf bis zu 70 cm Durchmesser und 5000 Bewohner; in der Regel enthält ein Nest aber nur einige hundert Tiere. Als Nahrung dienen die verschiedensten Insekten, darunter auch lästige und schädliche. Der Stich ist schmerzhafter, aber nicht giftiger als der anderer Wespen oder Bienen.

Gewöhnliche Wespe

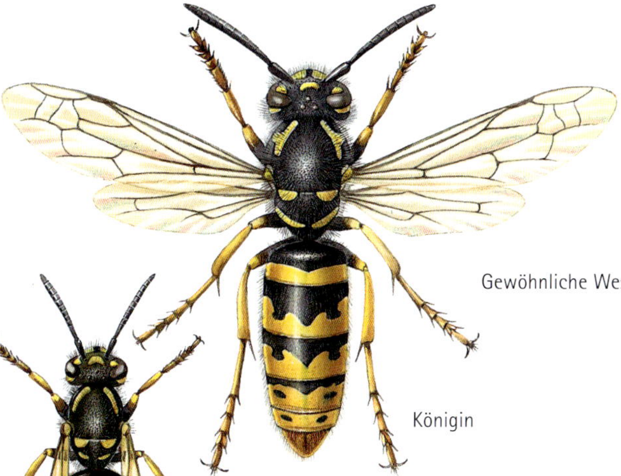

Königin

Arbeiterin

Hornisse

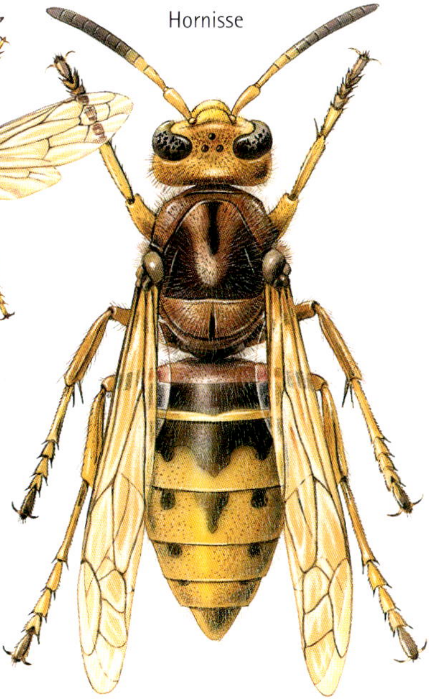

Deutsche Wespe

Wespennest
(aufgeschnitten)

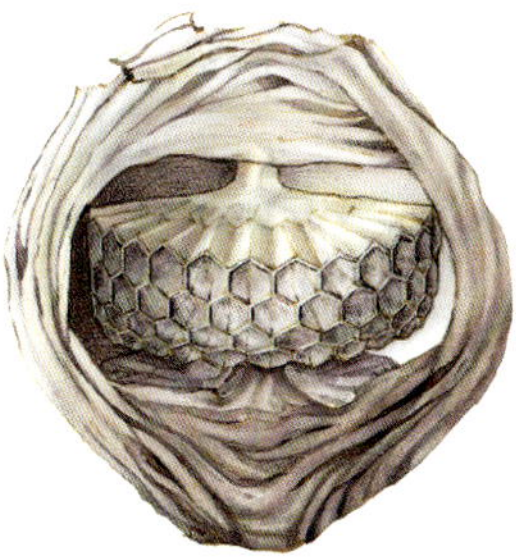

Seidenbiene *Colletes daviesanus*
Kennzeichen: Körper 8–11 mm. Seidenbienen (13 heimische Arten) sind solitäre Bienen mit noch recht kurzem Rüssel (»Ur-Bienen«). Vorkommen: Im Sommer an Blüten; Nest in lehmigen Böschungen. Lebensweise: Seidenbienen kleiden ihre Nester mit einer seidig glänzenden, völlig wasserdichten Schicht aus einer Art Zweikomponentenmaterial aus: einem Drüsensekret, das durch Zugabe von Speichel erhärtet. Wie die Honigbiene sammeln sie Pollen an den Beinen. Damit verproviantieren sie ihre mehrzelligen Nester in Sand- und Lehmböden. Manche Arten bauen ihre Nester in Lösswänden und im Fugenmaterial von Mauern und Hauswänden. Die Larven wachsen einzeln in den Nestkammern heran, wo sie sich auch verpuppen. Junge ♀ werden oft von den bereits geschlüpften ♂ ausgegraben und begattet.

Sandbiene *Andrena tibialis*
Kennzeichen: Körper 13–15 mm. Sandbienen (125 schwer unterscheidbare heimische Arten) sind lang behaarte, solitär nistende Bienen. Vorkommen: An Blüten an sandigen Plätzen. Lebensweise: Die mehrzelligen Nester werden in sandigem Boden angelegt, wobei der Hauptgang bis 1 m lang sein kann. Auch hier werden die Gangwände mit einem wasserdichten Material ausgekleidet. Die ♀ sammeln den Pollen für ihre Larven an den behaarten Hinterbeinen. Sie gehören zu den ersten Bienen im Jahr. Die Bedeutung der Wildbienen für die Bestäubung auch von Kulturpflanzen (Obstbäumen, Raps usw.) wird meist unterschätzt.

Mauerbiene *Osmia rufa*
Kennzeichen: Körper 8–12 mm. ♂ kleiner als ♀ und mit weißem statt schwarzem Gesicht. Hinterleib erzfarben glänzend und stark behaart. Vorkommen: Nach der Überwinterung an frühen Weidenkätzchen. An Mauern und trockenem Holz. Lebensweise: Bei allen der 40–50 heimischen Mauerbienen sammeln die ♀ Blütenpollen nicht wie die Honigbiene in »Höschen« an den Beinen, sondern in bürstenartiger Behaarung am Bauch. In Stein- und Holzritzen legt das ♀ einen kleinen Vorrat Pollen und Nektar an, legt 1 Ei dazu und verschließt die Kammer mit Lehm.

Honigbiene *Apis mellifica*
Kennzeichen: Körper 11–17 mm. Arbeiterinnen machen die Masse der Stockbienen aus; etwas größer sind die nur zeitweise auftretenden ♂ (Drohnen); einen besonders langen Hinterleib hat die eierlegende Königin (Weisel). Vorkommen: Domestizierte, ursprünglich südasiatische Art, die bei uns nur selten und vorübergehend wild lebt. Bewohnt blütenreiches Kulturland, offene Heiden, vielfältiges Buschland und Wälder. Lebensweise: Hoch entwickeltes Sozialleben mit vielfältigen Kommunikationsmöglichkeiten. Ein Volk besteht aus bis zu 50 000 Arbeitsbienen, die im Lauf ihres nur einige Wochen dauernden Lebens verschiedene Tätigkeitsphasen durchlaufen. Der vom Menschen entnommene Honig muss in Form von Zucker als Wintervorrat wieder zugegeben werden. Drohnen entstehen aus unbefruchteten Eiern in etwas größeren Zellen. Königinnen werden in extragroßen so genannten Weiselzellen mit einem Überfluss an Honig und dem von jungen Arbeiterinnen abgegebenen Futtersaft ernährt. Im Frühsommer fliegt die junge Königin aus und wird von den Drohnen besamt. Wenn sie zurückkehrt, tötet sie weitere Jungbienen und die alte Königin, sofern diese nicht bereits mit einem Teil der Arbeiterinnen als Schwarm ausgezogen ist.

Seidenbiene
Sandbiene
Mauerbiene

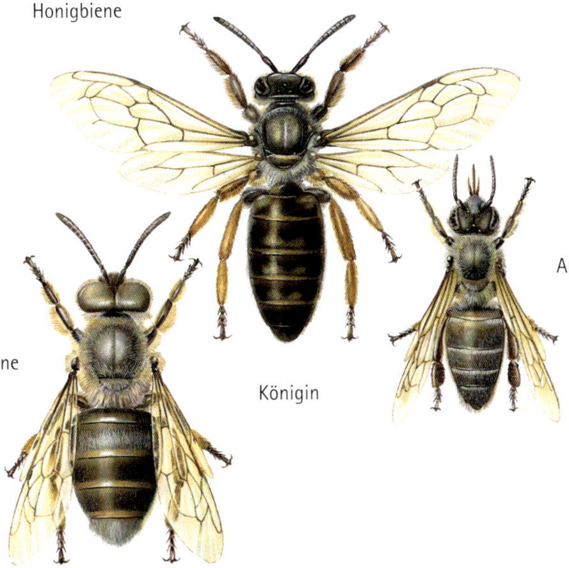
Honigbiene
Arbeiterin
Drohne
Königin

Wiesenhummel *Bombus pratorum*
Kennzeichen: Königin 16–20 mm, Arbeiterinnen und ♂ 11–16 mm. Hummeln (über 30 Arten im Mitteleuropa) sind stark behaarte, kräftig gebaute Echte Bienen, die ihre kleinen Staaten meist unterirdisch anlegen. Sie sind auch bei niedrigen Temperaturen aktiv und dringen daher weiter als andere Bienen in den subarktischen Bereich und in hohe Gebirgslagen vor. Sie können mit ihrem Giftstachel stechen, sind aber wenig aggressiv. Die Wiesenhummel ist recht unterschiedlich gefärbt, meist bei schwarzem Mittelteil mit gelber Vorderbrust und rötlichem Hinterteil. Vorkommen: Buschland, Gärten, lichte Wälder, in den Alpen bis 2500 m. Lebensweise: Junge Königinnen fliegen bereits ab März. Nestbau in Erdlöchern, Reisighaufen, Vogelnestern, hohlen Bäumen usw. Die kleineren Arbeiterinnen fliegen von Juni bis September.

Erdhummel *Bombus terrestris*
Kennzeichen: Königin 24–28 mm, Arbeiterinnen und ♂ 11–17 mm. Eine große Hummel, die farblich wenig variiert: gelbe Vorderbrust und gelbes Vorderteil des Hinterleibs, weißes Hinterleibsende. Vorkommen: Vielerorts die häufigste Hummel; besiedelt die verschiedensten Lebensräume. Lebensweise: Junge Königinnen fliegen schon Ende März. Das Nest wird bis 1 m tief im Boden in Mäuse- oder Maulwurfsgängen angelegt und mit Moos u. Ä. gepolstert; die Waben sind mit einer wasserabweisenden Wachsschicht gegen Nässe geschützt. Später im Jahr können bis 500 Hummeln zu einem Nest gehören.

Steinhummel *Bombus lapidarius*
Kennzeichen: Eine 20–22 mm (Königin) bzw. 12–16 mm (Arbeiterinnen und ♂) große Hummel mit eindeutiger Zeichnung: Die Königinnen sind schwarz mit rotbraunem Körperende, die ♂ tragen an Kopf und Vorderteil des Brustabschnitts orangegelbe Haare. Eine Verwechslung mit ähnlich gefärbten Arten ist möglich. Vorkommen: In Europa bis zum Polarkreis und in den Alpen bis 2000 m verbreitet. Besiedelt die verschiedensten Lebensräume. Lebensweise: Für die Anlage ihrer Nester suchen die Königinnen gerne Steinhaufen, Mauern und Gebäude auf. Ein Nest enthält etwa 300 Tiere.

Feld- oder Ackerhummel
Bombus agrorum
Kennzeichen: Auch bei dieser Art werden die im Frühjahr fliegenden Königinnen mit 18–22 mm am größten, während die erst ab Juni auftretenden Arbeiterinnen und ♂ nur 13–18 mm erreichen. Die Art ist in den verschiedenen Regionen ihres Verbreitungsgebietes sehr unterschiedlich gefärbt, besonders auf dem Hinterleib. Typisch ist ein Büschel gelblicher Haare auf dem Kopf, ein kräftig orangebraunes bis orangegelbes Fell auf dem Brustabschnitt und wieder fahle Haare neben dem schwarzen Pelz des Hinterleibs. Je kälter der Lebensraum, desto dunkler sind die Tiere. Vorkommen: Durchaus nicht nur auf Felder beschränkt, sondern ebenso auf Wiesen, in Parks und Gärten, an Waldrändern, auf trockenen und feuchten Standorten. Im Bergland bis über die Waldgrenze. Lebensweise: Die jungen, überwinterten Königinnen fliegen ab Mitte April, stärken sich mit Pollen und Nektar und gründen dann ein Nest an möglichst regengeschützter Stelle. Gerne siedeln sie in und an Gebäuden, wobei sie Ansammlungen von trockenem Moos, Gras oder Lumpen bevorzugen. Die relativ kleinen Nester enthalten zur Zeit des maximalen Ausbaus nur 100–200 Zellen.

Wiesenhummel

Erdhummel

Steinhummel

Feld- oder Ackerhummel

Skorpionfliege *Panorpa communis*
Kennzeichen: Körper 18–20 mm. Während der Hinterleib des ♀ als Legeapparat spitz endet, trägt das ♂ dort ein Begattungsorgan, das an den Stachel der Skorpione erinnert. Vorkommen: Feuchte Laubwälder, buschreiche Auen, Gärten und Parks; stellenweise in Mengen. Lebensweise: Nahrung sind tote Kleintiere, verrottende Pflanzen und süße Säfte. Während der Begattung »füttern« die ♂ die ♀ mit 7 Speichelkügelchen, die Aufbaustoffe für die Eier enthalten. Die Eier werden in den Boden gelegt. Die im Erdreich lebenden raupenartigen Larven tragen 11 Beinpaare. Sie verpuppen sich in kleinen Erdhöhlen.

Schlammfliege *Sialis lutaria*
Kennzeichen: Körper 25 mm. Gedrungen und düster, mit großen, häutigen Flügeln, die den Körper weit überragen. Vorkommen: Immer in der Nähe von Gewässern. Lebensweise: Sehr flugträge Tiere. Im Mai/Juni oft in Mengen in der Ufervegetation. Eier in Gelegen von mehreren 100 bis 1000 an der Ufervegetation. Die wurmförmigen Larven lassen sich ins Wasser fallen und leben dort räuberisch. Nach 2-maliger Überwinterung gehen sie im Frühling zur Verpuppung an Land.

Ameisenlöwe (Ameisenjungfer)
Myrmeleon formicarius
Kennzeichen: Larven bis 16 mm, Spannweite der Flugtiere 65–75 mm. Vorkommen: Warme, sandige Heiden und Waldränder, auch in Gebäudenähe. Lebensweise: Von der Ameisenjungfer sind die Ameisenlöwen genannten Larven bekannter als die Flugtiere mit ihren 4 durchsichtigen Flügeln. Die Larven leben in Sand eingegraben und ernähren sich von Kleintieren, die in den Trichter rutschen, an dessen Grund die Larve mit ihren starken Zangen lauert (siehe Abb.). Die Imagines fliegen in der Dämmerung und nachts und werden daher im Volksmund auch »Nachtlibellen« genannt. Sie ernähren sich von Kleininsekten.

Gewöhnliche Florfliege
Chrysopa carnea
Kennzeichen: Körper 15–17 mm, Spannweite 20–28 mm. Zartbeflügelte Tiere, die nachts ans Licht fliegen und oft in Gebäuden überwintern. Wegen ihrer vorstehenden, goldenen Augen auch Goldaugen genannt. Vorkommen: In Gärten, auf Wiesen, in lockeren Laubwäldern. Lebensweise: Die Imagines fliegen hauptsächlich nachts. Larven und Imagines ernähren sich v. a. von Blattläusen. Die Geschlechter kommunizieren über Ultraschallaute, die sie durch Reiben von Borstenfeldern an Vorderflügeln und Rücken erzeugen. Die ♀ legen die gestielten Eier meist in der Nähe von Blattlauskolonien ab. Die Larven sind langgestreckt und borstig behaart.

Köcherfliege *Limnephilus griseus*
Kennzeichen: Körper 7–12 mm, Spannweite 20–30 mm. Köcherfliegen legen ihre 4 großen, meist durchsichtigen, den Körper weit überragenden, fein behaarten Flügel in der Ruhe dachförmig zurück. Vorkommen: An fließenden Gewässern. Flugzeit von Mai bis Nov. Lebensweise: Die Imagines beginnen erst abends herumzufliegen; Nahrung nehmen sie kaum oder gar nicht zu sich. Die Larven leben von meist abgestorbenen Pflanzenteilen. Die vorn und hinten offenen Köcher bestehen – in Abhängigkeit von der Art und dem im Lebensraum vorhandenen Material – aus Pflanzenteilen, Steinchen, Schneckenschalen (Abb.). Die Larven überwintern und verpuppen sich auch im Köcher. Die sehr bewegliche Puppe klettert zum Schlupf der Imago an Land.

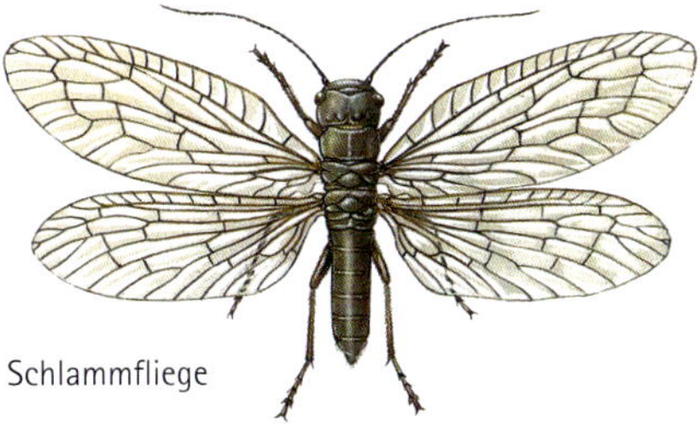

Schlammfliege

Skorpionfliege,
Männchen

Gewöhnliche Florfliege

Köcher der Larve

Köcherfliege

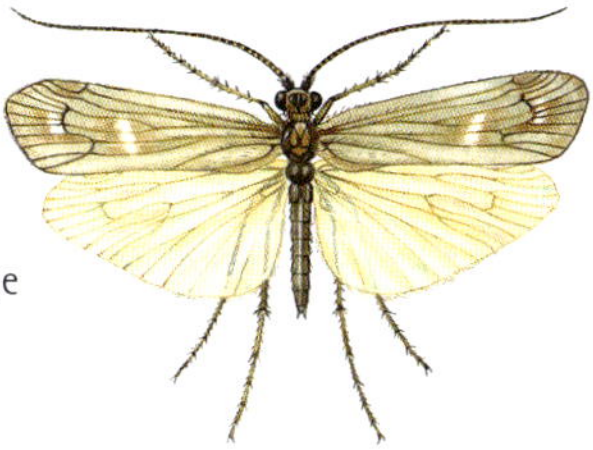

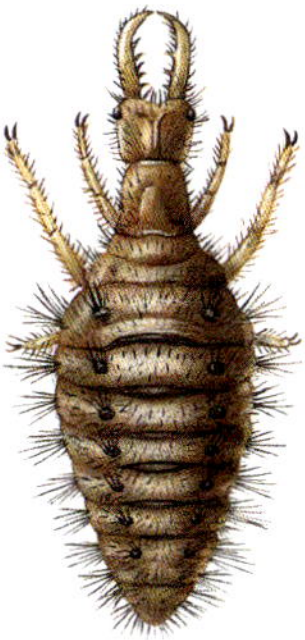

Ameisenlöwe (Ameisenjungfer)

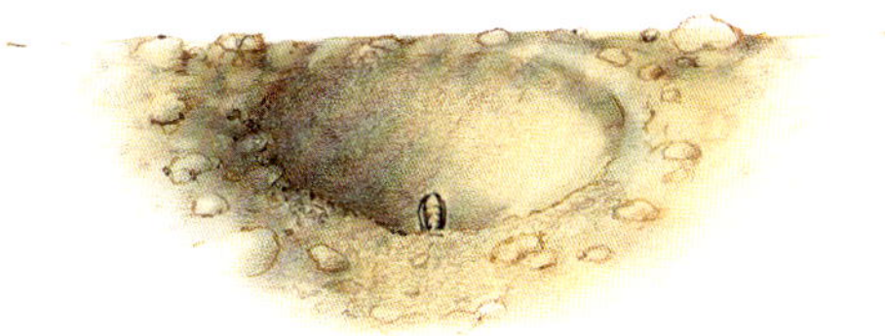

Wintermücke *Trichocera relegationis*
Kennzeichen: Körper 5 mm. Kleiner Zweiflügler mit langen Beinen. Vorkommen: Tanzschwärme der ♂ können an sonnigen Wintertagen überall, selbst in 3000 m Höhe beobachtet werden. Lebensweise: Imagines nehmen wahrscheinlich keine Nahrung auf. Die Larven leben in der Bodenstreu von organischen Abfällen. Bei nicht zu großer Kälte fressen sie auch im Winter. Manche Arten leben in Höhlen vom Kot der Fledermäuse.

Kohlschnake *Tipula oleracea*
Kennzeichen: Körper 15–23 mm. Schnaken sind 40 mm große Mücken mit sehr langen Beinen. In Mitteleuropa etwa 200 Arten. Vorkommen: In Wiesen und Gärten. Flugzeit von April bis Juni und Aug. bis Okt. Lebensweise: Nach der Paarung legt das ♀ die Eier einzeln in die oberste Bodenschicht. Die grauen und madenförmigen (beinlosen) Larven (Abb.) werden bis 25 mm groß. Mit den kräftigen Mundwerkzeugen zerkleinern die Larven auch härtere Pflanzenabfälle und morsches Holz und sind daher für die Humusbereitung wichtig. Verschiedene Arten können jedoch auch schädlich werden, da sie auch Wurzeln und nachts Pflanzenteile knapp über dem Boden abfressen.

Gewöhnliche Stechmücke
Culex pipiens
Kennzeichen: Körper 4–5 mm. *Culex*-Mücken sitzen parallel zur Unterlage (siehe Abb.), bei *Anopheles*-Mücken steht der Hinterleib weiter von der Unterlage ab als der Kopf. Vorkommen: Bewohnt kleingewässerreiche Landschaften. Lebensweise: Nur die ♀ der Stechmücken saugen Blut, während sich die ♂ mit geringen Mengen an Nektar begnügen. Der Einstich in die Haut geschieht durch rasches Raspeln mit dem Bündel der gezähnten Stechborsten. Das Blutsaugen dauert 2–3 Minuten, dabei kann das Zweifache des Eigengewichts aufgenommen werden. Durch Abgabe von Speichel, der die Blutgerinnung hemmt, entsteht der Juckreiz. Die Eier werden in stehende, z. T. sehr kleine Gewässer abgelegt. Begattete ♀ überwintern in Kellern usw. Die Larven hängen in der Ruhe mit einem kurzen Atemrohr schräg an der Wasserhaut (Abb.); bei Störung gehen sie mit zappelnden Bewegungen in die Tiefe.

Zuckmücke *Chironomus plumosus*
Kennzeichen: Körper 10–12 mm. Fühler der ♂ federförmig; Flügel kürzer als Körper; Brustteil hochgebuckelt, Kopf darunter. Vorkommen: Im Sommer häufig in Schwärmen über Gewässern. Lebensweise: Die nur wenige Tage lebenden Alttiere nehmen keine Nahrung auf, daher nicht-stechend. Zucken im Sitzen ständig mit den frei nach vorn gehaltenen Vorderbeinen. ♂ bilden riesige, aus Entfernung wie Rauchwolken aussehende Schwärme. Die wurmförmigen Larven leben im Bodenschlamm der Gewässer und spielen durch ihr oft massenhaftes Vorkommen eine ökologisch wichtige Rolle beim Abbau organischer Abfälle sowie als Fisch- und Entenfutter.

Kriebelmücke, Gnitze
Simulium equinum
Kennzeichen: 2–6 mm große, schwärzliche, »bucklige« Mücken. In Mitteleuropa etwa 30 schwer unterscheidbare Arten. Vorkommen: In Gewässernähe. Flugzeit von März bis Sept. Lebensweise: ♀ können (vor Gewittern) als Blutsauger sehr lästig werden, bei Massenbefall sogar tödlich. ♂ schwärmen abends über Gewässern. Larven in Fließgewässern.

Wintermücke

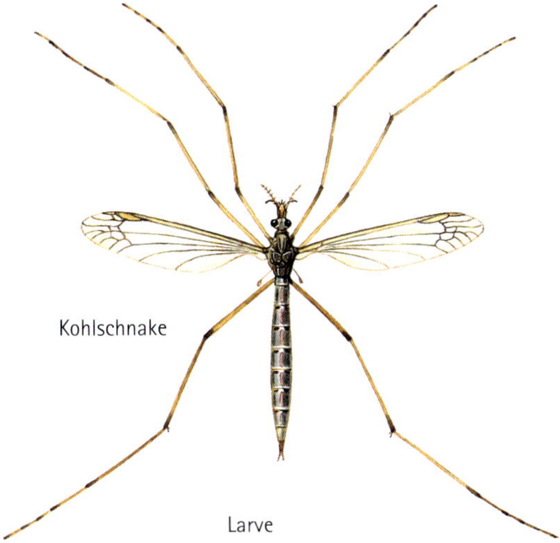

Kohlschnake

Larve

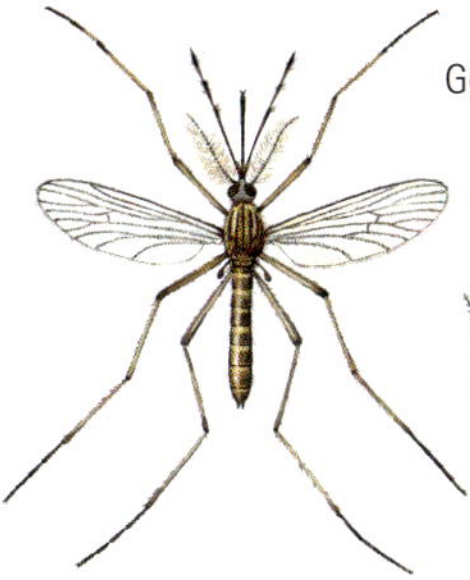

Gewöhnliche Stechmücke

Männchen

Kopf Weibchen

Larve

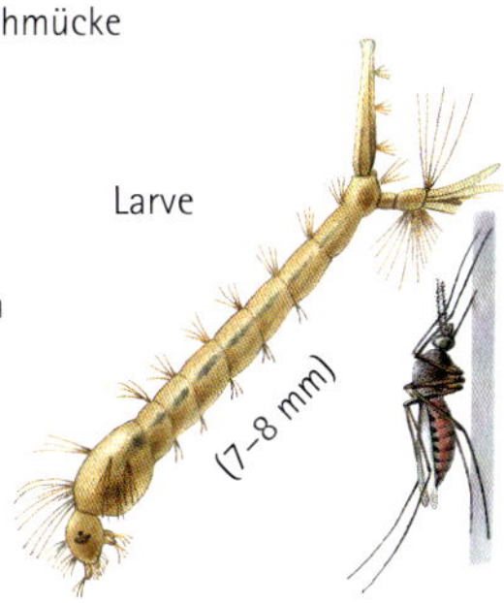

Sitzhaltung

Zuckmücke

Kriebelmücke, Gnitze

Haarmücke, Markusfliege
Bibio marci
Kennzeichen: Körper 10–13 mm. Robuste, düstere, behaarte Mücke. ♂ fliegen mit lang herabhängenden Hinterbeinen. Vorkommen: Im März/April oft massenhaft in offenem Gelände. Lebensweise: Da sie sich von Nektar ernähren, zählen sie zu den wichtigen Bestäubern, z. B. auch von Obst. Die Larven leben oft in Massen im Falllaub und sind wichtige Humusbildner, können bei Massenauftreten aber auch Wurzelschäden verursachen.

Regenbremse *Haematopota pluvialis*
Kennzeichen: Körper 8–12 mm. Eine graue, kräftige Fliege. Vorkommen: In Gewässernähe, auch an Kleinstgewässern, von Mai bis Sept. Lebensweise: Die blutsaugenden ♀ sind bei schwülem Gewitterwetter besonders aktiv; sie stechen bevorzugt in Arme und Beine. Die Larven leben im Wasser. Bei kurzer Larvenzeit sind 2 Generationen im Jahr möglich.

Rinderbremse *Tabanus bovinus*
Kennzeichen: 19–24 mm. Durch große, schillernde Facettenaugen Kopf breiter als lang. Vorkommen: Viehweiden in Gewässernähe, auf Almen bis 2000 m. Flugzeit von Mai bis Aug. Lebensweise: Sehr geschickte und schnelle Flieger. ♀ stechen, ♂ leben von Nektar und Pflanzensäften. Die Larven entwickeln sich in feuchtem Boden, wo sie anderen Kleintieren nachstellen.

Tanzfliege *Empis tesselata*
Kennzeichen: Körper 7–11 mm. Unscheinbar bräunliche Fliege mit langen Beinen. Brust grau mit Längsstreifen. Vorkommen: Bewohnt Wiesen, lichte Laubwälder, Gärten. Lebensweise: Tanzfliegen fangen ihre Beute mit den bedornten Beinen im Flug oder lauern ihnen in Blüten auf. Mit ihrem langen Rüssel saugen sie die Beute nach Vorverdauung aus. Offenbar wird auch Nektar aufgenommen. Die ♂ überreichen Beute als »Hochzeitsgeschenk«. Als Teil der Balz bilden sich Tanzgruppen aus ♂ oder ♀, in die paarungsbereite Fliegen eindringen. Die wurmartigen Larven leben wohl räuberisch im feuchten Boden.

Hornissenraubfliege
Asilus craboniformis
Kennzeichen: Körper 18–28 mm. Raub- oder Jagdfliegen (etwa 200 Arten in Mitteleuropa) sind bis zu 30 mm große Fliegen, manche mit libellendünnem Hinterleib. Vorkommen: Lichtungen und Waldränder; Juni bis Sept. Lebensweise: Stürzen sich an sonnigen Tagen von einer Sichtwarte aus auf vorbeifliegende Insekten. Ihr Speichel enthält Gift und Verdauungsfermente; das vorverdaute Innere der Beute wird aufgesogen. Die madenartigen Larven ernähren sich überwiegend von pflanzlichen Abfällen. Ihre Entwicklung kann mehrere Jahre dauern.

Schwebfliege *Syrphus ribesii*
Kennzeichen: Körper 9–11 mm. Die Familie der Schwebfliegen ist in Europa mit etwa 500 Arten vertreten, die sehr unterschiedlich aussehen: nackt oder behaart, gedrungen oder schlank, lebhaft (z. B. wespenartig gelb-schwarz) gefärbt oder unscheinbar. Vorkommen: Wiesen, Gärten und andere offene Orte. Lebensweise: Saugen Nektar und andere Pflanzensäfte; wichtig für die Bestäubung vieler Pflanzen. Die überwinternden ♀ legen ihre Eier in der Nähe von Blattlauskolonien ab. Die egelartigen Larven fressen nachts Blattläuse. Eine Larve kann in den nur 8 Tagen ihrer Entwicklung 700 Blattläuse verzehren. Gegen Insektizide sind Schwebfliegenlarven sehr empfindlich.

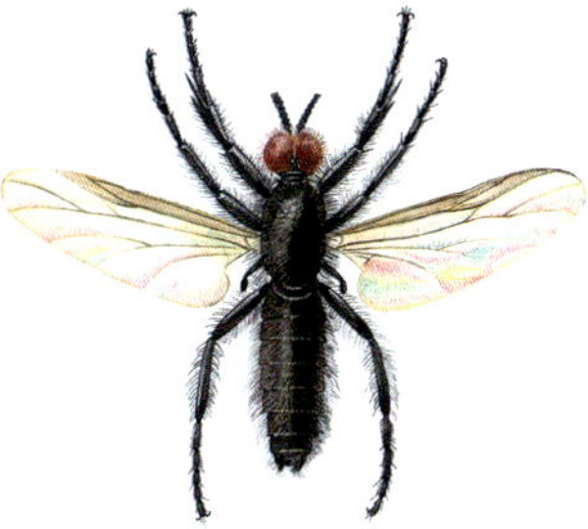

Haarmücke, Markusfliege

Regenbremse

Rinderbremse

Tanzfliege

Hornissenraubfliege

Schwebfliege

Essigfliege *Drosophila melanogaster*
Kennzeichen: Körper 2–3 mm. Unter den Obst-, Essig- oder Taufliegen (etwa 50 Arten in Mitteleuropa) ist unsere Art als genetisches Experimentierobjekt berühmt geworden. Vorkommen: An faulendem Obst (auch in Wohnungen) oft in Massen. Lebensweise: Die von gärendem Obst und Essig angelockten Fliegen legen bis zu 400 Eier. Die ♂ vollführen eine auffällige Balz. Die Larven entwickeln sich bei geeigneten Temperaturen innerhalb von 14 Tagen zum flugfähigen Insekt. Sie ernähren sich von den Bakterien und Hefen in faulendem Obst.

Graue Fleischfliege
Sarcophaga carnaria
Kennzeichen: Körper 8–16 mm. Zu den Aas- oder Schmeißfliegen zählen in Europa einige hundert Arten. Unsere Art besitzt ein typisches Schwarz-Grau-Muster und rote Augen. Vorkommen: Auf Mist und Blumen. Lebensweise: Die Eier werden hauptsächlich an Aas und altem Fleisch abgelegt. Bei hohen Temperaturen verpuppen sich die weißen Maden bereits nach 1 Woche, sodass mehrere Generationen im Jahr möglich sind.

Blaue Aasfliege, Schmeißfliege
Calliphora vomitoria
Kennzeichen: Bis 12 mm groß, blauschillernd mit braunroten Augen. Viele schwer zu unterscheidende Arten. Vorkommen: Überwiegend Kulturfolger. Lebensweise: ♂ ernähren sich von Nektar. ♀ orten mit ihrem sehr guten Geruchsvermögen Aas oder Mist. Dort saugen sie an den eiweißreichen Säften und legen innerhalb weniger Tage Hunderte von Eiern ab. Die gelblichen Maden entwickeln sich bei günstigen Temperaturen in wenigen Tagen. Aus den tönnchenförmigen Puppen schlüpft weniger als 2 Wochen nach der Eiablage eine neue Fliegengeneration.

Goldfliege *Lucilia caesar*
Kennzeichen: Körper 8–12 mm. Grünmetallisch glänzende Fliege. Vorkommen: Im Sommer an Blüten, stellenweise häufig. Lebensweise: Goldfliegen bevorzugen stark duftende Blüten, Stinkmorcheln, Mist und Aas. An Aas und Wunden legen die ♀ ihre Eier ab. Wie bei anderen Schmeißfliegen verläuft die Larvenentwicklung sehr rasch, sodass mehrere Generationen im Jahr aufeinander folgen.

Stubenfliege *Musca domestica*
Kennzeichen: Körper 6–9 mm. Eine allgemein bekannte Art. Ähnlich ist die Kleine Stubenfliege *(Fannia canicularis)*. Vorkommen: Weltweit verbreiteter Kulturfolger. Lebensweise: Die in Gebäuderitzen überwinterten Fliegen kommen schon an warmen Tagen im Februar/März heraus und suchen nach Nahrung, die sie mit ihrem Saugrüssel aufnehmen. Die Eier werden in Gelegen von 100–150 an faulenden organischen Stoffen abgelegt. Die madenartigen Larven entwickeln sich rasch und verpuppen sich in tönnchenförmigen Hüllen. Bis zu 5 Generationen im Jahr.

Wadenstecher *Stomoxys calcitrans*
Kennzeichen: Körper 5–7 mm. Bis auf den nach vorn stehenden Stechrüssel der Großen Stubenfliege sehr ähnlich. Vorkommen: Weltweit verbreiteter Kulturfolger, besonders auf dem Land in Ställen und Wohnungen. Lebensweise: ♀ saugen Blut an Tieren und Menschen. Die madenförmigen Larven leben in Rinder- und Pferdemist. Krankheitsüberträger.

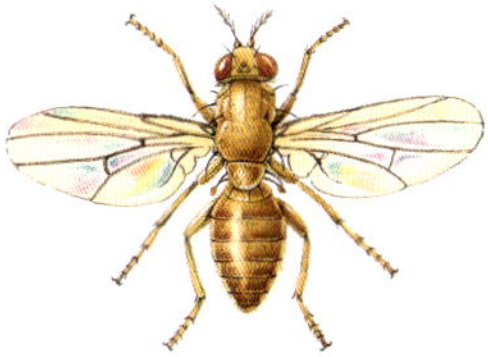

Essigfliege

Graue Fleischfliege

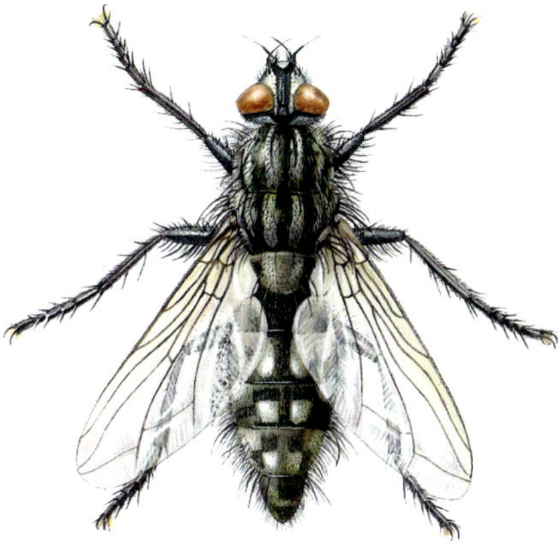

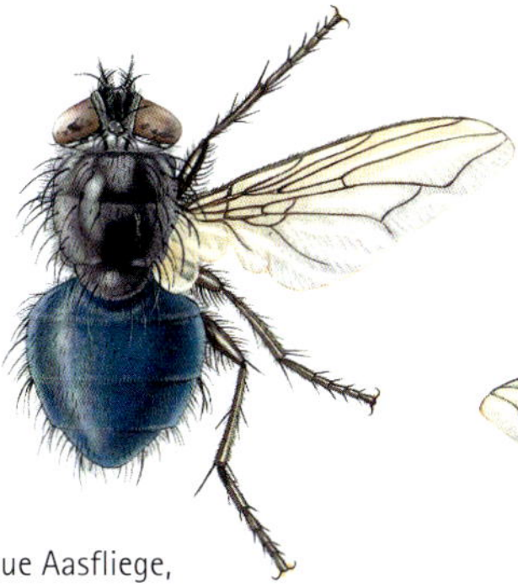

Blaue Aasfliege,
Schmeißfliege

Goldfliege

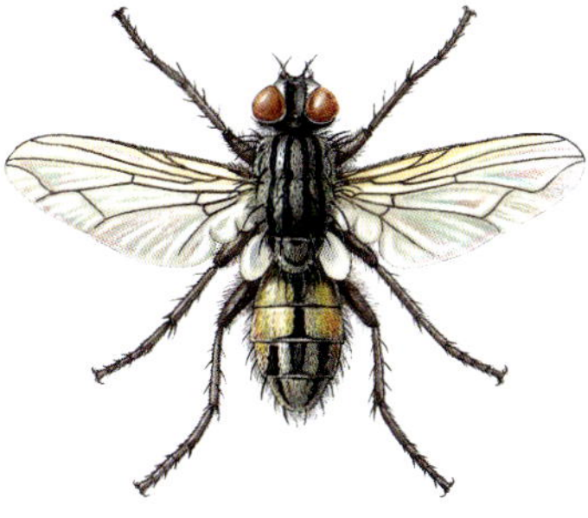

Stubenfliege

Wadenstecher

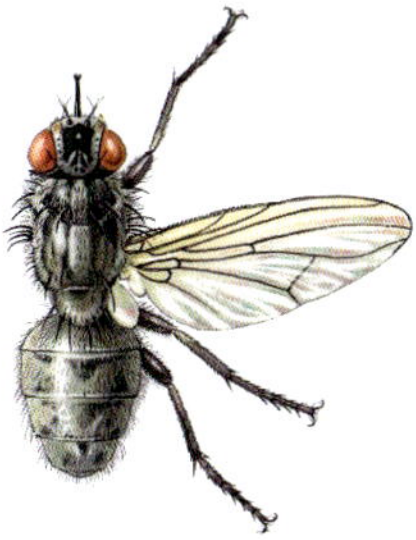

Schwalbenschwanz
Papilio machaon

Kennzeichen: Spannweite 55–75 mm. Sattgelber Grundton mit schwarzer, gerippter Zeichnung, blaubestäubter Binde am Hinterflügel und jeweils 1 rot gefüllten Augenfleck an deren innerem Winkel sowie zartroten Einlagerungen auf der Flügelunterseite. Auffällig sind die Schwanzfortsätze der Hinterflügel, denen der Falter seinen Namen verdankt. Vorkommen: Von der Meeresküste bis 2000 m. Bevorzugt blütenreiche Wiesen in offenem Flach- und Hügelland. Hält sich ebenfalls gerne im Bereich von Hügelkuppen auf, wo auch die Paarungen stattfinden. Besucht gerne Gärten, in denen man Mohrrüben anbaut. Lebensweise: Fliegt in 2 Generationen von Ende April bis Mitte Juni und von Mitte Juli bis Aug. Die Eier werden im Mai (bzw. Spätsommer) auf die Blätter von Doldenblütlern gelegt; nach 1 Woche schlüpfen die tagaktiven Raupen. Sie sind schön bunt gezeichnet (siehe Abb.) und oft schon erkennbar an ihrem beißenden Geruch, den ihre bei Gefahr ausgestülpte häutige Nackengabel verströmt und der Feinde abwehren soll. Futterpflanzen sind Wilde Möhre, Fenchel, Engelwurz, Dill und andere Doldenblütler. Pflanzen aus stark gedüngten Wiesen wirken auf die Raupen giftig.

Segelfalter *Iphiclides podalirius*

Kennzeichen: Spannweite 60–80 mm. Grundfarbe weißgelb (heller als Schwalbenschwanz), mit unterschiedlich langen schwarzen Längsstreifen, die als Totalzeichnung von den Vorderflügeln auf die Hinterflügel übergreifen. Falter der 1. Generation besitzen einen schwarzen, die der 2. einen mehr gelblichen Hinterleib. Vorkommen: In Mitteleuropa nur inselförmig an warmen, trockenen Hängen mit Schlehengestrüpp; bisweilen an sonnigen Alpenhängen bis in 2000 m. Fliegt im Mai/Juni und in warmen Gegenden nochmals von Juli bis Sept. Lebensweise: Segelt gern um sonnige Hügelkuppen, wo auch die Paarungen stattfinden (»hill topping«). Die dicken, buckelig wirkenden Raupen werden bis 40 mm lang, sind grün, mit einer gelben, seitlich verzweigten Rückenlinie und weisen beiderseits rote oder gelbe Flecken auf. Ihre Futterpflanzen sind Schlehen, Weißdorn, Felsen- und Traubenkirsche sowie Obstbäume. Durch Lebensraumzerstörung selten geworden.

Apollofalter *Parnassius apollo*

Kennzeichen: Spannweite 65–75 mm. Flügel milchigweiß mit schwarzen Flecken und 4 schwarz umringten, roten oder gelben Punkten; ♂ und ♀ gleichen sich. Vorkommen: Standorttreu in Gebirgsregionen zwischen 600 und 1800 m; nicht in der Ebene. Lebensweise: Fliegt in 1 Generation von Juni bis Sept. Die ♂ schweben im Brutgebiet an Berghängen und besuchen Blüten, die ♀ halten sich eher in Bodennähe auf. Die fertige Jungraupe überwintert im Ei. Raupe samtschwarz mit rötlichen Flecken, stahlblauen Wärzchen und ausstülpbarer häutiger Nackengabel. Futterpflanzen sind ausschließlich Weißer Mauerpfeffer oder Purpur-Fetthenne.

Schwalbenschwanz

Raupe des Schwalbenschwanz'

Segelfalter

Apollofalter

Großer Kohlweißling *Pieris brassicae*
Kennzeichen: Spannweite 55–65 mm. Weiß mit dunklen Vorderflügelspitzen, die unterseits gelb gefärbten ♀ mit 2 schwarzen Punkten. Vorkommen: Als Kulturfolger überall, zieht oft in Scharen bis Nordafrika. Kohlanbau in Monokulturen bewirkte seine Ausbreitung als »Schädling«. Lebensweise: 3 Generationen fliegen von Mitte April bis Oktober. Die 200–300 orangen Eier werden in Gruppen auf der Futterpflanze (Kreuzblütler wie Kohl und Kapuzinerkresse, auch Reseda u. a.) abgelegt. Raupe bis 40 mm, Grundfarbe grün mit gelben Längsstreifen und schwarzen Punktmustern. Die grünen oder graubraunen Puppen der ersten Generation(en) schlüpfen nach etwa 14 Tagen, die der letzten Generation überwintern an geschützten Plätzen (Scheunen etc.).

Zitronenfalter *Gonepteryx rhamni*
Kennzeichen: Spannweite 50–57 mm. ♂ intensiv zitronengelb; das wesentlich blassere ♀ kann mit Kohlweißlingen verwechselt werden. Beide mit 1 wenig auffälligen bräunlichen Kreisfleck auf jedem Flügel. Zu Zipfeln ausgezogene Flügel. Vorkommen: In fast allen Lebensräumen, bevorzugt aber Waldränder, Parkanlagen, Gärten und Buschgelände bis 2000 m. Lebensweise: Die Falter leben bis 11 Monate! Die Eigenschaft, sowohl im Sommer als auch im Winter an Zweigen hängend für Wochen und Monate in Ruhestarre zu verfallen, ist recht ungewöhnlich. Der Falter überwintert frei an Zweigen hängend. Die grüne Raupe mit den weißen Längsstreifen frisst an Faulbaum, weshalb die Art auf feuchte Wälder, Moore und Bachränder angewiesen ist. Auch der nah verwandte Kreuzdorn wird als Futterpflanze angenommen.

Aurorafalter *Anthocharis cardamines*
Kennzeichen: Spannweite 35–45 mm. Die Vorderflügel der ♂ sind zur Spitze hin leuchtend orange. In Ruhestellung werden die unterseits dezent gescheckten Hinterflügel (rechte Hälfte der Abb.) zur Tarnung über die auffälligen Vorderflügel geschoben. Das ♀ ist fast einfarbig bräunlichgelb. Vorkommen: Ein typischer Wiesenbewohner, der an Waldrändern und feuchten, blütenreichen Wiesenrainen zu finden ist, in den Alpen bis 2000 m. Früher durchaus häufig, gehört er heute in Mitteleuropa zu den selteneren Arten. Lebensweise: Die ♀ bevorzugen bläulichrosa und weiße Blüten, während die früher schlüpfenden ♂ auch andere Blütenfarben annehmen. 1 Generation fliegt von April bis Juni. Die bläulichgrünen Raupen haben sich in Form und Farbe den Schoten ihrer Nahrungspflanzen (Wiesenschaumkraut und andere Kreuzblütler) so angepasst, dass sie schwer zu finden sind. Die Puppen überwintern.

Goldene Acht, Gewöhnlicher Heufalter *Colias hyale*
Kennzeichen: Spannweite 40–48 mm. Flügel beim ♂ zitronengelb, beim ♀ weißgelb, an den Enden schwarz gesäumt. 1 schwarzer Fleck auf jedem Vorderflügel, 1 orangeroter auf jedem Hinterflügel und, auf deren Unterseite, 2 aneinandergrenzende Ringe, die eine 8 bilden (Name!). Vorkommen: Auf feuchten, nährstoffreichen Wiesen. Lebensweise: Wanderfalter, der 2–3 Generationen im Jahr durchläuft. Die Raupen überstehen nur warme Winter; meist wandern Falter vom Süden her zu. Futterpflanzen der Raupen sind Luzerne, Wicke und Hornklee.

Großer Kohlweißling

Männchen

Weibchen

Zitronenfalter

Flügelunterseite

Aurorafalter

Goldene Acht,
Gewöhnlicher Heufalter

Kleiner Fuchs *Aglais urticae*
Kennzeichen: Spannweite 40–50 mm. Charakteristisch ist der hell-dunkel gebänderte Bug der Vorderflügel; die Unterseiten sind blass, aber reich gemustert. Vorkommen: In freiem Gelände, auch in Gärten und Anlagen. Lebensweise: Von März bis Sept. in 2–3 Generationen. Raupen ähneln denen des Admirals, leben jedoch gesellig unter zusammengesponnenen Brennnesselblättern. Die letzte Generation überwintert als Falter an geschützten Stellen, auch in Gebäuden. Im Frühjahr gehören sie mit Zitronenfalter und Tagpfauenauge zu den ersten Faltern. Der Kleine Fuchs zählt zu unseren häufigsten Tagfaltern.

Distelfalter *Vanessa cardui*
Kennzeichen: Spannweite 50–60 mm. Oberseits rötlichorange Grundfärbung mit schwarzen Ausläufern und weißen Flecken in den schwarzen Spitzen der Vorderflügel. Unterseite verschiedenfarbig marmoriert, mit Augenflecken (siehe Abb.). Vorkommen: Wanderfalter, der alljährlich aus den Mittelmeerländern in Schwärmen zuwandert. Überall, wo es Brennnesseln und Disteln gibt. Lebensweise: Die ersten Einwanderer ab Mai; die 1. heimische Generation fliegt von Juli bis Aug., die 2. (und 3.) im Sept./Okt. Die Falter besuchen die Blüten von Distelarten, Kletten und Gartenblumen. Die Raupen leben auf Disteln, Malven, Brennnesseln und Kletten.

Tagpfauenauge *Inachis io*
Kennzeichen: Spannweite 50–60 mm. Charakteristisch sind die großen, mehrfarbigen Augenflecke auf jedem Flügel. Die Flügelunterseite ist schwarzbraun schattiert. Vorkommen: Über Blumenwiesen, in Anlagen, Gärten, Buschgelände oder an Waldsäumen. Lebensweise: Fliegt in 1–2 Generationen von April bis Sept., die überwinternden Falter schon früher. Die Raupen sind schwarz und mit Stacheln bewehrt; sie leben bis zur letzten Häutung gesellig. Neben Kohlweißling und Kleinem Fuchs wohl unser häufigster Tagfalter.

Admiral *Vanessa atalanta*
Kennzeichen: Spannweite 52–64 mm. Die Unterseite zeigt ein kompliziertes, gefächertes Farbenspiel mit mehreren Augenflecken. Vorkommen: Sommergast, der jedes Jahr aus der Mittelmeerregion nach Mittel- und Nordeuropa wandert. Vor allem in baumbestandenen Anlagen und Gärten. Lebensweise: Fliegt von Mai bis Okt. in 2–3 Generationen. Falternahrung sind Blütennektar und süße Baum- und Fruchtsäfte. An Fallobst fällt er durch heftige Flügelbewegungen beim Saugen auf. Die Raupen leben einzeln auf Brennnesselblättern, selten auf Kratzdisteln oder Hopfen. Der Admiral gehört noch zu den häufigeren Edelfaltern, wenngleich auch er an Zahl abgenommen hat.

Landkärtchen *Araschnia levana*
Kennzeichen: Spannweite 30–40 mm. Die Sommergeneration ist fast schwarz, die Frühjahrsform hell orange. Die Unterseite (siehe Abb.) erinnert an eine Landkarte. Vorkommen: An Bachufern, in Waldschneisen und feuchten Laubwäldern. Lebensweise: Fliegt in 2 Generationen von Ende April bis Aug. Die Eier werden in Türmchen von 6–15 Exemplaren auf die Unterseite von Brennnesselblättern gestapelt. Die schwarzen, fein orange gezeichneten Raupen leben gesellig, später einzeln auf Brennnesseln. Die Art ist nur noch stellenweise häufig.

Kleiner Fuchs

Distelfalter

Tagpfauenauge

Frühjahrsform

Admiral

Landkärtchen

Sommerform

C-Falter *Polygonia c-album*
Kennzeichen: Spannweite 42 50 mm. Oberseite braunorange mit dunklen Flecken und Säumen; vom Kleinen Fuchs durch bogig-gezackten Vorderflügel und weißes C auf der rindenfarbigen Unterseiten der Hinterflügel zu unterscheiden (siehe Abb.). Die überwinternden Falter sind unterseits fast schwarz. Vorkommen: Gärten, Auen, Lichtungen sowie an Waldrändern bis 2000 m. Lebensweise: 2 Generationen von Ende Juni bis Sept. und – nach dem Überwintern – ab März fliegend (dann oft an Weidenkätzchen). Die ♂ warten an Waldrändern auf Sträuchern auf die ♀. Diese legen ihre Eier im Mai in Grüppchen auf die Blattoberseite von Brennnesseln. Die einzeln lebenden Raupen sind oberseits zur Hälfte weiß und erinnern an Vogelkot, was der Tarnung dient. Sie fressen an Brennnessel, gelegentlich auch an Hopfen und Hasel. Die metallisch glänzende Puppe hängt kopfüber (»Stürzpuppe«) an den Stängeln der Futterpflanzen.

Großer Schillerfalter *Apatura iris*
Kennzeichen: Spannweite 65–80 mm. Oberseite braun, bei den ♂ durch lichtbrechende Schuppen metallisch blau schillernd. Unterseite braunbunt mit schwarz kontrastierenden Augenflecken auf den Vorderflügeln. Vorkommen: Flachlandbewohner, dessen nicht häufiges Vorkommen vom Vorhandensein der Weide abhängt. Lebensweise: In den Vormittagsstunden sieht man die Falter an Aas, Dung und Baumsäften saugen. Sie lassen sich mit stark riechendem Käse ködern. Mittags suchen sie in den Baumkronen ihre Reviere auf, die sie gegen Eindringlinge verteidigen. Flugzeit ist von Mitte Juni bis Mitte Aug.; im Spätsommer werden die Eier einzeln auf die Oberseite der Blätter von Sal- oder Grauweide abgelegt. Raupe spindelförmig mit 2 langen Hörnern, grün, mit schrägen, feinen, rötlich-gelben Streifungen. Überwintert in einem Seidengespinst an der Futterpflanze, wo auch die Puppe angesponnen wird, die einem welken Blatt ähnelt.

Kaisermantel *Argynnis paphia*
Kennzeichen: Spannweite 58–70 mm. Die Unterseite schimmert in hellen silbrigen Strichen (»Silberstrich«). Die ♂ tragen auf den Vorderflügeln 4 dunkle Striche, die aus Duftschuppen bestehen. Vorkommen: An Distelblüten, Brombeeren und Himbeeren in Schonungen, Waldlichtungen, auf Waldwiesen und an Wegen bis in 1000 m; selten in offenem Gelände. Lebensweise: Fliegt in 1 Generation von Ende Juni bis Mitte Sept. Während des komplizierten Balzspiels berühren die ♀ mit ihren Fühlern die Duftschuppen des ♂ und werden dadurch paarungsbereit. Ihre Eier legen die ♀ entfernt von den Futterpflanzen in die Rinde von Bäumen ab, wo die winzigen Jungraupen überwintern. Im Frühjahr klettern die Räupchen den Stamm hinab, um ihre Futterpflanze zu finden: Veilchen, teilweise auch Himbeeren, die meist nachts besucht werden. Der Kaisermantel kann in günstigen Jahren recht häufig auftreten.

Großer Perlmutterfalter
Argynnis aglaja
Kennzeichen: Spannweite 50–57 mm. Ähnlich Kaisermantel, aber kleiner und Unterseite der Hinterflügel (siehe Abb., rechte Hälfte) anders gefärbt und gemustert. Vorkommen: Ähnlich Kaisermantel. Lebensweise: Fliegt in 1 Generation von Juni bis Aug. Gerne an Distelblüten. Nach Überwinterung fressen die Raupen an Veilchen und Wiesenknöterich.

C-Falter

Großer Schillerfalter

Kaisermantel

Großer Perlmutterfalter

Flügelunterseite

Brauner Waldvogel

Aphantopus hyperantus

Kennzeichen: Spannweite 40–48 mm. Auf den Flügelunterseiten weiß gekernte und gelb umrahmte schwarze Augenflecken. Vorkommen: Feuchte Wiesen, Waldschneisen und Hecken. Lebensweise: Die Falter fliegen in 1 Generation von Juni bis August auch bei trübem Himmel oder Nieselregen. Die ♀ lassen die Eier im Flug fallen. Futterpflanzen der nachtaktiven Raupen sind verschiedene Gräser. Sie überwintern und fressen an warmen Wintertagen sogar.

Ochsenauge *Maniola jurtina*

Kennzeichen: Spannweite 42–50 mm; ♂ (Abb.) kleiner als ♀. Die schwarzen Augenflecken mit weißem Mittelpunkt sind beim ♀ von einem orangebraunen Feld umgeben. Vorkommen: In freiem Gelände und Grünanlagen vom Flachland bis in Höhen um 1800 m. Lebensweise: 1(–2) Generationen von Juni bis Aug. (Sept. bis Okt.) fliegen auch bei bedecktem Himmel und Sprühregen. Schweiß lockt die Falter an, sodass sie manchmal auf der Haut von Menschen und Tieren landen. Die Raupe frisst auch an milden Wintertagen an Rispengräsern und versteckt sich dann wieder im Laub. Die Puppen werden im Mai an Halme gesponnen; nach 25 Tagen schlüpfen die Falter.

Wald-Mohrenfalter *Erebia aethiops*

Kennzeichen: Spannweite 40–50 mm. In Mitteleuropa kommen etwa 20 schwer unterscheidbare Mohrenfalter-Arten vor. Vorkommen: Die meisten Arten leben im Hochgebirge. Unsere Art (und 2 weitere) ist auch in tieferen Lagen des Berglands anzutreffen, sie bevorzugt Waldränder und -lichtungen. Lebensweise: 1 Generation fliegt von Juli bis Sept. Die Raupe überwintert und frisst nachts an Waldgräsern.

Kleiner Heufalter

Coenonympha pamphilus

Kennzeichen: Spannweite 24–30 mm. Dunkle Augenflecke an den Spitzen beider Seiten der Vorderflügel. Vorkommen: Einer der häufigsten Tagfalter Mitteleuropas, der sich überall in offenem Gelände, auch an Meeresküsten zeigt. In den Alpen wurde er bis in Höhen von 1800 m gesehen. Lebensweise: Dicht über Gräsern flattert der Kleine Heufalter träge umher oder lässt sich an Halmen nieder. An Blüten wird er selten beobachtet. 3 kaum zu unterscheidende Generationen fliegen von Mai bis Sept. Die Raupen leben an verschiedenen Gräsern. Die Herbstgeneration frisst auch an milden Wintertagen; vorwiegend nachtaktiv.

Schachbrett *Melanargia galathea*

Kennzeichen: Spannweite 42–52 mm; ♀ etwas größer als ♂. Die Flügelunterseite zeigt Augenflecke. Vorkommen: Wenig wählerisch. Bevorzugt werden trockene Wiesen, Feldraine, Böschungen, Brachfelder, Waldlichtungen und Waldwege (bis ca. 2000 m). Am häufigsten in Süddeutschland und im nördlichen Alpenvorland; fehlt in der norddeutschen Tiefebene. Lebensweise: 1 Generation von Ende Juni bis Aug. Besonders in den Mittagsstunden sieht man die Falter im Brutgebiet gemächlich herumflattern. Das ♀ lässt die Eier im Flug fallen; die Jungraupen suchen sich selbst die Futterpflanzen. Sie schlüpfen im Sept., überwintern und beginnen im Frühjahr (nur nachts) zu fressen. Futterpflanzen sind verschiedene Gräser.

Brauner Waldvogel

Ochsenauge

Wald-Mohrenfalter

Kleiner Heufalter

Schachbrett

Hauhechelbläuling
Polyommatus icarus
Kennzeichen: Spannweite 25–35 mm. ♂ (Abb.) oberseits blau mit weißem Saum, ♀ braun oder blau mit orangem, dunkel gepunktetem Arkadensaum. Unterseite beider Geschlechter wie Abb. ♀ rechte Häfte. Vorkommen: Überall auf Wiesen, Heiden, über Kalkböden, bis in 2400 m Höhe, meist an Schmetterlingsblütlern. Lebensweise: 2–3 Generationen fliegen von Mai bis Sept. Raupe grün mit 4 grünweißen Längslinien. Letzte Generation überwintert halb ausgewachsen an der Futterpflanze, um im Frühjahr an Knospen und Blüten zu fressen. Nahrungspflanzen sind Hornklee, Hauhechel, Klee u. a. Schmetterlingsblütler.

Himmelblauer Bläuling
Polyommatus bellargus
Kennzeichen: Spannweite 30–35 mm. ♂ (Abb.) mit leuchtend blauer, ♀ mit brauner, manchmal blau getönter Oberseite; Unterseite ähnlich voriger Art. Vorkommen: Spärlich bewachsene Kalk- und Sandböden, Steppen und warme Hänge; in den Alpen bis 2000 m. Lebensweise: 2 Generationen fliegen von Mai bis Sept. Saugen gerne zu mehreren an Jauchelaken oder Dünger. Raupe dunkelgrün mit gelben Längsstreifen. Lebt in Zweckgemeinschaft mit Ameisen, die sie vor Feinden schützen und dafür von der Raupe mit einem süßen Körpersaft versorgt werden. 2. Generation überwintert. Futterpflanzen sind Hufeisenklee, Kronwicke u. a.

Brombeerzipfelfalter *Callophrys rubi*
Kennzeichen: Spannweite 25–30 mm. Oberseite braun, beim ♂ dunkler; Zipfel an den Hinterflügeln schwach ausgebildet. Unverwechselbar ist die grüne Unterseite (Abb.). Vorkommen: In sonnigen Kiefernwäldern und über trockenen Heiden und Hängen; in den Alpen bis 2000 m. Lebensweise: 1–2 Generationen von Mitte April bis Aug. ♂ verteidigt ein Revier. Raupe an Brombeere, Ginster, Heidelbeere, Kreuzdorn u. a. Die Puppen überwintern.

Kleiner Feuerfalter *Lycaena phlaeas*
Kennzeichen: Spannweite 25–30 mm; die ♀ sind größer. Unterseite ähnlich Hauhechelbläuling. Vorkommen: Trockene Wiesen und Parkanlagen, Waldränder und Heiden. Lebensweise: 2–3 Generationen fliegen von Mai bis Sept. ♂ verteidigen ihre Reviere auch gegen andere Falter. Die Raupen leben auf Ampfer und überwintern.

Dukatenfalter *Heodes virgaureae*
Kennzeichen: Spannweite 30–35 mm. Oberseite beim ♂ leuchtend orange mit schwarzen, weiß geränderten Säumen und schwarzen Punktreihen auf den Hinterflügeln (Abb.); unterseits heller, mit zerstreuten schwarzen Punkten und einigen weißen Flecken auf den Hinterflügeln (Unterschied zu anderen Feuerfaltern). Die ♀ sind oberseits dunkler, mit vielen schwarzen Flecken auf Vorder- und Hinterflügeln. Vorkommen: Bewohnt Blumenwiesen, Moore und feuchte Waldränder; in den Alpen bis 2400 m. Lebensweise: 1 Generation fliegt zwischen Mitte Juni und Ende August Die Räupchen überwintern im Ei. Sie sind asselförmig, dunkelgrün mit gelblichen Streifen und dunklem Kopf. Ihre Futterpflanzen sind verschiedene Ampfer-Sorten.

Hauhechelbläuling

Männchen

Weibchen

Flügelunterseite

Himmelblauer Bläuling, Männchen

Brombeerzipfelfalter

Kleiner Feuerfalter

Dukatenfalter, Männchen

Birkenspanner *Biston betularius*
Kennzeichen: Spannweite 45–70 mm. Ursprünglich weißgrau mit dunklen Zeichnungen, ähnlich Birkenrinde, auf der die Falter gerne ruhen. In Industrieregionen eine schwärzliche Variante, deren Färbung auf verrußten Stämmen eine bessere Tarnung erlaubt (siehe Abb.). Vorkommen: Birkenhaine, Laubmischwälder, Parks und Friedhöfe. Lebensweise: Die nachtaktiven Falter fliegen von Mitte Mai bis Ende Juli. Die ♂ (Abb.) haben, wie viele Nachtfalter, gefiederte Fühler, mit deren Hilfe sie der Duftspur der ♀ folgen. Die Raupen (Abb.) werden bis 60 mm lang, sind gräulich und ebenfalls nachtaktiv; bei Störung erstarren sie in gestreckter Haltung, sodass sie wie ein Ästchen aussehen. Futterpflanzen sind Birke, Eiche, Rotbuche und andere Laubbäume und Sträucher. Verpuppung am Fuß der Bäume.

Grünes Blatt *Geometra papilionaria*
Kennzeichen: Spannweite 40–50 mm. Die an Blätter erinnernde Tarntracht bezeichnet man als Mimese. Vorkommen: In Mooren und Heiden, Laubwäldern, Anlagen und Gärten – oft von Licht angelockt. Lebensweise: 1 Generation fliegt von Juni bis Mitte August Die Falter leben nur etwa 2 Wochen. Die Raupen überwintern an Zweigen ihrer Futterpflanzen (Birken, Erlen, Rotbuchen und einige Sträucher). Verpuppung zwischen Laub oder an Baumstämmen in lockeren Kokons.

Nagelfleck *Aglia tau*
Kennzeichen: Spannweite 60–80 mm; ♂ (Abb.) kleiner als ♀, diese sind fahler und ohne schwarze Zeichnung. Beide Geschlechter mit schwarz umringten blauen Augenflecken mit T-förmigem weißen Zeichen. Die Fühler der ♀ sind lang und fädig; auch am dickeren Leib erkennt man ♀. Vorkommen: In Laubwäldern, vor allem alten Buchenbeständen, gelegentlich in Mengen. Lebensweise: Es fliegt nur 1 - Generation von Mitte April bis Mai.Die ♂ verteidigen Reviere gegen Rivalen. Die Eier werden von den ♀ einzeln an Buchenstämmen abgelegt, von wo aus die Jungraupen zu den Blättern hinaufwandern. Zunächst tragen die Raupen bizarre Rückendornen, die nach der 3. Häutung verlorengehen. Futterpflanzen sind Rotbuche und andere Laubbäume. Anfang August seilen sich die Raupen zum Erdboden ab und spinnen einen feinen Kokon für die Puppe, die darin unter dem trockenen Laub überwintert.

Kleines Nachtpfauenauge
Eudia pavonia
Kennzeichen: Spannweite der ♀ 60–80 mm, der ♂ 40–55 mm (siehe Abb.). Die Hinterflügel der ♂ sind ockerfarben. Vorkommen: Lichte Laubwälder, Auen, Heiden, Moore; in den Alpen bis 2000 m. Gelegentlich massenhaftes Auftreten. Lebensweise: Fliegt in 1 Generation von April bis Mai. Die ♂ sind tagaktiv und nehmen mittels ihrer Fühlerorgane kilometerweit eine Duftspur auf, welche die paarungsbereiten ♀ verströmen. Die ♀ finden geeignete Nahrungspflanzen für ihren Nachwuchs ebenfalls mit Hilfe ihres Geruchsorgans. Die Falter nehmen keine Nahrung auf. Die schwarzen Raupen leben auf Heidekraut, Heidelbeere, Weißdorn und anderen Sträuchern, aber auch auf Bäumen wie Weide oder Birke. Verpuppung in Seidenkokons, in denen die Tiere – manchmal mehrere Jahre – überwintern.

Normalform

Birkenspanner

Raupe

schwärzliche Variante

Grünes Blatt

Nagelfleck

Männchen

Kleines Nachtpfauenauge

Weibchen

Frostspanner *Operophthera brumata*
Kennzeichen: Spannweite der ♂ 22–28 mm, ♀ 10 mm lang (Flügel rückgebildet). Vorkommen: Laubgehölze, in Obstanlagen oft häufig. Lebensweise: Flugzeit nach den ersten Frösten, Okt. bis Dez. Die flugunfähigen ♀ kriechen nach dem Schlüpfen im Spätherbst an den Stämmen empor, um die Eier an Zweigen abzulegen. Im Frühjahr schlüpfen die typischen Spannerraupen; sie können durch Laubfraß an Obstbäumen Schäden verursachen. Verpuppung im Boden.

Kommafalter *Hesperia comma*
Kennzeichen: Spannweite 30 mm. Nur das ♂ trägt die namengebenden dunklen Striche (Duftschuppen) auf den Vorderflügeln. Unterseite der Hinterflügel grünlich mit weißen Flecken. ♀ ohne Schrägstrich, dunkler mit gelblichen Flecken. Vorkommen: Blütenreiche, offene Landschaften. Lebensweise: Flugzeit von Juli bis Aug. Die Eier überwintern. Die Raupen leben zwischen versponnenen Grasblättern.

Malven-Würfelfalter *Pyrgus malvae*
Kennzeichen: Spannweite 20–25 mm. Unterseite heller und unregelmäßiger gemustert. Vorkommen: Steppenheiden, Böschungen, Feldraine und Waldränder besonders in hügeligem Gelände. Lebensweise: 1–2 Generationen von Ende April bis Aug. Die kleinen Falter flattern tief über dem Boden und besuchen Blüten. Die grünbraune Raupe lebt in einer Wohnröhre aus einem zusammengerollten Blatt. Futterpflanzen sind Odermennig, Malven, Fingerkraut, Walderdbeere, Brombeere u. a. Die Puppen ruhen an der Basis der Nahrungspflanzen.

Erdeichel-Widderchen, Blutströpfchen *Zygaena filipendulae*
Kennzeichen: Spannweite 30–36 mm. Fühlerenden kolbig aufgetrieben. Durch Färbung und Flügelflecken unverkennbar. Vorkommen: Bevorzugt Vegetation karger Böden wie Heideflächen, Magerrasen, alte Kiesgruben, trockene Moore usw. Lebensweise: 1 Generation fliegt von Juli bis Aug. Man sieht die wenig scheuen Falter bei Sonnenschein während der Mittagsstunden in gemächlichem Flug von Pflanze zu Pflanze schweben, während sie bei trübem Wetter auf den Blüten sitzen und ruhen. Ihre auffällige Färbung verrät ihre Giftigkeit für Feinde, während ihnen selbst sogar Blausäure wenig anhaben kann. Die ♀ legen ihre kleinen, gelben Eier in Gruppen auf den Blättern der Wirtspflanzen (Hornklee, auch Berg-Kronwicke) ab, woraus die Jungraupen ab August schlüpfen. Sie überwintern, gelegentlich sogar 2-mal.

Hornissenschwärmer
Sesia apiformis
Kennzeichen: Spannweite 35–40 mm. An den gelben »Schultern« von ähnlichen Arten zu unterscheiden. Die Nachahmung eines giftigen oder wehrhaften Tieres nennt man Mimikry. Vorkommen: Pappelbestandene Bach- und Flussläufe, Auwälder, Parks. Lebensweise: Fliegt von Ende Mai bis Ende Juni. Sehr gewandter und schneller Flieger. Saugt in der Mittagshitze im Flug Blütennektar. Eiablage am Fuß der Raupenfutterpflanze (Schwarz- und Zitterpappel, auch Salweide und Espe). Die Raupen bohren sich in die Wurzeln des Baumes und leben (wie alle Glasflüglerraupen) 2 Jahre unterirdisch.

Frostspanner

Männchen

Weibchen

Kommafalter

Malven-Würfelfalter

Erdeichel-Widderchen,
Blutströpfchen

Hornissenschwärmer

Mittlerer Weinschwärmer

Deilephila elpenor

Kennzeichen: Spannweite 60–70 mm. Beine weiß, Augen groß. Flügelhaltung in Ruhe deltaförmig. Vorkommen: Bewohnt Bachtäler, Ödland, Waldränder, auch in städtischen Parks. Lebensweise: 1–2 Generationen von Mai bis Aug. Ein dämmerungsaktiver Nachtfalter, der im Schwebeflug vor den Blüten von Phlox oder Geißblatt steht und Nektar saugt. Raupe (Abb.) bis 80 mm lang, unbehaart, dunkel mit 4 auffälligen Augenflecken; gleicht einem Schlangenkopf, wenn sie bei Gefahr den Kopf einzieht. Die Raupen sind nachtaktiv und fressen ihre Nahrungspflanzen (Weidenröschen, Wein, Labkraut, Nachtkerze, Fuchsie) bisweilen kahl.

Totenkopfschwärmer

Acherontia atropos

Kennzeichen: Spannweite 100–140 mm. Durch die Zeichnung oben auf dem Brustabschnitt unverkennbar. Vorkommen: Wandert jedes Jahr über das Mittelmeer von Nordafrika nach Mitteleuropa ein. Liebt warme Täler mit Nachtschattengewächsen. Lebensweise: Flugzeit von Mai bis Juni. Falter trinken süße Säfte. Bei Stress erzeugen sie zirpende Geräusche. Futterpflanzen der Raupen sind Kartoffel u. a. Nachtschattengewächse sowie Tollkirsche.

Abendpfauenauge

Smerinthus ocellata

Kennzeichen: Spannweite 70–90 mm. Charakteristisch ist die Augenzeichnung auf den Hinterflügeln. Vorkommen: Verbreitung ungenügend bekannt, da die Falter nur nachts fliegen und tagsüber wegen ihrer ausgezeichneten Tarnung schwer zu finden sind. Lebensraum sind Obstgärten, Anlagen, Auen und Buschgelände. Lebensweise: 1–2 Generationen von Mai bis Juli und Sept. Auf ihren nächtlichen Flügen besuchen die Falter keine Blüten, da ihr Saugrüssel verkümmert ist. Ein ♀ legt bis zu 400 Eier in kleinen Gelegen oder einzeln an die Blätter von Futterpflanzen (Weiden, Pappeln, manchmal Obstbäume). Raupe bis 80 mm lang, grün mit verschieden getönten Schrägstreifen; am Kopf 2 gelbe Streifen.

Taubenschwänzchen

Macroglossum stellatarum

Kennzeichen: Spannweite 45–55 mm. Vorderflügel grau mit mehreren feinen schwarzen Querlinien. Hinterflügel leuchtend orange mit bräunlichem Saum. Der Leib endet in einem schwarzweißen Schuppenschwanz (Name!). Vorkommen: Heimat ist Südeuropa. Von dort wandern 2 Generationen ab Mai und ab Juli bei uns ein. Sie bevorzugen sonnige Kahlschläge, Wiesen, Heiden und Lichtungen; oft auch in Gärten. Lebensweise: Tagaktive Nachtfalter, die wie kleine Kolibris im Flug an Blüten saugen. Die Raupen fressen an Labkrautarten.

Ligusterschwärmer *Sphinx ligustri*

Kennzeichen: Spannweite 90–130 mm; ♀ größer als ♂. Hinterflügel im Unterschied zum Windenschwärmer *(S. convolvuli)* rosa bis rot, mit 2–3 breiten dunklen Querbändern. Vorkommen: Bevorzugt Laubwaldränder, Ligusterhecken und Fliedersträucher. Lebensweise: Ende Mai bis Juli. Wegen ihres rasanten Fluges in der Dämmerung und nachts bekommt man sie meist nur zu Gesicht, wenn Beleuchtung sie in Häuser oder Gärten lockt. Saugen im Schwirrflug an nächtlich Nektar spendenden Blüten, wodurch sie an Kolibris erinnern. Raupe bis 10 cm lang, grün, mit 7 weiß-lila Schrägstreifen beiderseits. Futterpflanzen sind Liguster, Flieder und Esche.

Mittlerer Weinschwärmer

Raupe

Totenkopfschwärmer

Abendpfauenauge

Tauben-
schwänzchen

Ligusterschwärmer

Brauner Bär *Arctia caja*
Kennzeichen: Spannweite 50–70 mm. Kopf, Hals und Beine rot behaart. Beide Geschlechter tragen gefiederte Fühler. Viele Farbvariationen. Vorkommen: Große Anpassungsfähigkeit, daher an feuchten Plätzen ebenso wie in Grünanlagen der Städte. Im Gebirge bis 2000 m. Lebensweise: 1(–2) Generationen von Ende Juni bis Aug. (Sept.). Die Falter sind spät nachts aktiv und ruhen tagsüber. Kunstlicht irritiert ihre Orientierung, sodass sie Lampen anfliegen. Bei Störung präsentieren sie mit einem scharfen Geräusch die Hinterflügel und sondern eine streng duftende Flüssigkeit ab. Raupe (Abb.) bis 60 mm lang, tiefbraun und stark behaart (Name!). Sie läuft recht flink auch über ungeschütztes Gelände und rollt sich im Notfall rasch zusammen. Futterpflanzen sind Sträucher und fast alle niedrigen Pflanzen.

Gammaeule *Autographa gamma*
Kennzeichen: Spannweite 35–40 mm. Bestes Erkennungszeichen ist der Y-förmige (Gamma!) helle Fleck auf den Vorderflügeln. Der Vorderleib trägt 3 aufgerichtete Haarschöpfe. Vorkommen: Häufig in Gärten, Auen, Kleewiesen und Luzernefeldern. Lebensweise: Wanderfalter, die aus dem Süden über die Alpen nach Norden einwandern. Die 1. Generation fliegt im April ein und ist bis Juli auch am Tage zu sehen. Die Nachfolgegeneration fliegt ab Ende Juli und tritt im September den Rückflug über die Alpen an, wobei gelegentlich Schwärme dieser Falter nachts im Licht von Almhütten umherschwirren. Futterpflanzen der Raupen sind Klee, Salat, Erbse etc.

Hausmutter *Noctua pronuba*
Kennzeichen: Spannweite 50–60 mm. Vorkommen: Auf landwirtschaftlichen Flächen ebenso wie in Gärten und Anlagen; in den Alpen bis 3000 m. Lebensweise: 1 Generation von Mai bis Okt. Die Falter legen im Sommer eine Ruhephase ein, wodurch der Eindruck von 2 Generationen entstehen kann. Am Tage ruhen die Falter an Pflanzenstängeln oder in Gebäuden (Name!), um abends aktiv zu werden und nachts an Blüten zu saugen. Die ♀ legen außerordentlich viele Eier auf Gräserspitzen und Blätter. Die Raupen fressen bis in den Winter hinein an Ampfer, Löwenzahn, Kohl und vielen anderen krautigen Pflanzen und Gräsern. Sie überwintern und verpuppen sich ab April in kleinen Erdhöhlen.

Rotes Ordensband *Catocala nupta*
Kennzeichen: Spannweite 65–75 mm. Insbesondere durch die Zeichnung der Hinterflügel (Abb.) leicht zu erkennen. Vorkommen: Ein Bewohner milderer, besonders feucht-warmer Orte; trockene Gebiete sind unbeliebt, daher in Auen, an Ufern von Gewässern oder an Rändern von Wasserstellen in Gärten und Anlagen. Lebensweise: 1 Generation pro Jahr von Mitte Juli bis Anfang Okt. Nachts suchen die Falter den Saft von gärendem Obst oder Bäumen und kommen auch zum Licht. Tagsüber ruhen sie gut getarnt an Baumstämmen. Werden sie dort gestört, präsentieren sie blitzartig ihre leuchtenden Hinterflügel. Die ♀ legen ihre Eier in Ritzen von Weiden- oder Pappelrinde ab, wo diese überwintern. Die wie Ästchen getarnten Raupen werden bis 70 mm lang und ernähren sich nachts von den Blättern von Weiden und Pappeln. Tagsüber tarnen sich die Raupen im Geäst ihrer Wirtsbäume. Verpuppung in einem festen Kokon zwischen Blättern oder unter Rindenschollen.

Brauner Bär

Gammaeule

Raupe des Braunen Bären

Hausmutter

Rotes Ordensband

Kreuzspinne *Araneus diadematus*
Kennzeichen: ♂ 5–10 mm, ♀ bis 15 mm. Die Netze der Netzspinnen bestehen aus radialen Spannfäden und einer Fangspirale mit Klebtropfen. Die ♀ der Gewöhnlichen Kreuzspinne gehören zu unseren größten Spinnen. Charakteristisch ist das weiße Kreuzmuster auf dem Hinterleib. Vorkommen: In den verschiedensten Lebensräumen, auch in Gärten und Gebäuden. Lebensweise: Die Tiere sitzen meist im Zentrum des Netzes, gelegentlich auch in einem seitlichen Schlupfwinkel. Sie saugen Fluginsekten aus, die sich im Netz verfangen. Im Spätsommer nähert sich das nur 5–10 mm große ♂ dem ♀ vorsichtig und spinnt einen Werbefaden, an dem es so lange zupft, bis das ♀ seine Paarungsbereitschaft erkennen lässt, indem es sich reglos am Werbefaden hängen lässt. Die Paarung geschieht dann blitzschnell. Das ♀ legt im Gras mehrere Eikokons ab, die mit gelber Fadenwatte umhüllt sind. Die Jungen überwintern halbwüchsig, schlüpfen im nächsten Frühjahr und werden erst im August geschlechtsreif.

Wespenspinne *Argiope bruennichi*
Kennzeichen: ♂ 5 mm, ♀ 15 mm. Radnetz mit weißem Gespinst im Zentrum. Vorkommen: Bevorzugt sonnige Lagen mit kurzer Vegetation, von Trockenrasen bis Sumpfwiesen, auch Schuttplätze und Kiesgruben. Lebensweise: Das Netz wird dicht über dem Boden zwischen Grashalme gespannt. Die Spinne sitzt stets im Zentrum. Das nur 5 mm große ♂ nähert sich im Spätsommer vorsichtig dem ♀, wird aber meist noch während der Paarung eingesponnen und anschließend verspeist. Die Jungen schlüpfen im Herbst, bleiben aber den Winter über im Eikokon und verlassen ihn erst im Mai; 2–3 Monate später sind sie erwachsen.

Harlekin- oder Zebra-Springspinne *Salticus scenicus*
Kennzeichen: Körper 5–7 mm. Springspinnen (etwa 70 heimische Arten) sind an ihren 2 großen mittleren Augen zu erkennen; seitlich schließen sich daran 3 kleinere Augenpaare an. Weiterhin typisch für die Familie sind gedrungener Körperbau und gutes Springvermögen. Vorkommen: Bevorzugt in Gebäuden, wo man sie das ganze Jahr über antreffen kann. Lebensweise: Die Frontalaugen der Springspinnen gehören zu den leistungsfähigsten Spinnenaugen. Sie besitzen eine bewegliche Netzhaut.

Listspinne, Jagdspinne
Dolomedes fimbriatus
Kennzeichen: Körperlänge ♀ 18–22 mm, ♂ kleiner. Typisch ist der helle Flankenstreifen an Vorder- und Hinterkörper. Vorkommen: Am Ufer von Gewässern, in Mooren und Bruchwäldern. Lebensweise: Jagt gerne auf und unter Wasser und erbeutet sogar Kaulquappen und kleine Frösche. Der kugelige Kokon mit einigen hundert Eiern wird ab Ende Juni vom ♀ mit den Mundwerkzeugen getragen. Kurz vor dem Schlüpfen der Jungen wird der Kokon unter ein dachförmiges Gespinst gehängt, wo die Jungen bis zur nächsten Häutung unter Bewachung der Mutter bleiben.

Hauswinkelspinne, Hausspinne
Tegenaria atrica
Kennzeichen: Körper bis 18 mm. Trichterspinnen sind mit etwa 30 Arten in Mitteleuropa vertreten und durch lange Beine und trichterförmige Netze mit beiderseits offener Röhre gekennzeichnet. Vorkommen: Verbreitet und in Gebäuden häufig, gelegentlich auch in Steinbrüchen und an Felswänden. Lebensweise: Belauert Beute, z. B. Stubenfliegen, aus der Wohnröhre. Soll bis 7 Jahre alt werden.

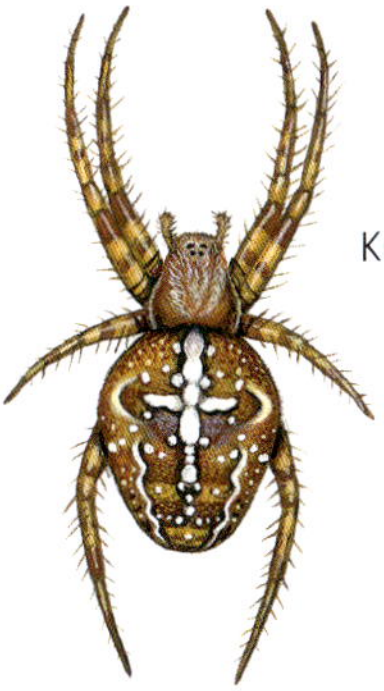

Kreuzspinne

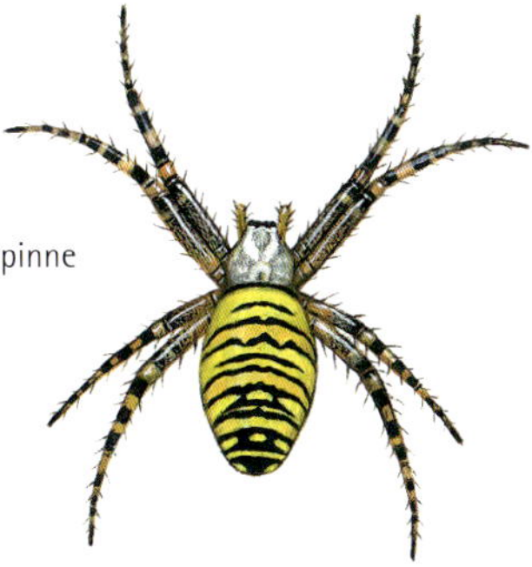

Wespenspinne

Harlekin- oder
Zebra-Springspinne

Listspinne, Jagdspinne

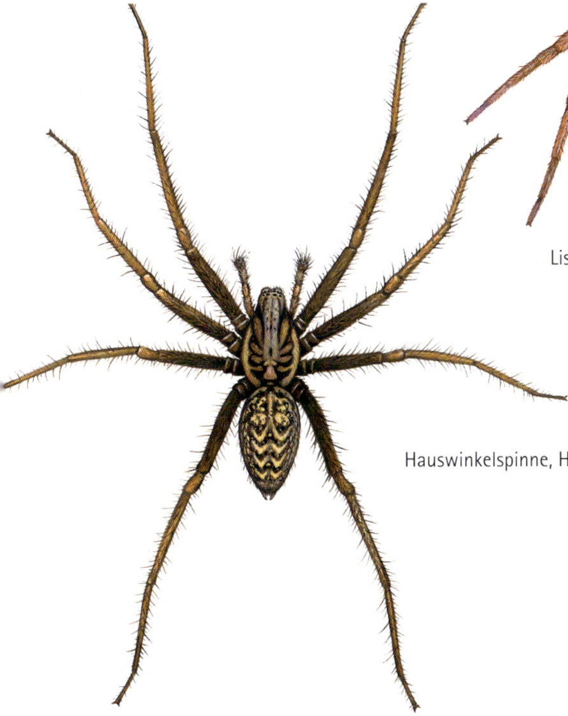

Hauswinkelspinne, Hausspinne

Traurige Wolfspinne
Pardosa lugubris
Kennzeichen: ♀ bis 7 mm. Wolfspinnen (70 heimische Arten) jagen frei und bauen (bis auf eine Ausnahme) keine Netze. Familienmerkmal ist die Augenstellung. Das helle Rückenband auf dem Vorderkörper verbreitert sich bei unserer Art nach vorne. Vorkommen: Auf offenen Bodenstellen an Wald- und Wegrändern oft in großer Individuenzahl. Lebensweise: ♂ winken bei der Balz mit ihren schwarzen Tastern. Der Eikokon wird mit den Spinnwarzen getragen, die Jungen sitzen bis zur 1. Häutung auf dem Hinterleib der Mutter.

Weberknecht-Zitterspinne
Pholcus opilionoides
Kennzeichen: Körper bis 5 mm. Zitterspinnen (2 heimische Arten) erinnern mit ihren langen Beinen an Weberknechte, besitzen aber einen deutlich zweigegliederten Körper. Vorkommen: Hauptsächlich in Gebäuden; ihre Häufigkeit nimmt nach Norden ab. Lebensweise: Unter ihren unregelmäßig und spärlich gewobenen Netzen lauern die Tiere hängend auf Beute. Sie können sich und das Netz in zitternde Schwingung versetzen. Die ♀ tragen die grauen Eier vor sich her.

Gewöhnlicher Weberknecht
Phalangium opilio
Kennzeichen: Im Gegensatz zu den Webspinnen ist der Körper der Weberknechte nicht durch eine Taille gegliedert. Das 2. Beinpaar dient zum Tasten und ist 5–7-mal so lang wie der Körper. Bei Gefahr können Beinstücke aktiv abgeworfen werden. Vorkommen: Während die übrigen Kanker bevorzugt am Boden leben, besiedeln die Echten Weberknechte Mauern, Hauswände, Bäume, Sträucher und Gräser. Selbst in Großstädten findet man sie, oft in Mengen, da sie gerne gesellig leben. Lebensweise: Die Nahrung reicht von toten und lebenden Pflanzenstoffen bis zu Aas und lebenden Tieren. Räuberische Arten verdauen ihre Beute vor dem Mund und saugen dann das flüssige Mahl auf. Junge Weberknechte ähneln zunächst Milben; erst nach mehreren Häutungen bekommen sie die langen Beine der Erwachsenen.

Samtmilbe *Trombidium* sp.
Kennzeichen: Körper bis 4 mm. Milben sind winzige bis kleine Spinnentiere. Die kleinsten Arten sind nur 0,1 mm groß; die größten erreichen 5 mm. Sie kommen in allen Lebensräumen vor und haben oft große ökologische Bedeutung (Hornmilben z.B wirken bei der Bodenrotte mit). Als Parasiten und Vorratsschädlinge können sie allerdings auch lästig werden. Die ähnliche »Rote Spinne« ist ein Obstbaumschädling; andere rote Arten leben im Wasser. Vorkommen: Verbreitet und in streu- und humusreichen Böden häufig. Lebensweise: Räuberische Bodenbewohner. Ihre ebenfalls roten Larven parasitieren vor allem auf Insekten.

Zecke, Holzbock *Ixodes ricinus*
Kennzeichen: Körper bis 4 mm; vollgesogene ♀ bis 11 mm. Es gibt etwa 30 heimische Zecken-Arten, d. h. Milben mit hartem Rückenschild. Andere Arten, die bevorzugt an Säugetiere gehen, sind schwer zu unterscheiden; Lederzecken befallen hauptsächlich Vögel. Vorkommen: Vor allem in Wäldern sehr häufig. Lebensweise: Die Larven ernähren sich vegetarisch. Die ♀ müssen eine kräftige Blutmahlzeit zu sich nehmen, bevor sie Eier produzieren können. Beim Blutsaugen können für Menschen gefährliche Krankheiten übertragen werden: Meningitis, Q-Fieber, Rickettsiosen usw.

Traurige Wolfspinne

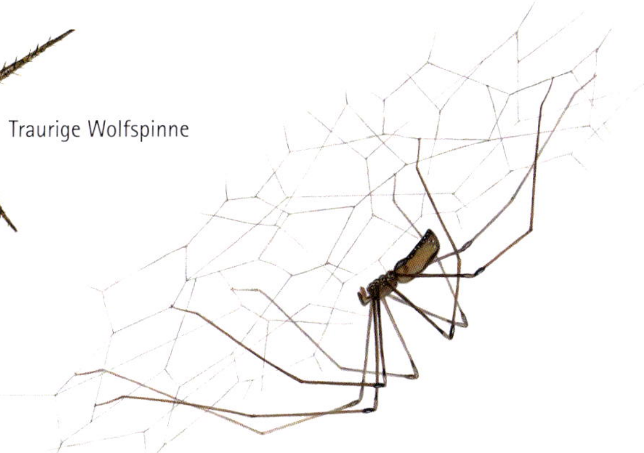

Weberknecht-Zitterspinne

Gewöhnlicher Weberknecht

Samtmilbe

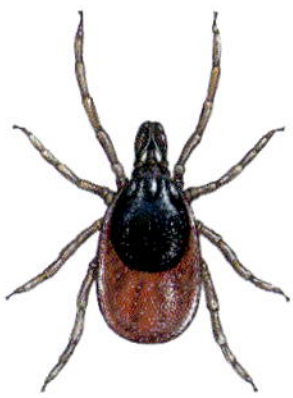

Zecke, Holzbock

Steinkriecher *Lithobius forficatus*
Kennzeichen: 20–32 mm lang mit 15 Beinpaaren. Gehört zu den Hundertfüßern, deren Beinpaarzahl zwischen 15 und 181 liegt. Vorkommen: Offenes Gelände, oft in Gärten. Lebensweise: Hält sich tagsüber unter Laub, Steinen, Rinde oder auf dem Boden liegenden Brettern versteckt. Nachts gehen die sehr gewandten Tiere auf die Jagd. Mit ihren Giftzangen fangen und töten sie Asseln, Spinnen und Insekten. Junge Steinkriecher sehen den erwachsenen ähnlich, besitzen aber zunächst weniger Segmente und Beinpaare.

Erdläufer *Geophilus longicornis*
Kennzeichen: 20–40 mm lang mit 49–57 Beinpaaren. Augen fehlen vollständig. Das letzte Beinpaar ist zu fühlerartigen Tastorganen umgebildet. Vorkommen: Bevorzugt humusreiche Böden, in denen er sich bis 30–40 cm tief eingräbt. Auch unter Steinen. Lebensweise: Geschickte Räuber, die von kleinen Insekten, Spinnen und Asseln leben. Bei Gefahr rollen sie sich mit der Bauchseite nach außen zusammen. Die Eier werden in Erdhöhlen abgelegt; das ♀ schlingt sich darum und bewacht sie. Junge Erdläufer sehen den alten durchaus ähnlich.

Schnurfüßer, Schnurassel
Cylindroiulus sp.
Kennzeichen: Die zu den Doppelfüßern zählenden Schnurfüßer (in Mitteleuropa etwa 50 im Gelände nicht unterscheidbare Arten) sind drehrunde Tiere mit mindestens 30 Doppelbeinen. Vorkommen: Die meisten Schnurfüßer leben in Wäldern, viele Arten im Gebirge. Lebensweise: Rein vegetarische Ernährung, v. a. Pflanzenabfälle und Pilze. Die ♂ wechseln von Häutung zu Häutung zwischen geschlechtlichen und ungeschlechtlichen Phasen, dabei nimmt die Zahl der Segmente und Beinpaare ständig zu.

Kugelassel *Armadillidium vulgare*
Kennzeichen: Bis 15 mm lang mit 7 Beinpaaren. Meist dunkel schiefergrau, einfarbig oder hell gefleckt, sehr variabel. Eingerollt haben Kugelasseln Ähnlichkeit mit Saftkuglern (Glomeridae), die allerdings meist kräftig hell-dunkel gezeichnet sind und mindestens 17 Beinpaare haben. Die Ähnlichkeit beruht nicht auf naher Verwandtschaft, denn Saftkugler gehören zu den Tausendfüßern, während Kugel- und Kellerasseln zu den Krebsen zählen. Vorkommen: Bevorzugt trockene, sonnige Bereiche v. a. in Kalkgebieten. (Saftkugler leben hingegen hauptsächlich in Bergwäldern.) Lebensweise: Lebt hauptsächlich von verschiedenen Pflanzenabfällen. Oft in großen Kolonien. Tagsüber halten sich die Tiere unter Steinen und Holz auf. Die Eier entwickeln sich in einer Bauchtasche des ♀. Die Jungtiere gleichen den erwachsenen, ihnen fehlt aber zunächst noch das 7. Beinpaar.

Kellerassel *Porcellio scaber*
Kennzeichen: Bis 18 mm lang, 7 gleichförmige Schreitbeinpaare. Auf gelblichem Grund variabel grau marmoriert. Vorkommen: Bevorzugt in und an etwas feuchteren Gebäuden, sonst in Mauern, unter Steinen und im Falllaub. Lebensweise: Lebt hauptsächlich von abgestorbenen Pflanzenteilen (Humusbereiter). Die Eier entwickeln sich in einer Bauchtasche des ♀. Den Jungtieren fehlt beim Schlüpfen das letzte Brustbeinpaar.

Schnurfüßer, Schnurassel
Erdläufer
Steinkriecher
Kugelassel
Kellerassel

Garten-Schnirkelschnecke

Cepaea hortensis

Kennzeichen: Gehäuse 15 × 20 mm. Die Grundfarbe des Gehäuses ist gelblich; darauf ziehen sich beim erwachsenen Tier 5 dunkelbraune spiralige Bänder hin; der Rand der Gehäuseöffnung ist hell (vgl. folgende Art). Vorkommen: Bevorzugt Gebüsche, lichte Wälder, Hecken, auch an Felsen und Mauern. Lebensweise: Schnecken leben von frischen oder leicht welken Pflanzen. Bei längerer Trockenheit im Sommer verschließen sie ihr Gehäuse mit einem häutigen, durch Kalkeinlagerungen versehenen Deckel. Auf diese Weise überwintern die im Boden eingegrabenen Tiere auch. Schnirkelschnecken werden mehrere Jahre alt. Wie alle Schnecken sind auch sie Zwitter, die männliche und weibliche Organe in sich vereinen. Bei der Paarung findet gegenseitige Befruchtung statt. Die runden Eier werden in einer durch Drehbewegungen der Schnecke hergestellten Bodenmulde abgelegt.

Hain-Schnirkelschnecke

Cepaea nemoralis

Kennzeichen: Gehäuse 17 × 22 mm. Ihr Gehäuse ist meist ebenfalls gelb mit dunklen Bändern; es treten aber große Unterschiede in Färbung und Musterung auf bis hin zu rein gelben Gehäusen (siehe Abb.). Das wichtigste Unterscheidungsmerkmal gegenüber der Garten-Schnirkelschnecke ist der braune Mündungsrand. Vorkommen: In den gleichen Lebensräumen wie vorige Art, aber häufiger als diese in Gärten u. a. Kulturgelände. Lebensweise: Wie vorige Art.

Weinbergschnecke *Helix pomatia*

Kennzeichen: Gehäuse 38–40 mm lang und breit. Durch Größe und Form unverwechselbar. Vorkommen: Bewohnt Gebüsche, Hecken, lichte Wälder, auch an Mauern, bevorzugt auf Kalkuntergrund. In Norddeutschland eingeführt und verwildert. Lebensweise: Erst im 3./4. Lebensjahr fortpflanzungsfähig. 40–60 Eier (5–6 mm groß) werden in einer Erdhöhle abgelegt. Überwinterung mit Deckel im Boden.

Rote Wegschnecke *Arion rufus*

Kennzeichen: Körper bis 150 mm. Ziegelrot, braun oder schwarz, fast immer mit rotem Fußsaum. Jungtiere bis 30 mm grüngrau mit schwarzem Kopf. Vorkommen: Wälder, Gebüsche, Hecken, Gärten; gern unter Baumrinde. Lebensweise: Frisst alles, auch Aas und Kot. In mehreren Gelegen werden 300–500 Eier produziert.

Spitzhornschnecke

Lymnaea stagnalis

Kennzeichen: Gehäuse 50–60 mm hoch. Sehr ähnlich ist die ebenfalls häufige Sumpfschlammschnecke *(Stagnicola corvus)*. Vorkommen: Pflanzenreiche große und kleine Stillgewässer. Lebensweise: Wie alle Schlammschnecken lebt sie von Algen, frischen und faulenden Pflanzen sowie Aas; Mikroorganismen werden von der Wasseroberfläche, an deren Unterseite sie sich fortbewegen kann, aufgenommen. Eier in gallertigen, bis über 6 cm langen Gelegen an Pflanzen. Zum Luftschöpfen müssen die Tiere von Zeit zu Zeit an die Wasseroberfläche kommen.

Posthornschnecke

Planorbis corneus

Kennzeichen: Gehäuse um 12 mm hoch und 30 mm breit. Ähnliche Arten mit noch flacherem und kleinerem Gehäuse. Vorkommen: Wie alle Tellerschnecken in stehenden Gewässern, bevorzugt am Boden, auch in sauerstoffarmen Tümpeln. Lebensweise: Nahrung sind Algen, faulende Pflanzen. Lebensdauer bis 4 Jahre.

Garten-Schnirkelschnecke

Hain-Schnirkelschnecke

Weinbergschnecke

Rote Wegschnecke

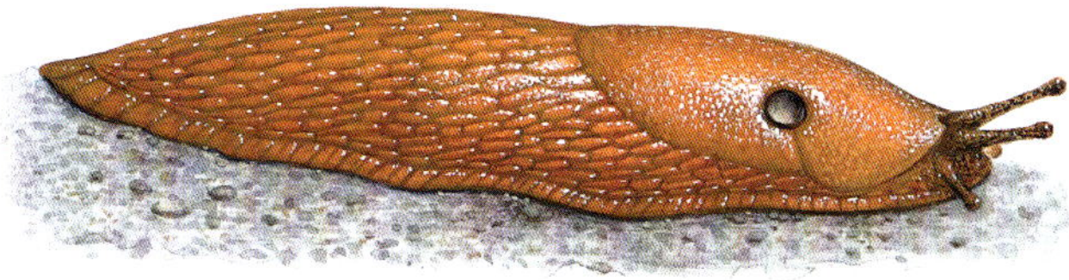

Spitzhornschnecke

Posthornschnecke

Deutsche Namen

Wissenschaftliche Namen

Bibliographische Information der Deutschen Bibliothek

Die Deutsche Bibliothek verzeichnet diese Publikation in der Deutschen Nationalbibliographie; detaillierte bibliographische Daten sind im Internet über http://dnb.ddb.de abrufbar.

BLV Buchverlag GmbH & Co. KG
80797 München

Farbzeichnungen:
Helmut Diller (Säugetiere),
Wilfried Weigel (Vögel),
Werner Ring (Amphibien, Reptilien und Insekten),
Jürgen Scholz (Spinnentiere und Schnecken)

Umschlaggestaltung:
Anja Masuch, Fürstenfeldbruck

Umschlagabbildungen aus dem Innenteil

Lektorat: Dr. Eva Dempewolf, Dr. Friedrich Kögel
Herstellung: Hermann Maxant

Satz: Satz + Layout Peter Fruth, München

Gedruckt auf chlorfrei gebleichtem Papier

Printed in Germany
ISBN-10: 3-8354-0047-9
ISBN-13: 978-3-8354-0047-4